中等职业学校规划教材

分析化学
例题与习题

FENXI　HUAXUE　LITI YU XITI

第三版
Third Edition

辛述元　　张晓媛　　主编

化学工业出版社
·北京·

《分析化学例题与习题》包括绪论、定量分析基本操作、实验室管理与标准化、定量分析概论、酸碱滴定法、配位滴定法、沉淀滴定法、氧化还原滴定法、称量分析法、定量分析常用分离方法、试样分析一般步骤、仪器分析基础和综合练习题共十三章，书末附有参考答案和常用的数据表。书中共计各类例题72题，填空题、选择题、计算题及综合练习题等各类习题1118题，既涉及基本理论知识的巩固、提高，又涉及基本操作能力的训练和知识能力的综合运用，内容充实、新颖，切合实际。

本书既可作为中等职业学校规划教材《分析化学》第四版（化学工业出版社，2017）与《分析化学实验》第四版（化学工业出版社，2018）配套使用的教学用书，也可供中等职业学校化工、制药、冶金、石油、地质、轻工、建材、农林、环保等专业师生与企事业单位从事分析工作的人员参考。

图书在版编目(CIP)数据

分析化学例题与习题/辛述元，张晓媛主编. —3版.
北京：化学工业出版社，2018.8（2024.10重印）
中等职业学校规划教材
ISBN 978-7-122-32259-3

Ⅰ.①分… Ⅱ.①辛… ②张… Ⅲ.①分析化学-中等专业学校-习题集 Ⅳ.①O65-44

中国版本图书馆CIP数据核字（2018）第110731号

责任编辑：旷英姿　林　媛　　　　　　　　　　装帧设计：王晓宇
责任校对：王素芹

出版发行：化学工业出版社（北京市东城区青年湖南街13号　邮政编码100011）
印　　装：北京虎彩文化传播有限公司
787mm×1092mm　1/16　印张13¾　字数305千字　2024年10月北京第3版第5次印刷

购书咨询：010-64518888　　　　　　　　　　售后服务：010-64518899
网　　址：http://www.cip.com.cn
凡购买本书，如有缺损质量问题，本社销售中心负责调换。

定　价：35.00元　　　　　　　　　　　　　　　　　　　版权所有　违者必究

前 言

本书第二版自 2008 年出版以来，得到了中职学校广大师生和读者的认可和称誉。此次修订遵循《国家中长期教育改革和发展规划纲要》基本精神，顺应中职教育改革发展的新趋向，着力培养学生的职业素质、职业技能；进一步体现国家职业标准的基本要求，强化围绕职业需要的教学与训练，在不改变原有编排体例与编写风格的基础上，从以下几方面对教材第二版做了修订与调整。

1. 进一步贯彻最新国家标准，严格采用国家标准规定的量、单位、符号、名词、术语等。

2. 充分考虑中等职业学校学生的特点与企业相关专业一线岗位群技术人员与操作人员对本课程知识、技能的实际需求相对接，结合生产实际，对分析化学基本理论和基本操作做了细化的完善、拓展，强调了新知识、新技术的应用。

3. 本着由易而难、循序渐进的教学原则，将各章节习题做了深入梳理，同时加强了学生创新精神的培养。

4. 为加深对实验原理和步骤的理解与把握，加强实验的规范性训练，对分析化学基本理论和操作重点作了更为细致详尽的阐述和提要。

5. 根据职业岗位需要，删除了定性分析部分，强化了实验室管理和安全与防护，增加了标准和标准化以及仪器分析等内容。

本书既可作为中等职业学校规划教材《分析化学》第四版（化学工业出版社，2017）与《分析化学实验》第四版（化学工业出版社，2018）配套使用的教学用书，也可供中等职业学校化工、制药、冶金、石油、地质、轻工、建材、农林、环保等专业师生与企事业单位从事分析工作的人员参考。

此次修订由河北化工医药职业技术学院辛述元和张晓媛联袂完成，修订过程中得到了化学工业出版社悉心的指导和帮助，在此表示衷心的感谢。限于编者的学识水平，书中可能存在着某些不妥、不当之处，欢迎广大师生与读者批评指正。

编者
2018 年 2 月

第一版前言

本书系根据全国化工中等专业学校教学指导委员会 1996 年制定的《分析化学教学大纲》、《分析化学实验教学大纲》的基本要求编写的，与化工中专教材《分析化学》和《分析化学实验》（化学工业出版社，1995）配套使用。

书中包括定性分析、定量分析和化学分离法三部分，各章均由概述、例题、填充题、选择题、计算题及综合题组成。其主要内容侧重基本理论知识的巩固，基本能力的培养和知识技能的灵活运用。各类习题力求充实、新颖，覆盖面广，深浅适宜，切合实际，并富有启发性。参照最新国家标准和多方面的意见，本书对上述教材的某些内容进行了适当的补充和修正。

本书由河北化工学校辛述元、王萍和新疆化工学校杨新星分工编写。初稿完成后，在化工中专教学指导委员会的组织下，召开了审稿会。参加审稿的老师有：新疆化工学校刘德生，徐州化工学校顾明华，陕西化工学校刘阜瑛、彭斯容，天津化工学校贾定本，山东化工学校何云华、王瑞芬以及新疆化工学校刘蓉、孟世瑞等，他们的真知灼见为本书增辉甚多。此外，陕西化工学校为本书的编写鼎力相助，吉林化工学校李楚芝也提供了宝贵的书面意见，在此同时致以诚挚的谢忱。

全书由辛述元统一修改定稿，由刘德生担任主审。

限于编者学识水平，书中难免存在不妥之处，谨期待着兄弟学校师生与读者批评指教。

编者
1996 年 5 月

第二版前言

本书是与全国化工中等职业学校工业分析专业教材《分析化学》第二版（化学工业出版社，2005）与《分析化学实验》第二版（化学工业出版社，2006）配套使用的教学用书，也可作为中等职业学校化工、制药、冶金、石油、轻工、建材、环保等专业师生与化工类行业分析工作者的参考用书。

本书第一版自1996年出版以来，受到了广大职业学校师生的欢迎和读者的热情关注。为适应职业学校教育改革的不断深化与本课教学内容的更新，本书在第一版的基础上做了较大的修改与调整，进一步突出了符合中等职业层次需求的教学特色，全面贯彻以应用为主线的教学重点和以能力为本位的教学原则，形成围绕职业与专业需要的全面训练。基于以上精神，本书修订中主要侧重以下几点：

1. 与《分析化学》教材第二版的修订内容相适应，将定性分析部分整合为一章，在定量分析部分补充了"实验室安全常识"、"蒸馏与挥发分离法"、"试样分析一般步骤"等新内容。

2. 与《分析化学》教材第二版的修订内容相适应，删减了"酸碱滴定法"与"氧化还原滴定法"中的某些理论部分。

3. 与《分析化学实验》教材第二版的修订内容相适应，调整了部分实验项目，使之与生产实践联系更加紧密，强化岗位技能的训练。

4. 突出了各章概要，概要中对本章的基本内容做了较为全面的提炼、总结。

5. 为使学生得到较系统的训练与检验，增添了"综合练习题"一章。

6. 充分贯彻最新国家标准，严格采用国家标准规定的量、单位、符号、名词、术语等。

7. 进一步梳理、修整了例题和填空题、选择题、计算题及综合题等各类习题，使解题思路及其深浅度更加符合中等职业层次人才学习与训练需求。

8. 深入体现化工类专业及其他相关专业的一线岗位群技术人员与操作人员对本课程知识、技能的实际需求，注重培养学生的创新精神。

化学工业出版社在书稿编写过程中，给予了及时的指导和帮助，在此表示感谢。

囿于编者的学识水平，书中某些不当之处难免存在，谨期待广大师生与读者批评指正。

编者
2007年9月

目 录

第一章 绪论 / 001
    概要 / 001

第二章 定量分析基本操作 / 002
    概要 / 002
    例题 / 005
    习题 / 006
        一、填空题 / 006
            1. 分析天平的使用 / 006
            2. 滴定分析基本操作 / 007
            3. 称量分析基本操作 / 008
        二、选择题 / 008
            1. 分析天平的使用 / 008
            2. 滴定分析基本操作 / 010
            3. 称量分析基本操作 / 012
        三、计算题 / 013

第三章 实验室管理与标准化 / 015
    概要 / 015
    习题 / 016
        一、填空题 / 016
            1. 实验室管理 / 016
            2. 实验室安全防护 / 016
            3. 标准与标准化 / 017
        二、选择题 / 018
            1. 实验室管理 / 018
            2. 实验室安全防护 / 019
            3. 标准与标准化 / 020

第四章 定量分析概论 / 021
    概要 / 021

例题　　/ 025

习题　　/ 030

　　一、填空题　　/ 030

　　　　1. 滴定分析引言　　/ 030

　　　　2. 误差与偏差　　/ 031

　　　　3. 标准溶液　　/ 032

　　　　4. 滴定分析中的计算　　/ 032

　　　　5. 分析数据的处理　　/ 033

　　二、选择题　　/ 034

　　　　1. 滴定分析引言　　/ 034

　　　　2. 误差与偏差　　/ 035

　　　　3. 标准溶液　　/ 036

　　　　4. 滴定分析中的计算　　/ 038

　　　　5. 分析数据处理　　/ 040

　　三、计算题　　/ 041

第五章　酸碱滴定法　　/ 048

概要　　/ 048

例题　　/ 049

习题　　/ 054

　　一、填空题　　/ 054

　　　　1. 酸碱滴定引言　　/ 054

　　　　2. 酸碱缓冲溶液　　/ 055

　　　　3. 酸碱指示剂　　/ 055

　　　　4. 滴定曲线与指示剂选择　　/ 055

　　　　5. 标准溶液的制备　　/ 055

　　　　6. 酸碱滴定法的应用　　/ 056

　　　　7. 非水溶液中的酸碱滴定　　/ 056

　　二、选择题　　/ 057

　　　　1. 酸碱滴定引言　　/ 057

　　　　2. 酸碱缓冲溶液　　/ 057

　　　　3. 酸碱指示剂　　/ 057

　　　　4. 滴定曲线与指示剂选择　　/ 058

　　　　5. 标准溶液的制备　　/ 059

　　　　6. 酸碱滴定法的应用　　/ 059

　　　　7. 非水溶液中的酸碱滴定　　/ 061

三、计算题　　/ 062

第六章　配位滴定法　　/ 065

概要　/ 065

例题　/ 066

习题　/ 068

一、填空题　/ 068

1. 配位滴定引言　/ 068
2. EDTA 及其配合物　/ 068
3. 配合物的离解平衡　/ 068
4. 配位滴定基本原理　/ 069
5. 金属指示剂　/ 069
6. 提高配位滴定选择方法　/ 069
7. 配位滴定的方式与应用　/ 070

二、选择题　/ 070

1. 配位滴定引言　/ 070
2. EDTA 及其配合物　/ 071
3. 配合物的离解平衡　/ 071
4. 配位滴定基本原理　/ 072
5. 金属指示剂　/ 072
6. 提高配位滴定选择方法　/ 073
7. 配位滴定的方式与应用　/ 074

三、计算题　　/ 075

第七章　沉淀滴定法　　/ 078

概要　/ 078

例题　/ 078

习题　/ 080

一、填空题　/ 080

1. 沉淀滴定法引言　/ 080
2. 莫尔法　/ 081
3. 佛尔哈德法　/ 081
4. 法扬司法　/ 082
5. 沉淀滴定法的应用　/ 082

二、选择题　/ 082

1. 沉淀滴定法引言　/ 082

2. 莫尔法　　/ 083

3. 佛尔哈德法　　/ 083

4. 法扬司法　　/ 084

5. 沉淀滴定法的应用　　/ 085

三、计算题　　/ 086

第八章　氧化还原滴定法　　/ 089

概要　　/ 089

例题　　/ 090

习题　　/ 093

一、填空题　　/ 093

1. 氧化还原滴定引言　　/ 093

2. 氧化还原滴定曲线与指示剂　　/ 093

3. 高锰酸钾法　　/ 093

4. 重铬酸钾法　　/ 094

5. 碘量法　　/ 094

6. 其他氧化还原滴定法　　/ 095

二、选择题　　/ 095

1. 氧化还原滴定引言　　/ 095

2. 氧化还原滴定曲线与指示剂　　/ 095

3. 高锰酸钾法　　/ 096

4. 重铬酸钾法　　/ 097

5. 碘量法　　/ 098

6. 其他氧化还原滴定法　　/ 099

三、计算题　　/ 100

第九章　称量分析法　　/ 104

概要　　/ 104

例题　　/ 106

习题　　/ 108

一、填空题　　/ 108

1. 称量分析引言　　/ 108

2. 影响沉淀完全的因素　　/ 109

3. 影响沉淀纯度的因素　　/ 109

4. 沉淀条件　　/ 110

5. 称量分析法的应用　　/ 110

二、选择题 / 111

   1. 称量分析引言 / 111

   2. 影响沉淀完全的因素 / 111

   3. 影响沉淀纯度的因素 / 112

   4. 沉淀条件 / 113

   5. 称量分析法的应用 / 114

三、计算题 / 115

四、综合题 / 117

第十章 定量化学分析中常用的分离方法 / 118

概要 / 118

例题 / 119

习题 / 121

  一、填空题 / 121

   1. 定量分离引言 / 121

   2. 沉淀分离法 / 121

   3. 萃取分离法 / 121

   4. 离子交换分离法 / 122

   5. 色谱分离法 / 122

   6. 蒸馏与挥发分离法 / 123

  二、选择题 / 123

   1. 定量分离引言 / 123

   2. 沉淀分离法 / 123

   3. 萃取分离法 / 124

   4. 离子交换分离法 / 125

   5. 色谱分离法 / 126

   6. 蒸馏与挥发分离法 / 127

  三、计算题 / 128

第十一章 试样分析的一般步骤 / 130

概要 / 130

习题 / 130

  一、填空题 / 130

   1. 分析试样制备 / 130

   2. 试样的分解 / 131

   3. 分析方法的选择 / 131

二、选择题　　/ 131
　　1. 分析试样制备　　/ 131
　　2. 试样的分解　　/ 132
　　3. 分析方法的选择　　/ 132

第十二章　仪器分析基础　　/ 134

概要　　/ 134
例题　　/ 135
习题　　/ 138
　　一、填空题　　/ 138
　　　　1. 电化学分析　　/ 138
　　　　2. 分光光度分析　　/ 139
　　　　3. 气相色谱分析　　/ 140
　　二、选择题　　/ 141
　　　　1. 电化学分析　　/ 141
　　　　2. 分光光度分析　　/ 142
　　　　3. 气相色谱分析　　/ 144
　　三、计算题　　/ 145

第十三章　综合练习题　　/ 148

综合练习题一（A）　　/ 148
综合练习题一（B）　　/ 150
综合练习题二（A）　　/ 153
综合练习题二（B）　　/ 155
综合练习题三（A）　　/ 158
综合练习题三（B）　　/ 161

答案　　/ 164

附录　　/ 193

一、弱酸和弱碱在水中的离解常数（25℃）　　/ 193
二、难溶化合物的溶度积（18～25℃）　　/ 194
三、置信因数 t 值　　/ 195
四、取舍可疑数据的 Q 值　　/ 195
五、常见酸碱溶液的相对密度与浓度　　/ 196

六、不同温度下水的 r 值　　/ 196
七、不同温度下标准溶液的体积补正值　　/ 197
八、常见金属离子与 EDTA 配合物的稳定常数值　　/ 198
九、EDTA 的酸效应系数　　/ 198
十、标准电极电位与条件电极电位　　/ 198
十一、离子的活度系数 γ 值　　/ 200
十二、原子量　　/ 201
十三、分子量　　/ 201

参考文献　　/ 206

第一章
绪 论

概 要

　　分析化学是研究物质化学组成的分析方法及相关理论的学科,它主要包括定性分析和定量分析两部分。定性分析的任务是鉴定物质的组成成分,定量分析的任务是测定物质中各组分的相对含量。

　　分析化学按分析对象的化学属性,可分为无机分析和有机分析;按试样的用量可分为常量分析、半微量分析和微量分析;按组分的质量分数可分为常量组分分析、微量组分分析和痕量组分分析;按测定原理与操作方法可分为化学分析和仪器分析,化学分析又可分为滴定分析、称量分析与气体分析。化学分析简单、准确、历史悠久,是分析化学的基础;仪器分析快速、灵敏、发展迅速,是分析化学的发展方向。

　　分析化学在国民经济、科学研究、环境保护和学校教育等方面都起着非常重要的作用。

第二章
定量分析基本操作

概　要

一、分析天平的使用

天平是一种测量物体质量的仪器，其种类甚多。根据用途不同，可分为标准天平与工作用天平；根据设计原理可分为杠杆式天平、扭力天平与电子天平；根据最大称量与检定标尺分度值之比即精度又可分为十级。分析实验室中应用较普遍的是双盘电光分析天平。

常用分析天平的型号及规格见表2-1。

表 2-1　常用分析天平的型号及规格

种　类	型　号	名　称	规　格
双盘天平	TG-328A	全机械加码电光天平	200g/0.1mg
	TG-328B	半机械加码电光天平	200g/0.1mg
	TG-332A	微量天平	20g/0.01mg
单盘天平	DT-100	单盘精密天平	100g/0.1mg
	DTG-160	单盘电光天平	160g/0.1mg
	BWT-1	单盘微量天平	20g/0.01mg
电子天平	MD100-2	上皿式电子天平	100g/0.1mg
	MD200-3	上皿式电子天平	200g/0.1mg

分析天平的计量性能主要是灵敏性、稳定性、正确性与示值变动性。灵敏性多用灵敏度 E 与感量（分度值）D 表示，二者的关系为：

$$E(格/mg) = \frac{1}{D(mg/格)}$$

使用分析天平进行称量，称取固体试样常采用指定法、直接法与减量法；称取液体试样多采用安瓿法、点滴瓶法与注射器法。

二、滴定分析仪器及其基本操作

滴定分析用精密量器主要有滴定管、容量瓶与吸管。滴定管常用的有普通具塞（惯称酸式）滴定管与无塞（惯称碱式）滴定管；吸管包括单标线吸管（惯称移液管）与分度吸管（惯称吸量管），分度吸管又分为完全流出式（包括有、无等待时间两种）、不完全流出式与吹出式。滴定管、容量瓶与吸管的正确使用是滴定分析的最重要的基本操作。

滴定管是可以放出不固定量液体的量出式量器，主要用于准确测量滴定时标准滴定溶液的流出体积，常用滴定管规格见表2-2。

表 2-2　常用滴定管规格

标称总容量/mL		5	10	25	50	100
分度值/mL		0.02	0.05	0.1	0.1	0.2
容量允差/mL	A	±0.010	±0.025	±0.04	±0.05	±0.10
	B	±0.020	±0.050	±0.08	±0.10	±0.20
水的流出时间/s	A	30～45	30～45	45～70	60～90	71～100
	B	20～45	20～45	35～70	50～90	60～100
等待时间/s		30				

容量瓶是用来配制准确浓度的溶液或准确地稀释溶液的精密量器，常用容量瓶的规格见表2-3。

表 2-3　常用容量瓶的规格

标称容量/mL		10	25	50	100	200	250	500	1000	2000
容量允差/mL	A	±0.020	±0.03	±0.05	±0.10	±0.15	±0.15	±0.25	±0.40	±0.60
	B	±0.040	±0.06	±0.20	±0.20	±0.30	±0.30	±0.50	±0.80	±1.20

吸管是用于准确移取一定体积溶液的量出式玻璃量器。单标线吸管（惯称移液管）和分度吸管（惯称吸量管）的规格分别见表2-4、表2-5。

表 2-4　常用移液管的规格

标称容量/mL		2	5	10	20	25	50	100
容量允差/mL	A	±0.010	±0.015	±0.020	±0.030		±0.05	±0.08
	B	±0.020	±0.030	±0.040	±0.060		±0.10	±0.16
水的流出时间/s	A	7～12	15～25	20～30	25～35		30～40	35～40
	B	5～12	10～25	15～30	20～35		25～40	30～40

表 2-5 常用吸量管规格

标称总容量/mL	分度值/mL	容量允差/mL A	容量允差/mL B	容量允差/mL 吹出式	水的流出时间/s 完全流出式 有等待时间(15s) A	水的流出时间/s 完全流出式 无等待时间 A	水的流出时间/s 完全流出式 无等待时间 B	水的流出时间/s 不完全流出式 无等待时间 A	水的流出时间/s 不完全流出式 无等待时间 B	吹出式
1	0.01	±0.008	±0.015	±0.015	4～8	4～10				3～6
2	0.02	±0.012	±0.025	±0.025	4～8	4～12				3～6
5	0.05	±0.025	±0.050	±0.050	5～11	6～14				5～10
10	0.1	±0.05	±0.10	±0.10	5～11	7～17				5～10
25	0.2	±0.10	±0.20	—	9～15	11～21				—

定量分析所用量器的精度必须能满足实验准确度的要求。因此，高精确度定量分析所用量器、长期使用过的量器，尤其是对量器的质量有怀疑时，必须要进行校准。校准的方法有绝对校准法（称量法）和相对校准法（容量比较法）。绝对校准法校准采用的计算公式为：

$$V_{20}(\mathrm{mL}) = \frac{m_t(\mathrm{g})}{r_t(\mathrm{g/mL})}$$

滴定分析所用量器的标称容量都是以 20℃ 为标准温度的，溶液的配制与使用温度不一致时，还需依据附录七对溶液的体积进行校准。

三、称量分析仪器及其基本操作

称量分析的基本操作主要是试样的溶解、沉淀、过滤、洗涤、干燥及灼烧与恒重。沉淀过滤常采用定量滤纸与长颈漏斗和微孔玻璃坩埚（或漏斗）。A 等定性、定量滤纸的主要规格、性能见表 2-6；微孔玻璃滤器的牌号与分级见表 2-7。

表 2-6 A 等定性、定量滤纸产品的主要技术指标及规格

指　　标			快　速	中　速	慢　速
过滤速度[①]/s		≤	35	70	140
型号	定性滤纸		101	102	103
	定量滤纸		201	202	203
分离性能（沉淀物）			氢氧化铁	碳酸锌	硫酸钡（热）
湿耐破度/mmH$_2$O[③]		≥	130	150	200
灰分/%	定性滤纸	≤	0.13		
	定量滤纸	≤	0.009		
铁含量（定性滤纸）/%		≤	0.003		
定量[②]/(g/m^2)			80.0±4.0		
圆形纸直径/cm			7,9,11,12.5,15,18,22		
方形纸尺寸/cm			60×60、30×30		

① 过滤速度是指把滤纸折成 60°角的圆锥形，将滤纸完全浸湿，取 15mL 水进行过滤，开始滤出的 3mL 不计时，然后用秒表计量滤出 6mL 水所需要的时间。

② 定量是指规定面积内滤纸的质量，这是造纸工业术语。

③ 1mmH$_2$O＝9.806375Pa。

第二章 定量分析基本操作

表 2-7 微孔玻璃滤器的牌号与分级

牌号	孔径分级/μm		牌号	孔径分级/μm	
	>	≤		>	≤
$P_{1.6}$	—	1.6	P_{40}	16	40
P_4	1.6	4	P_{100}	40	100
P_{10}	4	10	P_{160}	100	160
P_{16}	10	16	P_{250}	160	250

例 题

【例 2-1】 某电光分析天平的零点为 -0.2mg,在该天平一秤盘上加 10mg 标准砝码后,微分标尺上的读数为 $+9.7$mg,问此天平的灵敏度 E 与感量 D 各是多少?

解 因天平微分标尺上 0.1mg 相当一格,故

$$E = \frac{97-(-2)}{10} = 9.9 (格/mg)$$

$$D = \frac{1}{E} = 0.1 (mg/格)$$

【例 2-2】 测定一电光分析天平负载时的灵敏度。调节零点为 0.0mg 后,在天平两盘各加 10g 的砝码,并于一秤盘上加 10mg 标准砝码,此时微分标尺的读数为 9.3mg;将两 10g 的砝码对换后,微分标尺的读数为 10.3mg,求该天平负载为 10g 时的感量是多少?

解

$$D = \frac{10}{(93+103)/2} = 0.1 (mg/格)$$

【例 2-3】 测定某分析天平的正确性。调节天平的零点为 0.0mg 后,在天平两盘各加 20g 的砝码,平衡点读数为 1.1mg,将两砝码对换,平衡点读数为 -0.5mg,求此天平的偏差。

解

$$偏差 = \frac{P_1 + P_2}{2} = \frac{1.1 + (-0.5)}{2} = 0.3 (mg)$$

【例 2-4】 32℃时,将一滴定管中的纯水液面调至 0.00mL 处,再将水放出至液面为标称容量 20.00mL 处,称得放出纯水的质量为 19.96g,求此滴定管标称容量为 20.00mL 时的校准值。

解 查附录六得 $r_{32} = 0.99434$,故该滴定管标称容量为 20.00mL 时在 20℃ 的容积为

$$V_{20} = \frac{m_{32}}{r_{32}} = \frac{19.96}{0.99434} = 20.07 (mL)$$

校准值 ΔV 为 $\Delta V = 20.07 - 20.00 = +0.07$ （mL）

【例 2-5】 16℃时，测得某 500mL 容量瓶容纳纯水的质量为 499.17g，问此容量瓶的精度为何种级别？

解 查附录六得 $r_{16} = 0.99780$，故该容量瓶在 20℃时的容积为

$$V_{20} = \frac{m_{16}}{r_{16}} = \frac{499.17}{0.99780} = 500.27 \text{（mL）}$$

此容量瓶 20℃时的实际容积与标称容积之差为 $500.27 - 500.00 = 0.27 \text{mL}$，此差值大于 A 级品的允差（±0.25mL），小于 B 级品的允差（±0.50mL），故其精度为 B 级。

【例 2-6】 18℃时，滴定管中 $c(\text{HCl}) = 0.1 \text{mol/L}$ 的盐酸溶液体积读数为 25.64mL；28℃时，滴定管中 $c(\text{HCl}) = 0.1 \text{mol/L}$ 的盐酸溶液体积读数亦为 25.64mL，计算其换算成 20℃时的体积各是多少？

解 查附录七，18℃时 0.1mol/L 的水溶液体积补正值为 +0.4mL/L，其换算成 20℃时的体积 $V(\text{HCl})_1$ 为：

$$V(\text{HCl})_1 = 25.64 + \frac{+0.4}{1000} \times 25.64 = 25.65 \text{(mL)}$$

查附录七，28℃时 0.1mol/L 的水溶液体积补正值为 −2.0mL/L，其换算成 20℃时的体积 $V(\text{HCl})_2$ 为：

$$V(\text{HCl})_2 = 25.64 + \frac{-2.0}{1000} \times 25.64 = 25.59 \text{(mL)}$$

习 题

一、填空题

1. 分析天平的使用

2-1-1 天平的种类很多，按设计原理不同可分为_____天平、_____天平与_____天平；按最大称量与检定标尺分度值之比可分为_____级，其中_____级天平精度最高。

2-1-2 天平空载时指针的停点（光幕中线在微分标尺上的休止点）称为_____；天平负载达平衡时指针的停点称为_____。

2-1-3 天平的灵敏性通常用_____与_____表示。前者是指_____；后者是指_____，二者互为_____关系。

2-1-4 天平的平衡状态被扰动后，自动回到初始平衡位置的性能称为天平的_____性，它主要取决于横梁_____的高低。

2-1-5 分析天平的拆箱、安装要由_____负责。首先要详细阅读_____，了解安装方法，检查清点主体和_____，查看有无损坏，做好_____工作。完成以上

准备工作后，方可开始安装天平。

2-1-6　单盘电光分析天平的主要特点是：_____、_____及_____。

2-1-7　电子天平在安装之后、称量之前必须进行_____，开机后需要预热_____h以上的时间。

2-1-8　使用分析天平时，应先察看天平秤盘和底板是否_____；天平是否处于_____位置；各部件是否在_____状态；然后测定和调节天平的_____，做好上述准备工作后，方可开始称量。

2-1-9　固体试样称取的方法主要有_____法、_____法与_____法。

2-1-10　使用称量瓶称样时，_____用手直接拿称量瓶，称量瓶除放在_____中、_____上之外，不得放在任何其他地方。

2-1-11　在称量过程中，选取砝码应遵循_____的原则，并尽可能使用_____的砝码。

2. 滴定分析基本操作

2-1-12　玻璃仪器洗净的标志是_____。

2-1-13　滴定管是用来_____的量器，按用途不同，它可分为_____滴定管与_____滴定管。

2-1-14　酸式滴定管涂好油后，应转动_____，油脂层_____，呈_____状态，且_____油脂从旋塞缝隙挤出或进入塞孔。

2-1-15　碱式滴定管的胶管不能_____，玻璃珠应_____，以便能灵活控制滴定。

2-1-16　酸式滴定管常用来装_____溶液，不宜装_____溶液；碱式滴定管常用来装_____溶液，不能装_____溶液，在满足上述要求的条件下，应尽量使用_____滴定管。

2-1-17　使用滴定管必须掌握下列三种滴液方法：_____、_____与_____。

2-1-18　滴定前应先调节好滴定管位置，即使锥形瓶底离滴定台面_____cm，滴定管下端伸入瓶口约_____cm。

2-1-19　滴定时，应用_____手控制滴定管，用_____手的前三指执锥形瓶瓶颈，向同一方向作_____运动，边滴边摇，并注意观察标准溶液的_____。使用具塞锥形瓶或碘量瓶进行滴定时，瓶塞应_____。

2-1-20　滴定管装入或放出溶液后，必须等_____min才能进行读数，如放出溶液速度较慢，等_____min即可读数。读数应准确至_____mL。

2-1-21　滴定管读数时，对于无色或浅色溶液，视线应与其弯月形液面_____成水平；对于深色溶液，视线则应与弯月面_____成水平，初读数与终读数应采取_____标准。

2-1-22　容量瓶是用于测量_____体积的精密量器。当溶液液面达标线时，其体积即为瓶上的_____体积。

2-1-23　在容量瓶中定容，当加水至其容量的四分之三时，应将容量瓶拿起_____；当加水至距标线约_____mm处，应等_____min再加水至标线。无论无色、浅色或深色溶液，均应使弯月面_____与标线相切。

2-1-24　容量瓶干燥的方法是_____与_____。

2-1-25　单标线吸管和分度吸管都是_____一定体积溶液的量器，一般前者惯称为_____，后者惯称为_____。

2-1-26　分度吸管分为_____、_____与_____三种形式。

2-1-27　使用吸管时，应_____手执洗耳球；_____手执管颈_____部位，_____指控制管口。

2-1-28　用洗净的吸管移取溶液前，应先用滤纸将管_____的水吸干，然后用待吸溶液润洗_____次，润洗液应从_____放出。

2-1-29　量器的校准方法有_____法与_____法。滴定管校准一般采用_____法，配套使用的移液管与容量瓶校准多采用_____法。

2-1-30　玻璃量器校准计算公式 $V_{20}=m_t/r_t$ 中，总校准 r_t 值指的是_____。

3. 称量分析基本操作

2-1-31　在称量分析中，需要灼烧的沉淀一般采用_____过滤；不能和滤纸一起灼烧的沉淀与烘干后即可称量的沉淀应采用_____过滤。

2-1-32　定量滤纸按孔隙大小可分为快、中、慢三速，分别适于过滤_____沉淀、_____沉淀与_____沉淀。

2-1-33　为增加密封性和润滑性，干燥器磨口部分应涂有_____，开启干燥器盖需采用_____的方法。

2-1-34　称量分析的基本操作包括_____、_____、_____、_____与_____等。

2-1-35　沉淀过滤的目的是_____；洗涤的目的是_____。

2-1-36　晶形沉淀一般采用_____洗涤，溶解度很小时也可用_____洗；无定形沉淀宜用_____洗涤。

2-1-37　滤纸的折叠通常采用_____法，即将其对折并_____，再对折，但_____，然后将滤纸圆锥体放入漏斗中并使之与漏斗内壁_____。

2-1-38　沉淀过滤、洗涤采用_____法，洗涤的原则是_____。

2-1-39　沉淀是否洗净，可用_____检查洗出液中是否还含有某种_____的杂质离子。

2-1-40　烘干是_____℃以下的热处理，其目的是_____；灼烧是_____℃的热处理，其目的是_____。

2-1-41　沉淀烘干时要注意温度_____，炭化时要防止滤纸_____。为使滤纸灰化时能迅速氧化，可预先用数滴_____将其润湿。

二、选择题

1. 分析天平的使用

2-2-1　下列天平感量为 0.1mg/格 的是（　　）。
A. 托盘天平；　　　　　　　　　　B. 工业天平；
C. 半机械加码电光分析天平；　　　D. 单盘电光分析天平；

E. 微量分析天平。

2-2-2 天平的计量性能主要有（   ）。
A. 精密度；　　　　　B. 示值变动性；　　　C. 灵敏性；
D. 正确性；　　　　　E. 稳定性。

2-2-3 与天平灵敏性有关的因素包括（   ）。
A. 天平梁的质量与天平臂长；　　　　B. 天平零点的位置；
C. 平衡调节螺丝的位置；　　　　　　D. 感量调节螺丝的位置；
E. 玛瑙刀口的锋利程度与玛瑙平面的光洁度。

2-2-4 以下有关天平计量性能叙述错误的是（   ）。
A. 天平的灵敏度越高越好；
B. 天平的感量调节螺丝可根据需要随意调节；
C. 天平的正确性系指横梁两臂具有的正确固定比例，对于等臂天平即指其等臂性；
D. 一般来说，温度不会影响天平的计量性能；
E. 在载荷平衡状态下，多次开关天平后，天平恢复原平衡位置的性能称为示值变动性。

2-2-5 对分析天平室的基本要求有（   ）。
A. 天平室一般应是朝南的房间；　　　B. 温度恒定，最好在18～26℃；
C. 注意防尘、防震；　　　　　　　　D. 相对湿度最好为65%～75%；
E. 保持空气流通，最好将天平安装在通风口处。

2-2-6 单盘电光分析天平正确的使用方法是（   ）。
A. 使用前各数字窗口及微读手钮指数应调为零；
B. 检查天平的水准器是否水平；
C. 标尺上出现负偏移表示砝码值过大时，应前进一个数；
D. 读取零点时，应使投影屏上标尺的00刻线位于夹线正中位置；
E. 称量过程中，应在天平"全启"状态下进行减码。

2-2-7 电子天平的特点包括（   ）。
A. 使用寿命长，性能稳定，灵敏度高，操作方便；
B. 价格低廉，维修方便；
C. 称量速度快，精度高；
D. 无须校准，经久耐用；
E. 可实现称量、记录、打印与计算自动化。

2-2-8 使用分析天平时，加减砝码和取放物体必须休止天平，这是为了（   ）。
A. 防止天平盘的摆动；　　　　　　　B. 减少玛瑙刀口的磨损；
C. 增加天平的稳定性；　　　　　　　D. 加快称量速度；
E. 使天平尽快达到平衡。

2-2-9 采用称量瓶为称量容器时，递减称量法最适于称量（   ）。
A. 在空气中稳定的试样；　　　　　　B. 在空气中不稳定的试样；
C. 干燥试样；　　　　　　　　　　　D. 多份基准试剂；
E. 易挥发物。

2-2-10 欲称取 26g $Na_2S_2O_3 \cdot 5H_2O$ 试剂配制标准溶液，应选用（   ）。
A. 阻尼式分析天平； B. 半机械电光天平；
C. 全机械电光天平； D. 微量天平；
E. 托盘天平。

2-2-11 以下称量过程中操作正确的是（   ）。
A. 为称量方便，打开天平的前门； B. 用软毛刷轻轻扫净秤盘；
C. 热物品冷却至室温后再称量； D. 冷物品直接进行称量；
E. 称量完毕切断电源。

2. 滴定分析基本操作

2-2-12 洗涤滴定管时，正确的操作包括（   ）。
A. 无明显油污时，可直接用自来水冲洗，或用肥皂水、洗衣粉刷洗；
B. 涮洗时，用手指堵住管口上下振荡；
C. 用洗涤剂洗毕，应用自来水冲净，再用蒸馏水润洗三次；
D. 用肥皂洗不干净时，可使用去污粉刷洗；
E. 铬酸洗液可直接倒入碱式滴定管中浸泡一定时间。

2-2-13 碱式滴定管漏水时，可以（   ）。
A. 调换为较大的玻璃珠； B. 将玻璃珠涂油后再装入；
C. 调换为下口直径较细的玻璃尖管； D. 调好液面立即滴定；
E. 更换为直径较细的胶管。

2-2-14 下列溶液中，适于装在棕色酸式滴定管中的有（   ）。
A. H_2SO_4； B. NaOH； C. $KMnO_4$；
D. $K_2Cr_2O_7$； E. $AgNO_3$。

2-2-15 下列溶液中，不能装在碱式滴定管中的是（   ）。
A. $Na_2S_2O_3$； B. I_2； C. NaOH；
D. $AgNO_3$； E. HCl。

2-2-16 控制碱式滴定管正确的操作方法为（   ）。
A. 左手捏挤于玻璃珠上方胶管； B. 左手捏挤于玻璃珠稍下处；
C. 左手捏挤于玻璃珠稍上处； D. 右手捏挤于玻璃珠稍下处；
E. 右手捏挤于玻璃珠稍上处。

2-2-17 准确称取一定质量的 Na_2CO_3 基准试剂，溶解后于容量瓶中定容，再从中移取一定体积的溶液标定 HCl 溶液的浓度。在此实验中，以下仪器需要用待装溶液涮洗的是（   ）。
A. 滴定管； B. 容量瓶； C. 移液管；
D. 锥形瓶； E. 量筒。

2-2-18 滴定的速度应控制在（   ）。
A. 开始时为每秒 7～8 滴； B. 开始时为每秒 3～4 滴；
C. 接近终点时，加 1 滴摇几下； D. 接近终点时，加 2 滴摇几下；
E. 最后加入半滴或 1/4 滴。

2-2-19 以下滴定中操作错误的是（   ）。

A. 滴定前期，左手可以离开旋塞，使溶液自行流下；
B. 用右手前三指执锥形瓶颈，以腕力作圆周运动；
C. 使用烧杯滴定时，以玻璃棒搅拌溶液；
D. 初读数时，滴定管执手中，终读数时，滴定管夹在滴定台上；
E. 滴定完毕，管尖处有气泡。

2-2-20　容量瓶的用途为（　　）。
A. 贮存标准溶液；
B. 量取一定体积的溶液；
C. 将准确称量的物质准确地配成一定体积的溶液；
D. 将准确体积的浓溶液稀释为准确体积的稀溶液；
E. 转移溶液。

2-2-21　如发现容量瓶漏水，则应（　　）。
A. 调换磨口塞；　　　　　　　　B. 在瓶塞周围涂油；
C. 停止使用；　　　　　　　　　D. 摇匀时勿倒置；
E. 摇匀时倒置时间要尽量短。

2-2-22　容量瓶摇匀的次数为（　　）。
A. 3 次；　　　　B. 5~6 次；　　　C. 8~10 次；
D. 10~20 次；　　E. 40 次以上。

2-2-23　用 500mL 容量瓶配得的溶液，其体积应记录为（　　）。
A. 500mL；　　　　B. 500.00mL；　　　C. 500.0mL；
D. 5×10^2 mL；　　E. 500.000mL。

2-2-24　使用容量瓶时，以下操作正确的是（　　）。
A. 摇匀时，左手食指按住瓶塞，右手指尖托住瓶底边缘；
B. 手执标线以下部分；　　　　　C. 热溶液冷至室温后再移入；
D. 在烘箱内烘干；　　E. 贮存 $K_2Cr_2O_7$ 标准溶液。

2-2-25　使用移液管吸取溶液时，应将其下口插入液面以下（　　）。
A. 0.5~1cm；　　　B. 5~6cm；　　　C. 1~2cm；
D. 7~8cm；　　　　E. 10cm 以上。

2-2-26　放出移液管中的溶液时，当液面降至管尖后，应等待（　　）。
A. 20s；　　　　B. 10s；　　　　C. 30s；
D. 5s；　　　　　E. 15s。

2-2-27　使用吸管时，以下操作错误的是（　　）。
A. 将洗耳球紧接在管口上再排出其中的空气；
B. 将涮洗溶液从上口放出；
C. 放出溶液时，使管尖与容器内紧贴，且保持管身垂直；
D. 深色溶液按弯月面上缘读数；
E. 用烘烤法进行干燥。

2-2-28　欲量取 9mL HCl 配制标准溶液，选用的量器是（　　）。
A. 容量瓶；　　　　B. 滴定管；　　　　C. 移液管；

D. 量筒； E. 吸量管。

2-2-29 欲移取 25mL HCl 标准溶液标定 NaOH 溶液浓度，选用的量器为（　　）。
A. 容量瓶； B. 移液管； C. 量筒；
D. 吸量管； E. 量杯。

2-2-30 以下量器需要校准的有（　　）。
A. 高精确度定量分析工作用滴定管； B. 使用多年的量筒、量杯；
C. 长期使用受到侵蚀的容量瓶； D. 质量不甚可靠的吸量管；
E. 工业分析用 B 级移液管。

3. 称量分析基本操作

2-2-31 定量滤纸又称无灰滤纸，因每张滤纸灰分含量一般小于（　　）。
A. 0.01mg； B. 0.02mg； C. 0.05mg；
D. 0.1mg； E. 0.2mg。

2-2-32 选择定量滤纸时，通常要求沉淀的量不超过滤纸圆锥体高度的（　　）。
A. 1/4； B. 1/2； C. 2/3；
D. 3/4； E. 20%。

2-2-33 过滤 $BaSO_4$ 沉淀时，选用的滤纸规格是（　　）。
A. 快速； B. 中速； C. 慢速；
D. 11cm； E. 7~9cm。

2-2-34 微孔玻璃滤器旧牌号 G_4 相当于新牌号的规格为（　　）。
A. P_4； B. P_{10}； C. P_{16}；
D. P_{40}； E. P_{100}。

2-2-35 不适于用微孔玻璃滤器过滤的溶液有（　　）。
A. 较浓 NaOH 溶液； B. 热浓 H_3PO_4 溶液；
C. HF 溶液； D. HCl 溶液；
E. $K_2Cr_2O_7$ 溶液。

2-2-36 称量分析用玻璃棒，斜放入烧杯中后，应比烧杯长出（　　）。
A. 1~2cm； B. 2~3cm； C. 4~6cm；
D. 8~10cm； E. 大于10cm。

2-2-37 干燥器中的变色硅胶有效时的颜色是（　　）。
A. 红色； B. 橙色； C. 黄色；
D. 蓝色； E. 绿色。

2-2-38 洗涤沉淀所用洗涤液，应符合下列条件（　　）。
A. 易溶解杂质，不溶解沉淀； B. 对沉淀无胶溶或水解作用；
C. 吸附的杂质少； D. 烘干或灼烧时易挥发分解而除去；
E. 组成与其化学式相符合。

2-2-39 以下有关过滤、洗涤操作，叙述正确的是（　　）。
A. 滤纸边应低于漏斗边缘 10mm 左右；
B. 滤纸折叠好后可不必撕去一小角；
C. 过滤时，漏斗中的液面不要超过滤纸高度的 2/3；

D. 在烧杯中洗涤沉淀时，一般晶形沉淀洗 3～4 次，无定形沉淀洗 5～6 次；

E. 转移沉淀时，玻璃棒横放在烧杯口上，其下端应比烧杯口长出 1cm。

2-2-40　以下有关烘干、灼烧与恒重操作，叙述错误的是（　　）。

A. 空坩埚与带有沉淀的坩埚，应在同一条件下进行热处理；

B. 灰化时如滤纸着火，应立即用嘴吹灭；

C. 灼烧好的坩埚从高温炉中取出后，应迅速放入干燥器中；

D. 坩埚在干燥器中冷却的前期，应将器盖推开几次；

E. 搬动干燥器时，应用双手拇指压紧器盖，其余手指托在下沿。

2-2-41　坩埚或称量瓶恒重的标准是连续两次称得质量之差小于（　　）。

A. 0.1mg；　　　　B. 0.2mg；　　　　C. 0.3mg；

D. 0.4mg；　　　　E. 0.5mg。

三、计算题

2-3-1　在一电光天平左盘加上 10mg 标准砝码，微分标尺的读数为 10.1mg，问此天平的灵敏度和感量各是多少？

2-3-2　一电光天平的零点为 +0.3mg，在一秤盘上加 10mg 标准砝码后，平衡点读数为 -9.9mg，求此天平的感量。

2-3-3　某分析天平的感量为 0.1mg/格，如微分标尺对光幕中线的位移为 50 格，问所加砝码的质量是多少？

2-3-4　一分析天平的零点为 -0.3mg，在天平两盘各加 20g 的砝码，并于一秤盘上加 10mg 标准砝码，微分标尺的读数为 9.2mg；将两 20g 砝码对换后，微分标尺的读数为 10.2mg，求此天平负载 20g 时的灵敏度。

2-3-5　在一电光天平左盘上加一 20g 砝码（校正值为 -2.5mg）与一 10mg 标准砝码，右盘上只加一 20g 砝码（校正值为 +2.0mg），开启天平后微分标尺读数为 5.3mg，计算该天平载荷 20g 时的感量是多少？

2-3-6　某分析天平两秤盘各加 10g 砝码，平衡点为 -1.3mg，在一秤盘上加 10mg 标准砝码后，平衡点为 8.4mg，求此天平负载 10g 时的感量。

2-3-7　测得一分析天平的零点为 0.0mg、-0.1mg；载荷后取下砝码，测得零点为 0.1mg、0.0mg，问此天平的示值变动性是多少？

2-3-8　一分析天平的两盘各加上 50g 砝码，平衡点读数为 1.3mg；将两砝码对调后平衡点读数为 -0.7mg，此天平的偏差是多少？

2-3-9　用电光天平称一称量瓶质量，当加砝码至 21.3200g 时，微分标尺读数为 4.8mg，若该天平的零点为 -0.2mg，问此称量瓶的质量是多少克？

2-3-10　用某零点为 0.5mg 的分析天平称取一小坩埚的质量，微分标尺读数为 6.4mg；加码指数盘读数为 250；天平盘上砝码是 10g、2g，问小坩埚的质量是多少克？

2-3-11　称量一装有 Na_2CO_3 试样的称量瓶：天平盘上砝码为 20g、2g、1g，指数盘读数为 120，微分标尺读数为 9.6mg；倒出试样后再次称量：天平盘上砝码为 20g、2g，指数盘读数为 870，微分标尺读数为 4.4mg，问所称 Na_2CO_3 试样的质量是多少克？

2-3-12　28℃时称得 100mL 容量瓶容纳纯水的质量是 99.92g，求该容量瓶 20℃时的容积与校准值。

2-3-13　15℃时，25mL 移液管放出纯水的质量为 24.77g，求此移液管的校准值。

2-3-14　校准一滴定管标称容量为 20mL 时的容积，测得数据如下：小锥形瓶与纯水质量为 51.22g；干燥锥形瓶质量为 31.26g，水温为 24℃，求此滴定管标称容量 20mL 时的校准值。

2-3-15　18℃时，用玻璃容器于空气中以黄铜砝码称取多少克纯水，其体积在 20℃时才恰好为 250.00mL？

2-3-16　校准值为 0.00mL 的 50mL 容量瓶，于 12℃时加纯水至标线，问称得的纯水质量是多少？

2-3-17　校准值为 ＋0.25mL 的 250mL 容量瓶，称得容纳纯水的质量为 248.83g，问称量时的温度是多少？

2-3-18　某 100mL 移液管，放出纯水的质量为 99.35g，由此计算出该移液管 20℃时的实际容量为 100.01mL，求校准时的温度是多少？

2-3-19　室温 28℃时滴定消耗 0.1mol/L 的 NaOH 溶液 36.32mL，计算该 NaOH 溶液在 20℃时的体积。

2-3-20　16℃时，用 0.5mol/L 的 HCl 溶液滴定 Na_2CO_3 溶液，滴定管读数为 26.73mL，已知滴定管校正值在 25～30mL 时为 －0.01mL，求进行结果计算时此 HCl 溶液应采用的实际体积。

第三章
实验室管理与标准化

概　要

一、实验室管理

实验室即工业生产企业的分析检验室，它承担着生产过程中的原料、产品、中间体和试验研究的分析检验工作。按主要使用分析检验方法分类，实验室可分为化学分析检验室和仪器分析检验室；按功能分，其可分为中控实验室和中心实验室。

实验室的管理主要包括：制度管理，分析检验人员的管理，技术资料的管理，实验室仪器设备，药品和试剂的管理，以及实验室环境的管理。

二、实验室安全与防护

保护实验室人员和财产安全，是实验室工作人员必须遵守的准则。实验室潜在的危险因素有化学药品的易燃性、易爆性、毒性、腐蚀性、放射性和电、气设备的高温高压等，因此安全与防护主要包括：识别常见易燃易爆物质，掌握实验室防火、防爆和灭火措施，掌握常见中毒症状的判断方法和急救措施，掌握实验室常用电气设备的安全使用方法，掌握实验室外伤的救治方法，掌握实验室"三废"处理方法等。

三、标准与标准化

标准是通过标准化活动，按照规定的程序经协商一致制定，为各种活动或其结果提供规则、指南或特性，供共同使用和重复使用的文件。标准可以公开获得以及必要时通过修正或修订保持与最新技术水平同步，它们被视为构成了公认的技术规则。标准宜以科学、技术和经验的综合成果为基础。按层次分类，标准可分为国际标准、区域标准、国家标准、行业标准、地方标准和企业标准 6 类。按约束性分类，标准可分为强制性标准和推荐性标准。按性质分类，标准分为技术标准、管理标准和工作标准。

标准化是为了在既定范围内获得最佳秩序，促进共同效益，对现实问题或潜在问题确立共同使用或重复使用的条款以及编制、发布和使用文件的活动。标准化的主要效益在于为了产品、过程或服务的预期目的改进它们的适用性，促进贸易、交流以及技术合作。标准化的基本原理通常是指统一原理、简化原理、协调原理和最优化原理。

习　题

一、填空题

1. 实验室管理

3-1-1　实验室按主要使用分析检验方法分为_____检验室和_____检验室；按功能分为_____实验室和_____实验室。

3-1-2　为了保证分析检验工作的顺利进行，出具的数据更准确可靠，必须对实验室进行严格科学的管理，制定切实可行的_____。

3-1-3　分析检验人员的_____、_____和_____等都应与所承担的任务相适应，必须精通本岗位的分析业务，懂得分析原理、仪器结构、性能和操作方法，熟悉_____和_____，并严格执行。

3-1-4　实验室必须具备下列三种技术资料：_____和_____、分析手册等工具书、分析书籍和刊物。

3-1-5　精密仪器应放置于精密室，并且具有_____、_____、_____、_____和防腐蚀性气体、避光等功能。仪器应套上_____。

3-1-6　化学药品贮存室应符合有关安全防火规定，有_____、_____、_____和调温及消除静电等安全措施，且由_____管理，并有严格的管理制度。

3-1-7　一般试剂和溶液应整齐排放在_____内，放在架上的试剂和溶液要_____和_____，见光易分解的试剂应装入_____或_____，放在避光的暗箱里。

3-1-8　试剂瓶和溶液瓶应贴有标签，内容包括试剂_____、_____、_____等。

3-1-9　各种试剂和溶液用后立即盖上盖，防止_____或吸收_____和_____等，也防止溶剂蒸发。

3-1-10　实验室应根据各室工作具体内容要求配备必要的_____、_____和_____等设备，其建筑结构、面积和排水、温湿度等应满足检验工作要求。

2. 实验室安全防护

3-1-11　分析化学实验室内严禁_____、_____，不能用实验器皿盛放＿＿＿＿＿＿＿＿＿＿＿＿，离开实验室前应将手洗净。

3-1-12　所用＿＿＿＿＿＿＿＿＿＿均应有标签，绝不可在容器内盛放与标签＿＿＿＿＿＿＿＿的物质。

3-1-13　对于使用挥发性、易燃性试剂的实验，应远离＿＿＿＿＿＿＿＿＿，易燃性溶剂加热避免使用＿＿＿＿＿＿＿＿。

3-1-14　使用有毒化学试剂时，必须采取适当的＿＿＿＿＿＿＿＿，其废弃物也不应随意＿＿＿＿＿＿。

3-1-15　使用电器时，手必须＿＿＿＿＿＿＿＿＿＿＿＿＿＿。如遇有人触电，应即＿＿＿＿＿＿＿＿＿＿＿电源。

3-1-16　酸灼伤时，应用碱性稀溶液，如＿＿＿＿＿＿＿＿或＿＿＿＿＿＿＿＿冲洗。

3-1-17　如不慎吸入氯气，可用＿＿＿＿＿＿＿＿＿＿＿漱口，然后吸入少量＿＿＿＿＿＿＿＿蒸气，立即到室外呼吸＿＿＿＿＿＿＿。

3-1-18　实验室潜在的危险性可分为＿＿＿＿＿＿＿危险性、＿＿＿＿＿＿＿危险性、＿＿＿＿＿＿＿危险性、＿＿＿＿＿＿＿危险性与辐射危险性。

3-1-19　电器设备、精密仪器起火，适宜使用＿＿＿＿＿＿＿＿灭火器、＿＿＿＿灭火器扑灭。

3-1-20　无机酸废液可在不断搅拌下缓慢倒入过量＿＿＿＿＿＿＿＿溶液中；无机碱废液可在不断搅拌下缓慢倒入过量＿＿＿＿＿＿＿＿溶液中，然后各用大量水冲洗排放。

3. 标准与标准化

3-1-21　标准应以＿＿＿＿＿＿、＿＿＿＿＿和＿＿＿＿＿的综合成果为基础，以促进最佳社会效益为目的。

3-1-22　按层次分类，标准可分为＿＿＿＿、＿＿＿＿、＿＿＿＿、＿＿＿＿和地方标准、企业标准6类。

3-1-23　按约束性分类，标准可分为＿＿＿＿＿＿＿和＿＿＿＿＿＿＿。

3-1-24　＿＿＿＿＿＿＿标准是在适合指定目的的精确度范围内和给定环境下，全面描述试验活动以及得出结论的方式的标准。

3-1-25　"ISO"是＿＿＿＿＿＿＿＿＿＿＿＿＿＿＿＿的缩写。

3-1-26　"GB XXXXX—YYYY"中GB表示＿＿＿＿＿＿＿＿＿＿；XXXXX表示＿＿＿＿＿＿＿＿；YYYY表示＿＿＿＿＿＿。

3-1-27　标准化是为了在既定范围内获得＿＿＿＿＿＿，促进共同效益，对现实问题或潜在问题确立＿＿＿＿使用或＿＿＿＿使用的条款以及编制、发布和使用文件的活动。

3-1-28　为适应经济全球化的需要，我国的一项重要技术经济政策是采用＿＿＿＿＿＿和＿＿＿＿＿＿。

3-1-29　标准化的基本原理通常是指＿＿＿＿原理、＿＿＿＿原理、＿＿＿＿原理和＿＿＿＿原理。

3-1-30　我国基本形成了以＿＿＿＿＿＿＿＿＿＿为主，＿＿＿＿＿＿＿、＿＿＿＿＿＿＿衔接配套的标准体系。

二、选择题

1. 实验室管理

3-2-1　实验室各种管理规章制度应该（　　）。
A. 置于墙上或便于取阅的地方；　　　　B. 存放在档案柜中；
C. 由相关人员集中保管；　　　　　　　D. 保存在计算机内。

3-2-2　重复性实验是考查候选方法的（　　）。
A. 随机误差；　　B. 操作误差；　　C. 方法误差；　　D. 比例系统误差。

3-2-3　不需装在棕色瓶中或用黑纸包裹，置于低温阴凉处的药品是（　　）。
A. 卤化银；　　　B. 浓硝酸；　　　C. 汞；　　　　　D. 过氧化氢。

3-2-4　分析检测所处的环境的要求是（　　）。
A. 控制温度和湿度；　　　　　　　　　B. 无尘；
C. 不影响分析检测结果的有效性；　　　D. 清洁整齐。

3-2-5　对于危险化学品贮存管理的叙述错误的是（　　）。
A. 在贮存危险化学品时，室内应备齐消防器材，如灭火器、水桶、砂子等；室外要有较近的水源；
B. 在贮存危险化学品时，化学药品贮存室要由专人保管，并有严格的账目和管理制度；
C. 在贮存危险化学品时，室内应干燥、通风良好，温度一般不超过 28℃；
D. 化学性质不同或灭火方法相抵触的化学药品要存放在地下室同一库房内。

3-2-6　对于危险化学品贮存管理的叙述错误的是（　　）。
A. 在贮存危险化学品时，应做好防火、防雷、防爆、调温、消除静电等安全措施；
B. 在贮存危险化学品时，应做到室内干燥、通风良好；
C. 贮存危险化学品时，照明要用防爆型安全灯；
D. 贮存危险化学品时，任何人都不得进入库房重地。

3-2-7　下列关于实验室的叙述错误的是（　　）。
A. 具有分析检验原辅料和产品的质量功能；
B. 具有生产中控分析检验功能；
C. 具有为技术改造或新产品试验提供分析检验的功能；
D. 企业员工工作和休闲场所。

3-2-8　下列关于中控实验室和中心实验室的叙述错误的是（　　）。
A. 在业务上，中心实验室受中控实验室监督和指导；
B. 中控实验室一般设置在生产企业的车间或工段上；
C. 中控实验室主要从事生产原料、半成品的分析检验；
D. 中心实验室有对下属实验室实施业务指导和监督的职责与职能。

3-2-9　以下不属于实验室管理范畴的是（　　）。
A. 制度和人员的管理；
B. 技术资料以及仪器设备、药品和试剂的管理；

C. 实验室的环境管理；
D. 分析检验方案的标准化。

3-2-10 下列对分析检验人员的要求，叙述错误的是（　　）。
A. 应具有很高的学历、技术职务或技能等级；
B. 具有良好的职业道德和行为规范；
C. 具有坚持原则、认真负责、实事求是的职业素质；
D. 能够保持良好的个人卫生和环境卫生。

2. 实验室安全防护

3-2-11 处理下列试剂必须在通风橱中进行的是（　　）。
A. 浓盐酸；　　　　B. 浓氢氧化钠溶液；　　C. 溴水；
D. 重铬酸钾；　　　E. 高锰酸钾。

3-2-12 稀释浓硫酸时，以下操作错误的是（　　）。
A. 在烧杯中进行操作；　　　　　　B. 在试剂瓶中进行操作；
C. 将浓硫酸在不断搅拌下缓缓注入水中；
D. 将水在不断搅拌下缓缓注入浓硫酸中；
E 将浓硫酸迅速倾入水中。

3-2-13 加热乙醇采用的适宜热源为（　　）。
A. 电炉；　　　　B. 酒精灯；　　　　C. 水浴；
D. 煤气灯；　　　E. 砂浴。

3-2-14 试剂瓶磨口粘连打不开时，不正确的开启方法为（　　）。
A. 用小刀小心撬开；
B. 用电吹风稍稍加热瓶颈部分，使外层膨胀而松动；
C. 将瓶口部分在实验台边轻轻磕碰，使之松动；
D. 将煤油滴加在瓶口缝隙，使内外层相互脱离；
E. 用铁锤轻轻击打，使之松动。

3-2-15 腐蚀性化学药品不包括（　　）。
A. H_2O_2；　　　B. $NaOH$；　　　C. KCl；
D. H_2SO_4；　　　E. HF。

3-2-16 碱灼伤时，应用（　　）冲洗。
A. 2％ $NaHCO_3$ 溶液；　　　　　　B. 1％硼酸；
C. 稀氨水；　　　　　　　　　　　　D. 1％柠檬酸；
E. 稀硫酸。

3-2-17 汞洒落在地面上，应及时、彻底清理，然后在地面撒上（　　）粉末。
A. 硫黄；　　　　B. 硼砂；　　　　C. 食盐；
D. 锯末；　　　　E. 多硫化钙。

3-2-18 下列物质属于易燃、易爆的是（　　）。
A. 无水氯化钙；　　B. 乙醇；　　　　C. 高氯酸钾；
D. 金属钠；　　　　E. 汽油。

3-2-19 金属钠起火燃烧，应采用的灭火器材是（　　）。

A. 水； B. 泡沫式灭火器； C. 7150 灭火器；
D. 酸碱式灭火器； E. 沙土。

3-2-20 重金属废液可用（　　）处理后排放。
A. 氢氧化物共沉淀法； B. 酸碱中和法； C. 硫酸盐共沉淀法；
D. 乙酸乙酯萃取法； E. 氯化铁共沉淀法

3. 标准与标准化

3-2-21 标准的（　　）是标准制定过程的延续。
A. 编写； B. 实施； C. 修改； D. 发布。

3-2-22 GB/T 6583—92 中的 6583 是指（　　）。
A. 顺序号； B. 制定年号； C. 发布年号； D. 有效期。

3-2-23 根据《中华人民共和国标准化法》规定，我国标准分为（　　）两类。
A. 国家标准和行业标准； B. 国家标准和企业标准；
C. 国家标准和地方标准； D. 强制性标准和推荐性标准。

3-2-24 国家标准有效期一般为（　　）。
A. 2 年； B. 3 年； C. 5 年； D. 10 年。

3-2-25 标准化的主管部门是（　　）。
A. 科技局； B. 工商行政管理部门；
C. 公安部门； D. 质量技术监督部门。

3-2-26 由于温度的变化可使溶液的体积发生变化，因此必须规定一个温度为标准温度。国家标准将（　　）规定为标准温度。
A. 15℃； B. 20℃； C. 25℃； D. 30℃。

3-2-27 下列有关标准的叙述中错误的是（　　）。
A. 它是国家机密文件，不能公开获得；
B. 它以科学、技术和实践经验的综合成果为基础；
C. 经有关方面协商一致，由主管部门批准；
D. 以促进最佳社会效益为目的。

3-2-28 下列关于标准的叙述中，正确的是（　　）。
A. 标准和标准化都是在一定范围内获得最佳秩序而进行的一项有组织的活动；
B. 标准化的活动内容指的是制定标准、发布标准与实施标准，当标准得以实施后，标准化活动也就消失了；
C. 企业标准一定要比国家标准要求低，否则国家将废除该企业标准；
D. 我国国家标准的代号是 GB ××××× —××××。

3-2-29 下列标准必须制定为强制性标准的是（　　）。
A. 分析和检测方法标准； B. 环保和食品卫生标准；
C. 国际标准； D. 国家标准。

3-2-30 国际标准化组织的代号是（　　）。
A. GB； B. IEC； C. ISO； D. WTO。

第四章
定量分析概论

概　要

一、滴定分析的方法

滴定分析是用标准溶液滴定被测物质溶液达滴定终点，然后根据消耗标准溶液的体积和浓度计算被测组分含量的化学分析法。

根据反应类型不同，滴定分析可分为酸碱滴定法、配位滴定法、氧化还原滴定法和沉淀滴定法。根据滴定方式不同，滴定分析则可分为直接滴定法、返滴定法、置换滴定法和间接滴定法。

二、误差与偏差

在测量工作中，将测定值与真实值相接近的程度称为准确度，以误差表示；而将测定值与多次测定平均值相接近的程度（彼此接近的程度）称为精密度，以偏差表示。根据来源和性质不同，误差可分为系统误差和偶然误差，前者包括方法误差、仪器误差、试剂误差与操作误差。减小系统误差的措施主要是进行对照试验、空白试验、校正仪器和分析方法等；减小偶然误差的措施主要是增加平行测定次数取其平均值作为测定结果。

误差是准确度的表征，偏差是精密度的表征，其表示方法见表 4-1。

三、标准溶液

标准溶液是确定了准确浓度，用于滴定分析的溶液。

标准溶液的制备方法有直接法与标定法两种。直接法是准确称取一定量基准试剂，溶解后准确稀释至一定体积，然后根据基准试剂的质量和溶液的体积计算出该溶液的准确浓度。标定法是先配成近似所需浓度的溶液（配制），然后用基准试剂或其他标准溶液测定出其准确浓度（标定）。

表 4-1　误差与偏差的表示方法

	表示方法	计算式	说　明
误差	绝对误差	绝对误差＝测定值－真实值	有正负之分
	相对误差/%	$相对误差 = \dfrac{绝对误差}{真实值} \times 100\%$	
偏差	绝对偏差 d_i	$d_i = x_i - \bar{x}$	无正负之分
	相对偏差 $d_i\%$	$d_i\% = \dfrac{d_i}{\bar{x}} \times 100\%$	
	平均偏差 $\bar{d}$	$\bar{d} = \dfrac{\sum |d_i|}{n}$	
	相对平均偏差 $\bar{d}\%$	$\bar{d}\% = \dfrac{\bar{d}}{\bar{x}} \times 100\%$	
	标准偏差 S	$S = \sqrt{\dfrac{\sum d_i^2}{n-1}}$	
	相对标准偏差 $S\%$	$S\% = \dfrac{S}{\bar{x}} \times 100\%$	

滴定分析用标准试剂我国习惯上称为基准试剂，基准试剂又分为 C 级（第一基准）和 D 级（工作基准）两个级别。我国迄今共计有 6 种 C 级和 14 种 D 级基准试剂，后者是滴定分析工作中经常使用的计量标准。

常用 D 级基准试剂见表 4-2。

表 4-2　D 级基准试剂

名　称	国家标准代号	使用前的干燥方法	主 要 用 途
无水碳酸钠	GB 1255—2007	270～300℃灼烧至恒重	标定 HCl、H_2SO_4 溶液
邻苯二甲酸氢钾	GB 1257—2007	105～110℃干燥至恒重	标定 NaOH、$HClO_4$ 溶液
氧化锌	GB 1260—2008	800℃灼烧至恒重	标定 EDTA 溶液
碳酸钙	GB 12596—2008	110℃±2℃干燥至恒重	标定 EDTA 溶液
乙二胺四乙酸二钠	GB 12593—2007	$MgSO_4$ 饱和溶液恒湿器中放置 7d	标定金属离子溶液
氯化钠	GB 1253—2007	500～600℃灼烧至恒重	标定 $AgNO_3$ 溶液
硝酸银	GB 12595—2008	H_2SO_4 干燥器干燥至恒重	标定卤化物及硫氰酸盐溶液
草酸钠	GB 1254—2007	105～110℃干燥至恒重	标定 $KMnO_4$ 溶液
三氧化二砷	GB 1256—2008	H_2SO_4 干燥器干燥至恒重	标定 I_2 溶液
碘酸钾	GB 1258—2008	180℃±2℃干燥至恒重	标定 $Na_2S_2O_3$ 溶液
重铬酸钾	GB 1259—2007	120℃±2℃干燥至恒重	标定 $Na_2S_2O_3$、$FeSO_4$ 溶液
溴酸钾	GB 12594—2008	180℃±2℃干燥至恒重	标定 $Na_2S_2O_3$ 溶液
苯甲酸	GB 1259—2007	P_2O_5 干燥器减压干燥至恒重	标定甲醇钠溶液

标准溶液浓度的表示方法一般有物质的量浓度与滴定度两种。

物质的量浓度 c_B 是指物质 B 的物质的量 n_B 除以混合物的体积 V，即

$$c_B = \dfrac{n_B}{V}$$

式中，n_B 的单位为 mol；V 的单位为 L；c_B 的单位为 mol/L。使用 mol（摩尔）时，基本单元应予指明，可以是原子、分子、离子（以 B 表示）等粒子，或是这些粒子

的特定组合$\left(以\dfrac{1}{z}B\ 表示\right)$。

滴定度是指 1mL 标准溶液相当的被测组分的质量，常用单位为 g/mL。滴定度一般以符号 $T_{B/A}$ 表示，A 为标准溶液，B 为被测组分。

四、滴定分析中的计算

滴定分析的计算原则系等物质的量规则。这一规则是指对于一定的化学反应，如选定适当的基本单元，那么在任何时刻所消耗的反应物的物质的量均相等。在滴定分析中若根据滴定反应选取适当的基本单元，则滴定到达化学计量点时，被测组分之物质的量就等于所消耗标准溶液之物质的量。

应用等物质的量规则进行计算时，关键在于选择基本单元，亦即使反应中两反应物具有相同的基本单元数，或者说是使两反应物的基本单元数之比为 1∶1。根据这一要求，在酸碱反应中系以转移一个质子的特定组合$\left(\dfrac{1}{z}B\right)$为反应物的基本单元，即$\dfrac{1}{z}B$中 z 为一个分子或离子在反应中转移的质子数；在氧化还原反应中系以转移一个电子的特定组合为反应物的基本单元，即$\dfrac{1}{z}B$中 z 为一个分子或离子在反应中转移的电子数；在配位反应和沉淀反应中，如两反应物反应的分子或离子比为 1∶1，则以一个分子或离子为其基本单元，即 z 等于 1。若被测组分未直接参加滴定反应，则可根据分步反应式确定被测组分与滴定反应中反应物的相当关系，进而选定其基本单元。

等物质的量规则可表示为 $n_A = n_B$，此式为滴定分析计算的基础公式，它在不同的情况下有不同的形式。

A、B 两种溶液之间反应：

$$c_A V_A = c_B V_B$$

将浓溶液稀释为稀溶液：

$$c_{浓} V_{浓} = c_{稀} V_{稀}$$

溶液 A 与固体物质 B 之间反应：

$$c_A V_A = \dfrac{m_B}{M_B}$$

用固体物质 B 配制溶液：

$$c_B V_B = \dfrac{m_B}{M_B}$$

被测组分 B 含量的计算：

$$w_B = \dfrac{c_A V_A M_B}{m_S}$$

式中　w_B——被测组分 B 的质量分数，实际工作中质量分数多以百分数给出；

　　　m_S——试样的质量，g。

在返滴定法中，计算公式为：

$$w_B = \dfrac{(c_{A_1} V_{A_1} - c_{A_2} V_{A_2}) M_B}{m_S}$$

式中　角标 1——先加入的过量标准溶液；
　　　角标 2——返滴定所用标准溶液。

液态试样中，被测组分 B 的含量常用质量浓度 ρ_B 表示：

$$\rho_B = \frac{c_A V_A M_B}{V_S}$$

式中　ρ_B——被测组分 B 的质量浓度，g/L；
　　　V_S——试液的体积，L。

物质的量浓度与滴定度的换算：

$$c_A = \frac{T_{B/A}}{M_B} \times 10^3$$

五、分析数据的处理

1. 有效数字及其修约与运算规则

有效数字是指所有确定的数再加上一位含有不确定性的数字。在分析工作中，有效数字就是实际能测量到的数字。

有效数字修约与运算规则见表 4-3、表 4-4。

表 4-3　数值修约规则

修约规则	修约示例		修约规则	修约示例	
	修约前数值	修约后数值		修约前数值	修约后数值
四舍	6.8114	6.811	五后零留双		
	6.8112	6.811	前为奇数须	6.81150	6.812
六入	6.8116	6.812	进一	6.8115	6.812
	6.8118	6.812	前为偶数要	6.81250	6.812
五后非零入	6.81152	6.812	舍去	6.8105	6.810
	6.811503	6.812			

注：修约示例所有数值均修约为 4 位。

表 4-4　有效数字运算规则

运算	有效数字位数的保留
加减法运算	以小数点后位数最少（绝对误差最大）的数值为准
乘除法运算	以有效数字位数最少（相对误差最大）的数值为准
乘方开方运算	同乘除法
对数运算	对数的尾数（小数）与真数有效数字位数相同
误差运算	一位，最多二位
化学平衡运算	二位或三位

2. 分析结果的数据处理

（1）可疑值的取舍，采用 $4\bar{d}$ 法或 Q 检验法。

（2）平均值的置信区间：

$$\mu = \bar{x} \pm t \frac{S}{\sqrt{n}}$$

（3）测定值与极限数值的比较方法。在实际分析工作中，当判断分析数据是否符合标准要求时，GB 8170—2008《数值修约规则与极限数值的表示和判定》规定，将所得测定值与标准规定的极限数值作比较的方法有如下两种。

① 修约值比较法。将测定值修约至与标准规定的极限数值书写位数一致，然后进行比较，以判定是否符合标准要求。

② 全数值比较法。测定值不经修约处理，而用其全部数字与标准规定的极限数值作比较，只要超出规定的极限数值，都判定为不符合标准要求。

根据规定，标准中各种极限数值未加说明时，均指采用全数值比较法。测定值与极限数值的比较示例见表 4-5。

表 4-5　测定值与极限数值比较示例

项　目	极限数值	测定值	修约值	是否符合标准要求	
				全数值比较法	修约值比较法
NaOH 的质量分数 /%	≥97.0	97.01	97.0	符合	符合
		96.96	97.0	不符	符合
		96.93	96.9	不符	不符
		97.00	97.0	符合	符合

例　题

【例 4-1】　测定某矿石中汞含量，分析结果为 12.75%、12.57%、12.72%、12.79%、12.77%。计算：（1）平均偏差；（2）相对平均偏差；（3）标准偏差；（4）相对标准偏差。

解　计算过程列表如下：

序　号	测定值/%	d_i/%	$d_i^2/\times 10^{-4}$
1	12.75	0.03	0.0009
2	12.57	−0.15	0.0225
3	12.72	0.00	0.0000
4	12.79	0.07	0.0049
5	12.77	0.05	0.0025
	$\bar{x}=12.72\%$	$\sum|d_i|=0.30\%$	$\sum d_i^2=0.0308\times 10^{-4}$

（1）平均偏差

$$\bar{d} = \frac{\sum|d_i|}{n} = \frac{0.30\%}{5} = 0.06\%$$

（2）相对平均偏差

$$\bar{d}\% = \frac{\bar{d}}{\bar{x}} \times 100\% = \frac{0.06\%}{12.72\%} \times 100\% = 0.47\%$$

（3）标准偏差

$$S = \sqrt{\frac{\sum d_i^2}{n-1}} = \sqrt{\frac{0.0308 \times 10^{-4}}{5-1}} = 0.088\%$$

（4）相对标准偏差

$$S\% = \frac{S}{\bar{x}} \times 100\% = \frac{0.088\%}{12.72\%} \times 100\% = 0.69\%$$

【例 4-2】 下列数据各包括几位有效数字？
(1) 3.5；　　　(2) 0.35；　　　(3) 0.035；　　　(4) 0.0350；
(5) 10.80；　　(6) 2.0×10^{-3}；　　(7) 47000；　　(8) pH=3.29

解 上列数据有效数字的位数分别为：(1) 二位；(2) 二位；(3) 二位；(4) 三位；(5) 四位；(6) 二位；(7) 有效数字位数不确定，若有二个无效零，则为三位有效数字，应写为 470×10^2，若有三个无效零，则为二位有效数字，应写为 47×10^3；(8) 二位。

【例 4-3】 将下列数据修约为二位有效数字。
(1) 3.5497；　　　(2) 2.66；　　　(3) 0.1050；
(4) 4.55；　　　(5) 8.251。

解 (1) 3.5497→3.5；　　　　　　　(2) 2.66→2.7；
(3) 0.1050→0.10；　　　　　　　(4) 4.55→4.6；
(5) 8.251→8.3。

【例 4-4】 计算例 4-1 置信度为 95% 时的置信区间。

解 由例 4-1 中计算结果知
矿石中含汞量：$\bar{x}=12.72\%$　　$S=0.088\%$　　$n=5$
查附录三，当置信度为 95%，$n=5$ 时，t 值为 2.776，故

$$\mu = \bar{x} \pm t\frac{S}{\sqrt{n}} = 12.72\% \pm 2.776 \times \frac{0.088\%}{\sqrt{5}} = 12.72\% \pm 0.11\%$$

【例 4-5】 标定 NaOH 溶液浓度时，得到下列数据：0.1032mol/L、0.1043mol/L、0.1029mol/L、0.1036mol/L。根据四倍法判断数据 0.1043mol/L 可否舍去？

解 四个数据中可疑值为 0.1043mol/L，计算除可疑值外其余数据的 $\bar{x}$ 和 $\bar{d}$。

$$\bar{x} = \frac{0.1032 + 0.1029 + 0.1036}{3} = 0.1032 (\text{mol/L})$$

$$\bar{d} = \frac{0.0000 + 0.0003 + 0.0004}{3} = 0.00023 (\text{mol/L})$$

$$\frac{|可疑值 - \bar{x}|}{\bar{d}} = \frac{|0.1043 - 0.1032|}{0.00023} = 4.8 > 4$$

可疑值与平均值之差的绝对值大于平均偏差 4 倍，故数据 0.1043mol/L 应该舍去。

【例 4-6】 用 Q 检验法判断上例的测定数据中，0.1043mol/L 是否应该舍去（置信度为 90%）？

解

$$Q_{计} = \frac{|x_{可疑} - x_{临近}|}{x_{最大} - x_{最小}} = \frac{|0.1043 - 0.1036|}{0.1043 - 0.1029} = 0.50$$

查附录四，$n=4$ 时，$Q_{0.90} = 0.76$

即 $Q_{计} < Q_{0.90}$，所以数据 0.1043mol/L 应该保留。

【例 4-7】 500.00mL 溶液中含有 98.00g H_3PO_4，求其在下列反应中的物质的量浓度。

（1）$H_3PO_4 + NaOH = NaH_2PO_4 + H_2O$

（2）$H_3PO_4 + 2NaOH = Na_2HPO_4 + 2H_2O$

（3）$H_3PO_4 + 3NaOH = Na_3PO_4 + 3H_2O$

解（1）在反应中，1分子 H_3PO_4 给出 1 个 H^+，即 $z=1$，基本单元取 H_3PO_4 分子，故

$$M(H_3PO_4) = 98.00 \text{g/mol}$$

$$n(H_3PO_4) = \frac{m(H_3PO_4)}{M(H_3PO_4)} = \frac{98.00}{98.00} = 1.000 \text{(mol)}$$

$$c(H_3PO_4) = \frac{n(H_3PO_4)}{V(H_3PO_4)} = \frac{1.000}{500.00 \times 10^{-3}} = 2.000 \text{(mol/L)}$$

（2）在反应中，1分子 H_3PO_4 给出 2 个 H^+，即 $z=2$，基本单元取 $\frac{1}{2}H_3PO_4$，故

$$M\left(\frac{1}{2}H_3PO_4\right) = \frac{M(H_3PO_4)}{2} = \frac{98.00}{2} = 49.00 \text{(g/mol)}$$

$$n\left(\frac{1}{2}H_3PO_4\right) = \frac{m(H_3PO_4)}{M\left(\frac{1}{2}H_3PO_4\right)} = \frac{98.00}{49.00} = 2.000 \text{(mol)}$$

$$c\left(\frac{1}{2}H_3PO_4\right) = \frac{n\left(\frac{1}{2}H_3PO_4\right)}{V(H_3PO_4)} = \frac{2.000}{500.00 \times 10^{-3}} = 4.000 \text{(mol/L)}$$

（3）在反应中，1分子 H_3PO_4 给出 3 个 H^+，即 $z=3$，基本单元取 $\frac{1}{3}H_3PO_4$，故

$$M\left(\frac{1}{3}H_3PO_4\right) = \frac{M(H_3PO_4)}{3} = \frac{98.00}{3} = 32.67 \text{(g/mol)}$$

$$n\left(\frac{1}{3}H_3PO_4\right) = \frac{m(H_3PO_4)}{M\left(\frac{1}{3}H_3PO_4\right)} = \frac{98.00}{32.67} = 3.000 \text{(mol)}$$

$$c\left(\frac{1}{3}H_3PO_4\right) = \frac{n\left(\frac{1}{3}H_3PO_4\right)}{V(H_3PO_4)} = \frac{3.000}{500.00 \times 10^{-3}} = 6.000 \text{(mol/L)}$$

【例 4-8】 30.00mL HCl 溶液，用 $c(NaOH) = 0.1072$mol/L 的 NaOH 标准溶液滴定至终点，用去 31.43mL，求 HCl 溶液的浓度 $c(HCl)$。

解 根据公式 $c_A V_A = c_B V_B$，HCl 溶液的浓度为

$$c(\text{HCl}) = \frac{c(\text{NaOH})V(\text{NaOH})}{V(\text{HCl})}$$

$$= \frac{0.1072 \times 31.43 \times 10^{-3}}{30.00 \times 10^{-3}}$$

$$= 0.1123 (\text{mol/L})$$

【例 4-9】 欲制备 $c\left(\frac{1}{2}\text{H}_2\text{SO}_4\right) = 0.2000\text{mol/L}$ 的 H_2SO_4 溶液 1000.00mL，问需取 $c\left(\frac{1}{2}\text{H}_2\text{SO}_4\right) = 0.5172\text{mol/L}$ 的 H_2SO_4 溶液多少毫升？

解 根据公式 $c_{\text{浓}}V_{\text{浓}} = c_{\text{稀}}V_{\text{稀}}$，所取浓硫酸的体积 $V_{\text{浓}}$ 为

$$V_{\text{浓}} = \frac{c_{\text{稀}}V_{\text{稀}}}{c_{\text{浓}}} = \frac{0.2000 \times 1000.00}{0.5172} = 386.7 (\text{mL})$$

【例 4-10】 欲制备 $c\left(\frac{1}{6}\text{K}_2\text{Cr}_2\text{O}_7\right) = 0.1000\text{mol/L}$ 的溶液 $\text{K}_2\text{Cr}_2\text{O}_7$ 500.00mL，问需称取 $\text{K}_2\text{Cr}_2\text{O}_7$ 基准试剂多少克？

解 根据公式 $c_B V_B = \dfrac{m_B}{M_B}$，所称 $\text{K}_2\text{Cr}_2\text{O}_7$ 的质量为

$$m(\text{K}_2\text{Cr}_2\text{O}_7) = c\left(\frac{1}{6}\text{K}_2\text{Cr}_2\text{O}_7\right) V(\text{K}_2\text{Cr}_2\text{O}_7) M\left(\frac{1}{6}\text{K}_2\text{Cr}_2\text{O}_7\right)$$

$$= 0.1000 \times 500.00 \times 10^{-3} \times 49.03 = 2.452 (\text{g})$$

【例 4-11】 含纯 $\text{H}_2\text{C}_2\text{O}_4 \cdot 2\text{H}_2\text{O}$ 0.2013g 的溶液，在强酸性下用 KMnO_4 溶液滴定，消耗 28.69mL，求 KMnO_4 溶液的浓度。

$$2\text{MnO}_4^- + 5\text{C}_2\text{O}_4^{2-} + 16\text{H}^+ = 2\text{Mn}^{2+} + 10\text{CO}_2\uparrow + 8\text{H}_2\text{O}$$

解 由反应式可知，1分子 KMnO_4 在反应中接受 5 个电子，其基本单元取 $\frac{1}{5}\text{KMnO}_4$；1分子 $\text{H}_2\text{C}_2\text{O}_4 \cdot 2\text{H}_2\text{O}$ 在反应中给出 2 个电子，其基本单元取 $\frac{1}{2}\text{H}_2\text{C}_2\text{O}_4 \cdot 2\text{H}_2\text{O}$。

根据公式 $c_B V_B = \dfrac{m_B}{M_B}$，$\text{KMnO}_4$ 溶液的浓度为

$$c\left(\frac{1}{5}\text{KMnO}_4\right) = \frac{m(\text{H}_2\text{C}_2\text{O}_4 \cdot 2\text{H}_2\text{O})}{M\left(\frac{1}{2}\text{H}_2\text{C}_2\text{O}_4 \cdot 2\text{H}_2\text{O}\right) V(\text{KMnO}_4)}$$

$$= \frac{0.2013}{63.04 \times 28.69 \times 10^{-3}} = 0.1113 (\text{mol/L})$$

【例 4-12】 称取 2.0131g Na_2CO_3 试样，在容量瓶中配成 250mL 的试液，用移液管吸取此液 25mL，用 $c(\text{HCl}) = 0.2019\text{mol/L}$ 的 HCl 标准溶液滴定至终点，用去 18.31mL，求该样中 Na_2CO_3 的质量分数。

$$\text{Na}_2\text{CO}_3 + 2\text{HCl} = 2\text{NaCl} + \text{CO}_2 + \text{H}_2\text{O}$$

解 由反应式可知，1分子 Na_2CO_3 在反应中接受 2 个 H^+，其基本单元取 $\frac{1}{2}\text{Na}_2\text{CO}_3$。

根据公式 $w_B = \dfrac{c_A V_A M_B}{m_S}$，$Na_2CO_3$ 的质量分数为

$$w(Na_2CO_3) = \dfrac{c(HCl)V(HCl)M\left(\dfrac{1}{2}Na_2CO_3\right)}{m_S}$$

$$= \dfrac{0.2019 \times 18.31 \times 10^{-3} \times 53.00}{2.0131 \times \dfrac{25.00}{250.00}}$$

$$= 0.9733 = 97.33\%$$

【例 4-13】 含磷试样 0.4660g，将磷转化为 H_3PO_4 后，用 $c(NaOH) = 0.2510$ mol/L 的 NaOH 标准溶液将其滴定为 Na_2HPO_4，用去 32.10mL，求该样中 P_2O_5 的质量分数。

解 1 分子 H_3PO_4 在滴定反应中给出 2 个 H^+，1 分子 P_2O_5 相当在滴定反应中转移的 H^+ 数为 $1P_2O_5 \triangleq 2P \triangleq 2H_3PO_4 \triangleq 4H^+$，故 P_2O_5 的基本单元取 $\dfrac{1}{4}P_2O_5$。

$$w(P_2O_5) = \dfrac{c(NaOH)V(NaOH)M\left(\dfrac{1}{4}P_2O_5\right)}{m_S}$$

$$= \dfrac{0.2510 \times 32.10 \times 10^{-3} \times 35.49}{0.4660}$$

$$= 0.6148 = 61.48\%$$

【例 4-14】 0.2497g CaO 试样溶于 25.00mL $c(HCl) = 0.2803$mol/L 的 HCl 溶液中，剩余酸用 $c(NaOH) = 0.2786$mol/L 的 NaOH 标准溶液返滴定，消耗 11.64mL，求该样中 CaO 的质量分数。

$$CaO + 2H^+ \longrightarrow Ca^{2+} + H_2O$$
$$H^+ + OH^- \longrightarrow H_2O$$

解 $1CaO \triangleq 2H^+$，其基本单元取 $\dfrac{1}{2}CaO$。

$$w(CaO) = \dfrac{[c(HCl)V(HCl) - c(NaOH)V(NaOH)]M\left(\dfrac{1}{2}CaO\right)}{m_S}$$

$$= \dfrac{(0.2803 \times 25.00 \times 10^{-3} - 0.2786 \times 11.64 \times 10^{-3}) \times 28.04}{0.2497}$$

$$= 0.4227 = 42.27\%$$

【例 4-15】 铁矿石试样 0.3073g，制成 Fe^{2+} 试液后，在酸性条件下用 $c\left(\dfrac{1}{6}K_2Cr_2O_7\right) = 0.06365$mol/L 的 $K_2Cr_2O_7$ 标准溶液滴定，用去 40.27mL，求此 $K_2Cr_2O_7$ 溶液对 Fe_2O_3 的滴定度和该样中 Fe_2O_3 的质量分数。

$$Cr_2O_7^{2-} + 6Fe^{2+} + 14H^+ \longrightarrow 2Cr^{3+} + 6Fe^{3+} + 7H_2O$$

解 $1Fe_2O_3 \triangleq 2Fe^{2+} \triangleq 2e$，其基本单元取 $\dfrac{1}{2}Fe_2O_3$。

根据公式
$$c_A = \frac{T_{B/A}}{M_B} \times 10^3$$

$K_2Cr_2O_7$ 标准溶液溶液对 Fe_2O_3 的滴定度为

$$T_{Fe_2O_3/K_2Cr_2O_7} = c\left(\frac{1}{6}K_2Cr_2O_7\right) M\left(\frac{1}{2}Fe_2O_3\right) \times 10^{-3}$$
$$= 0.06365 \times 79.84 \times 10^{-3}$$
$$= 5.082 \times 10^{-3} \text{(g/mL)}$$

$$w(Fe_2O_3) = \frac{T_{Fe_2O_3/K_2Cr_2O_7} V(K_2Cr_2O_7)}{m_S}$$
$$= \frac{5.082 \times 10^{-3} \times 40.27}{0.3073}$$
$$= 0.6660 = 66.60\%$$

【例 4-16】 根据等物质的量规则，分别确定 SiO_2 与 Pb_3O_4 在以下测定中应取的基本单元。

$$K_2SiO_3 + 6HF = K_2SiF_6 + 3H_2O$$
$$K_2SiF_6 + 3H_2O = H_2SiO_3 + 2KF + 4HF$$
$$HF + NaOH \xrightarrow{\text{滴定反应}} NaF + H_2O$$
$$2PbCrO_4 + 2H^+ = 2Pb^{2+} + Cr_2O_7^{2-} + H_2O$$
$$Cr_2O_7^{2-} + 6I^- + 14H^+ = 2Cr^{3+} + 3I_2 + 7H_2O$$
$$I_2 + 2S_2O_3^{2-} \xrightarrow{\text{滴定反应}} 2I^- + S_4O_6^{2-}$$

解 根据以上反应式

$1SiO_2 \triangleq 1K_2SiO_3 \triangleq 1K_2SiF_6 \triangleq 4HF \triangleq 4H^+$，故 SiO_2 的基本单元取 $\frac{1}{4}SiO_2$；

$1Pb_3O_4 \triangleq 3PbCrO_4 \triangleq 1.5Cr_2O_7^{2-} \triangleq 4.5I_2 \triangleq 9e$，故 Pb_3O_4 的基本单元取 $\frac{1}{9}Pb_3O_4$。

习 题

一、填空题

1. 滴定分析引言

4-1-1 以_____滴定试液达_____，再根据所用_____的体积和浓度计算被测组分含量的化学分析法，称为滴定分析法。

4-1-2 在滴定过程中，指示剂正好发生颜色变化的_____，亦即滴定操作的终止点，称为_____。

第四章　定量分析概论

4-1-3　用于滴定分析的反应，应具备的主要条件是：_____；_____；_____且溶液中无干扰杂质存在。

4-1-4　滴定分析的方法，根据反应类型的不同，可分为_____、_____、_____、_____四种。

4-1-5　用标准溶液直接滴定试液的方法称为_____滴定法，它是_____的滴定方式。

4-1-6　先用_____标准溶液与被测组分反应，反应完全后再以另一标准溶液滴定_____，由_____求出被测组分含量的方法叫做返滴定法。

4-1-7　先用_____的试剂与被测组分反应，置换出_____的可被滴定的物质，然后用标准溶液滴定，由_____的用量求出被测组分含量的方法称为置换滴定法。

4-1-8　通过_____间接进行测定的方法叫做间接滴定法。

2. 误差与偏差

4-1-9　准确度是指_____，以_____表示；精密度是指_____，以_____表示。

4-1-10　精密度可以表示测定结果的_____性，准确度表示测定结果的_____性。

4-1-11　精密度高的分析结果，准确度_____，但准确度高的分析结果，一定需要_____。_____是保证准确度的先决条件。

4-1-12　在定量分析中，通常用平均偏差、相对平均偏差、标准偏差和相对标准偏差来表示一组测定结果的精密度，其计算式分别为_____；_____；_____和_____。

4-1-13　系统误差主要包括_____、_____、_____和_____。

4-1-14　系统误差在一定条件下是_____，重复测定时_____，它的大小、正负可以测定出来，因而是可以_____。

4-1-15　偶然误差是由于某些_____造成的，也叫_____误差。偶然误差在分析测定中是_____出现的。

4-1-16　在消除系统误差后，偶然误差的规律是_____出现的概率相等；_____出现的机会多；_____出现的机会少；_____出现的机会极少。

4-1-17　如果分析结果的精密度很好，准确度很差，是由于测定过程中产生了较大的_____误差。

4-1-18　消除系统误差的方法有_____、_____、_____、_____。增加平行测定次数则可减少_____误差。

4-1-19　对照试验是指与_____对照、与_____对照及_____对照。

4-1-20　空白试验可用以减少或消除由_____、_____和_____带入的杂质所引起的系统误差。

3. 标准溶液

4-1-21 物质 B 之物质的量浓度是指_____，其单位为_____。

4-1-22 使用摩尔时，基本单元应予指明，可以是_____、电子及其他粒子，或是这些粒子的_____，后者一般是根据_____进行分割或组合的。

4-1-23 选择的基本单元不同时，同一物质的_____不同；同一质量的物质_____不同；同一溶液的_____也不同。

4-1-24 以_____表示的浓度称为滴定度，它通常以_____为符号，单位为_____。

4-1-25 滴定分析用标准试剂，我国习惯上叫做_____，它又分为_____和_____，后者是滴定分析工作中经常使用的计量标准。

4-1-26 无论何种滴定方法，都离不开标准溶液，以直接法制备标准溶液，必须使用_____，以间接法制备标准溶液，则可使用_____。

4-1-27 直接法制备标准溶液，是准确称取_____，溶解后准确配成_____的溶液，再根据_____计算出其准确浓度。

4-1-28 间接法制备标准溶液，是先配制成_____的溶液，再用_____标定出其准确浓度。

4-1-29 标准溶液一般应于细口试剂瓶中_____贮存；易分解、挥发的溶液应保存在_____中；强碱溶液应保存在_____中，并在瓶口装上碱石灰干燥管。标准溶液在常温下的保存时间一般不得超过_____。

4-1-30 配制 $c\left(\dfrac{1}{z}B\right) \leqslant 0.02\,\text{mol/L}$ 的标准溶液，应在临用前将高浓度的标准溶液用_____稀释，必要时_____。

4. 滴定分析中的计算

4-1-31 物质的量浓度 c_B 与物质的量 n_B 的关系式为_____；物质的量 n_B 与物质的质量 m_B 的关系式为_____。

4-1-32 两种溶液之间进行反应时，适用的计算公式为_____；将浓溶液稀释成稀溶液时的计算公式为_____。

4-1-33 溶液与固体物质之间进行反应时，其计算公式为_____；用固体物质配制溶液时的计算公式为_____。

4-1-34 质量分数的表示式为_____；被测组分含量的计算公式为_____；在返滴定中采用的计算公式为_____。

4-1-35 质量浓度的表示式为_____；以其表示的组分含量的计算公式为_____。

4-1-36 $\dfrac{1}{z}B$ 系表示以_____为基本单元，z 在酸碱反应系指 1 个分子或离子于反应中_____；在氧化还原反应中系指 1 个分子或离子于反应中_____。

第四章　定量分析概论

4-1-37　在下列反应中，应取的基本单元 $Mg(OH)_2$ 是＿＿＿＿＿；$CaCO_3$ 是＿＿＿＿；$KBrO_3$ 是＿＿＿＿；KI 是＿＿＿＿。

$$Mg(OH)_2 + HCl = Mg(OH)Cl + H_2O$$
$$CaCO_3 + 2HCl = CaCl_2 + CO_2 + H_2O$$
$$BrO_3^- + 6Cu^+ + 6H^+ = Br^- + 6Cu^{2+} + 3H_2O$$
$$Ag^+ + I^- = AgI\downarrow$$

4-1-38　根据以下相应的反应产物，判断反应物应取的基本单元：$NaHC_2O_4$ 为＿＿＿＿；KHC_2O_4 为＿＿＿＿；$KHC_2O_4 \cdot H_2C_2O_4 \cdot 2H_2O$ 为＿＿＿＿；$Na_2C_2O_4$ 为＿＿＿＿。

$$NaHC_2O_4 \longrightarrow Na_2C_2O_4;$$
$$KHC_2O_4 \longrightarrow CO_2;$$
$$KHC_2O_4 \cdot H_2C_2O_4 \cdot 2H_2O \longrightarrow CO_2;$$
$$Na_2C_2O_4 \longrightarrow CaC_2O_4\downarrow$$

4-1-39　根据下列反应，P_2O_5 应取的基本单元为＿＿＿＿。

$$P_2O_5 \longrightarrow H_3PO_4$$
$$H_3PO_4 + NaOH = NaH_2PO_4 + H_2O$$

4-1-40　根据下列反应，Cr_2O_3 应取的基本单元为＿＿＿＿。

$$Cr_2O_3 \longrightarrow Cr_2O_7^{2-}$$
$$Cr_2O_7^{2-} + 6Fe^{2+} + 14H^+ = 2Cr^{3+} + 6Fe^{3+} + 7H_2O$$

4-1-41　根据下列反应，FeS_2 应取的基本单元为＿＿＿＿。

$$4FeS_2 + 11O_2 = 2Fe_2O_3 + 8SO_2$$
$$SO_2 + I_2 + 2H_2O = H_2SO_4 + 2HI$$

4-1-42　根据下列反应，$CaCl_2$ 应取的基本单元为＿＿＿＿。

$$Ag^+ + Cl^- = AgCl\downarrow$$

5. 分析数据的处理

4-1-43　有效数字是指所有＿＿＿＿的数再加上一位含有＿＿＿＿数字，在分析工作中亦即实际上能＿＿＿＿的数字。

4-1-44　有效数字的位数是从数值左方第一个＿＿＿＿数字算起至＿＿＿＿一位，包括＿＿＿＿数字在内。

4-1-45　有效数字不仅表示＿＿＿＿，还反映出测定的＿＿＿＿。

4-1-46　"0"在有效数字中的意义是："0"在具体数值＿＿＿＿时，只起＿＿＿＿作用，不属有效数字；"0"在具体数值＿＿＿＿或＿＿＿＿时，均属有效数字。

4-1-47　在数据运算过程中，几个数据相加减时，它们的和或差的有效数字位数的保留，应以＿＿＿＿最少的数据为准；几个数据相乘除时，它们的积或商的有效数字位数的保留，应以＿＿＿＿最少的数据为准。

4-1-48　12.8g 某固体物质，若以毫克表示时应写成＿＿＿＿ mg，而不能写成＿＿＿＿ mg。

4-1-49　25000 若有二个无效零，则为＿＿＿＿位有效数字，应写为＿＿＿＿；若有三个无效零，则为_____位有效数字，应写为_____。

4-1-50　用正确的有效数字表示下列数据：用准确度为 0.01mL 的 25mL 移液管移出溶液的体积应记录为_____mL；用量筒量取 25mL 溶液应记录为_____mL；用误差为 0.1g 的台秤称取 3g 样品应记录为_____。

4-1-51　所拟修约数字并非一个时，应_____修约到需要的位数，不得进行_____修约。

4-1-52　可疑值的取舍常采用 $4\bar{d}$ 法，即计算除_____外其余数据的平均值 $\bar{x}$ 和平均偏差 $\bar{d}$，如果 $|$ 可疑值 $-\bar{x}| \geq 4\bar{d}$，则_____，否则应_____。

4-1-53　Q 检验法是可疑值的取舍方法中比较严谨和简便的方法。该方法中舍弃商 $Q_计 = $_____，如要求的置信度为 90%，则决定可疑值取舍的原则是将 $Q_计$ 与 $Q_{0.90}$ 比较，若_____，则弃去可疑值，否则应予保留。

4-1-54　置信度是指以测定结果_____为中心包括总体平均值落在_____区间的概率。置信度的高低说明_____程度的大小。

4-1-55　公式 $\mu = \bar{x} \pm t \dfrac{S}{\sqrt{n}}$，说明在某一置信度下，以测定结果_____为中心包括_____的可靠性范围，即_____的置信区间。

4-1-56　判定检测数据是否符合标准要求时，是将_____值与标准规定的_____数值作比较，其方法有_____比较法和_____比较法两种。

4-1-57　全数值比较法是将检验所得的测定值不经_____处理，而用数值的_____与标准规定的_____作比较。

4-1-58　修约值比较法是先将测定值进行_____，注意_____位数与标准规定的_____书写位数一致。然后将_____的数值与标准规定的_____数值进行比较。

4-1-59　以称量法测定某样品含量时，用分析天平称样 0.5g，已知分析天平的称量误差为 ±0.1mg，则分析结果应以_____位有效数字报出。

4-1-60　称取某样品 2.2g，经测定最后计算出该样品分析结果为 2.0852%，正确的报告应该是_____。

二、选择题

1. 滴定分析引言

4-2-1　滴定分析用标准溶液是（　　）。
A. 确定了浓度的溶液；
B. 用基准试剂配制的溶液；
C. 用于滴定分析的溶液；
D. 浓度以 $c\left(\dfrac{1}{z}B\right)$ 表示的溶液；
E. 确定了准确浓度，用于滴定分析的溶液。

4-2-2　标准溶液与被测组分定量反应完全，即二者的计量比与反应式所表示的化学计量关系恰好相符之时，反应就达到了（　　）。
A. 等当点；
B. 化学计量点；
C. 滴定终点；

D. 理论终点；　　　　　　　　E. 指示剂变色转折点。

4-2-3　终点误差的产生是由于（　　）。
A. 滴定终点与化学计量点不符；　　B. 滴定反应不完全；
C. 试样不够纯净；　　　　　　　　D. 滴定管读数不准确；
E. 所用蒸馏水含有杂质。

4-2-4　滴定分析所用指示剂是（　　）。
A. 本身具有颜色的辅助试剂；
B. 利用自身颜色变化确定化学计量点的外加试剂；
C. 本身无色的辅助试剂；　　　　　D. 能与标准溶液起作用的外加试剂；
E. 不能与标准溶液起作用的辅助试剂。

4-2-5　返滴定法适用于（　　）。
A. 难溶于水的试样测定；　　　　　B. 直接滴定无合适指示剂的反应；
C. 有沉淀物生成的反应；　　　　　D. 作用速度缓慢的反应；
E. 含杂质较多的试样测定。

4-2-6　置换滴定法适于测定（　　）。
A. 需要加热溶解的物质；　　　　　B. 难溶于水的有机物；
C. 不能直接与标准溶液反应的物质；D. 需要用酸溶解的物质；
E. 不能与标准溶液定量反应的物质。

2. 误差与偏差

4-2-7　下列论述正确的是（　　）。
A. 准确度是指多次测定结果相符合的程度；
B. 精密度是指在相同条件下，多次测定结果相符合的程度；
C. 准确度是指测定结果与真实值相接近的程度；
D. 精密度是指测定结果与真实值相接近的程度；
E. 精密度与准确度没有直接关系。

4-2-8　测得值与真实值之间的差值为（　　）。
A. 绝对误差；　　　B. 相对误差；　　　C. 绝对偏差；
D. 相对偏差；　　　E. 平均偏差。

4-2-9　对某样品进行多次平行测定，得到平均值，其中某个测定值与平均值之差为该次测定的（　　）。
A. 绝对误差；　　　B. 相对误差；　　　C. 绝对偏差；
D. 相对偏差；　　　E. 标准偏差。

4-2-10　对 NaClO 溶液进行三次平行测定，得到 NaClO 含量分别为 13.40%、13.50%、13.45%。则 $\dfrac{13.40\% - 13.45\%}{13.45\%} \times 100\%$ 为第一次测定的（　　）。
A. 平均偏差；　　　B. 绝对偏差；　　　C. 绝对误差；
D. 相对偏差；　　　E. 相对误差。

4-2-11　能更好地说明测定数据分散程度的是（　　）。
A. 绝对偏差；　　　B. 相对偏差；　　　C. 平均偏差；

D. 相对平均偏差； E. 标准偏差。

4-2-12 下列叙述正确的是（　　）。
A. 系统误差是可以测定的； B. 偶然误差是偶然发生的；
C. 操作错误是不可避免的； D. 系统误差是可以校正的；
E. 偶然误差给分析结果带来的影响是一定的。

4-2-13 偶然误差的性质是（　　）。
A. 在多次平行测定中重复出现； B. 对分析结果的影响比较恒定；
C. 随机产生； D. 增加测定次数不能使其减小；
E. 影响分析结果的精密度。

4-2-14 系统误差的性质是（　　）。
A. 随机产生； B. 具有单向性；
C. 呈正态分布； D. 难以测定；
E. 影响分析结果的准确度。

4-2-15 滴定分析操作中出现下列情况，导致系统误差的有（　　）。
A. 滴定管未经校准； B. 滴定时有溶液溅出；
C. 指示剂选择不当； D. 试剂中含有干扰离子；
E. 试样未经充分混匀。

4-2-16 测定过程中出现下列情况，导致偶然误差的是（　　）。
A. 砝码未经校正； B. 滴定管的读数读错；
C. 几次读取滴定管的读数不能取得一致； D. 读取滴定管读数时总是略偏高；
E. 待称试样潮解。

4-2-17 在下列所述情况中，属于操作错误者为（　　）。
A. 称量时，分析天平零点稍有变动； B. 仪器未洗涤干净；
C. 称量易挥发样品时没有采取密封措施； D. 操作时有溶液溅出；
E. 读取滴定管读数时经常略偏低。

4-2-18 对照试验的作用是（　　）。
A. 检查试剂是否带入杂质； B. 消除偶然误差；
C. 检查所用分析方法的准确性； D. 检查仪器是否正常；
E. 减少或消除系统误差。

4-2-19 在称量分析中，被测组分不能完全沉淀下来，应该进行（　　）。
A. 对照试验； B. 空白试验； C. 校准仪器；
D. 方法校正； E. 增加测定次数。

4-2-20 在滴定分析中，所用试剂含有微量被测组分，应该进行（　　）。
A. 对照试验； B. 空白试验； C. 方法校正；
D. 仪器校准； E. 增加测定次数。

3. 标准溶液

4-2-21 物质 B 的物质的量浓度又可称为（　　）。
A. 浓度； B. 量浓度； C. 物质 B 的浓度；

D. 当量浓度； E. 摩尔浓度。

4-2-22 物质 B 的物质的量浓度是指（ ）。
A. 物质 B 的质量除以混合物的体积； B. 物质 B 的量除以混合物的体积；
C. 物质 B 的摩尔质量除以混合物的体积； D. 物质 B 的摩尔数除以混合物的体积；
E. 物质 B 的物质的量除以混合物的体积。

4-2-23 以下说法不正确的是（ ）。
A. 物质的量单位是摩尔； B. 摩尔在某些情况下就是摩尔质量；
C. 使用摩尔时，基本单元应予指明； D. 摩尔是一系列的物质的量；
E. 摩尔是一系统的物质的量。

4-2-24 滴定度是指（ ）。
A. 与 1mL 标准溶液相当的被测物的质量；
B. 与 1mL 标准溶液相当的被测物的物质的量；
C. 与 1mL 标准溶液相当的被测物的量；
D. 与 1mL 标准溶液相当的被测物的摩尔数；
E. 与 1mL 标准溶液相当的被测物的基本单元数。

4-2-25 滴定分析对所用基准试剂的要求为（ ）。
A. 在一般条件下性质稳定； B. 主体成分含量为 99.95%～100.05%；
C. 实际组成与化学式相符； D. 杂质含量≤0.1%；
E. 最好易溶，并具有较大的物质的量。

4-2-26 以下基准试剂使用前干燥条件不正确的是（ ）。
A. 邻苯二甲酸氢钾：105～110℃； B. 无水 Na_2CO_3：270～300℃；
C. ZnO：800℃； D. As_2O_3：H_2SO_4 干燥器中干燥；
E. $AgNO_3$：105～110℃。

4-2-27 用于直接法制备标准溶液的试剂是（ ）。
A. 高纯试剂； B. 专用试剂； C. 分析纯试剂；
D. 基准试剂； E. 化学纯试剂。

4-2-28 以下物质必须用间接法制备标准溶液的是（ ）。
A. NaOH； B. $Na_2S_2O_3$； C. $K_2Cr_2O_7$；
D. Na_2CO_3； E. ZnO。

4-2-29 需贮于棕色具磨口塞试剂瓶中的标准溶液为（ ）。
A. I_2； B. $Na_2S_2O_3$； C. HCl；
D. NaOH； E. $AgNO_3$。

4-2-30 需贮于塑料瓶中的标准溶液为（ ）。
A. $H_2SO_4\left[c\left(\frac{1}{2}H_2SO_4\right)=2mol/L\right]$； B. $NaOH[c(NaOH)=1mol/L]$；
C. $AgNO_3[c(AgNO_3)=0.1mol/L]$； D. $KMnO_4\left[c\left(\frac{1}{5}KMnO_4\right)=0.2mol/L\right]$；
E. $I_2\left[c\left(\frac{1}{2}I_2\right)=0.1mol/L\right]$。

4-2-31 制备的标准溶液浓度与规定浓度相对误差不得大于（　　）。
A. 1%；　　　　　B. 2%；　　　　　C. 5%；
D. 10%；　　　　E. 0.5%。

4. 滴定分析中的计算

4-2-32 根据等物质的量规则，所取的基本单元取决于（　　）。
A. 酸碱反应：酸所含有的 H^+ 数；　　　B. 酸碱反应：碱所能接受的 H^+ 数；
C. 酸碱反应：反应物的质子转移数；　　　D. 氧化还原反应：反应物的电子转移数；
E. 氧化还原反应：离子的价态。

4-2-33 在非直接滴定法中，被测组分未直接参与滴定反应，根据等物质的量规则，其基本单元的确定取决于（　　）。
A. 酸碱滴定：该组分所含 H^+ 数；　　　B. 酸碱滴定：该组分所含 OH^- 数；
C. 酸碱滴定：该组分相当于在滴定反应中转移的质子数；
D. 氧化还原滴定：该组分在第一步反应中转移的电子数；
E. 氧化还原滴定：该组分相当于在滴定反应中转移的电子数。

4-2-34 将浓溶液稀释为稀溶液时，或用固体试剂配制溶液时，以下说法错误的是（　　）。
A. 稀释前后溶质的质量不变；　　　B. 稀释前后溶质的质量分数不变；
C. 稀释前后溶质的物质的量不变；　　D. 溶解前后试剂的质量不变；
E. 溶解前后试剂的物质的量不变。

4-2-35 溶液与固体物质间进行反应时，下列计算式正确的是（　　）。
A. $m_B = c_A V_A M_B$；　　B. $V_A = \dfrac{M_B}{c_A m_B}$；　　C. $c_A = \dfrac{m_B}{M_B V_A}$；
D. $M_B = \dfrac{c_A V_A}{m_B}$；　　E. $\dfrac{m_B}{M_B} = c_A V_A$。

4-2-36 在返滴定法中，以下计算式正确者为（　　）。
A. $w_B = \dfrac{(c_{A_2} V_{A_2} - c_{A_1} V_{A_1}) M_B}{m_S}$；　　B. $w_B = \dfrac{(c_{A_1} V_{A_1} - c_{A_2} V_{A_2}) M_B}{m_S}$；
C. $w_B = \dfrac{(V_{A_1} - V_{A_2}) c_{A_1} M_B}{m_S}$；　　D. $w_B = \dfrac{(V_{A_2} - V_{A_1}) c_{A_2} M_B}{m_S}$；
E. $w_B = \dfrac{c_{A_2} V_{A_2} M_B}{m_S}$。

4-2-37 $KHC_2O_4 \cdot H_2C_2O_4 \cdot 2H_2O$ 与 $NaOH$ 反应生成 $KNaC_2O_4 + Na_2C_2O_4$，若以特定组合为基本单元，以下基本单元选取正确的为（　　）。
A. $\dfrac{1}{3} KHC_2O_4 \cdot H_2C_2O_4 \cdot 2H_2O$；　　B. $\dfrac{1}{2} KHC_2O_4 \cdot H_2C_2O_4 \cdot 2H_2O$；
C. $KHC_2O_4 \cdot H_2C_2O_4 \cdot 2H_2O$；　　D. $\dfrac{1}{4} KHC_2O_4 \cdot H_2C_2O_4 \cdot 2H_2O$；
E. $\dfrac{1}{6} KHC_2O_4 \cdot H_2C_2O_4 \cdot 2H_2O$。

4-2-38　据下列反应测定硼砂，以特定组合为基本单元时，$Na_2B_4O_7$ 应取的基本单元是（　　）。

$$Na_2B_4O_7 + 2HCl + 5H_2O = 4H_3BO_3 + 2NaCl$$

A. $\frac{1}{6}Na_2B_4O_7$；　　　B. $\frac{1}{3}Na_2B_4O_7$；　　C. $Na_2B_4O_7$；

D. $\frac{1}{4}Na_2B_4O_7$；　　E. $\frac{1}{2}Na_2B_4O_7$。

4-2-39　据下列反应，以特定组合为基本单元时，反应物基本单元选取正确者为（　　）。

$$I_2 + 2S_2O_3^{2-} = 2I^- + S_4O_6^{2-}$$

A. I_2，$S_2O_3^{2-}$；　　B. I_2，$\frac{1}{2}S_2O_3^{2-}$；　　C. $\frac{1}{2}I_2$，$S_2O_3^{2-}$；

D. $\frac{1}{4}I_2$，$S_2O_3^{2-}$；　　E. $\frac{1}{2}I_2$，$\frac{1}{2}S_2O_3^{2-}$。

4-2-40　用下列反应测定 As_2O_3，以特定组合为基本单元时，其应取的基本单元是（　　）。

$$As_2O_3 + 6NaOH = 2Na_3AsO_3 + 3H_2O$$
$$AsO_3^{3-} + I_2 + H_2O = AsO_4^{3-} + 2I^- + 2H^+$$

A. $\frac{1}{4}As_2O_3$；　　B. $\frac{1}{2}As_2O_3$；　　C. As_2O_3；

D. $\frac{1}{3}As_2O_3$；　　E. $2As_2O_3$。

4-2-41　用下列反应测定 Cu，以特定组合为基本单元时，其应取的基本单元是（　　）。

$$Cu + 2HCl + H_2O_2 = CuCl_2 + 2H_2O$$
$$2CuCl_2 + 4KI = 2CuI\downarrow + I_2 + 4KCl$$
$$2Na_2S_2O_3 + I_2 = Na_2S_4O_6 + 2NaI$$

A. $\frac{1}{2}Cu$；　　B. $\frac{1}{3}Cu$；　　C. $\frac{1}{4}Cu$；

D. $3Cu$；　　E. Cu。

4-2-42　以特定组合为基本单元时，以下列反应测定 NH_4NO_3 中的 N，N 应取的基本单元是（　　）。

$$4NH_4NO_3 + 6HCHO = (CH_2)_6N_4^+HNO_3^- + 3HNO_3 + 6H_2O$$
$$(CH_2)_6N_4^+HNO_3^- + 3HNO_3 + 4NaOH$$
$$= (CH_2)_6N_4 + 4NaNO_3 + 4H_2O$$

A. $\frac{1}{4}N$；　　B. $2N$；　　C. $\frac{1}{2}N$；

D. $\frac{1}{6}N$；　　E. N。

4-2-43　以特定组合为基本单元时，依下列反应测定丙酮，其应取的基本单元是

( )。

$$CH_3COCH_3 + 3I_2 + 4NaOH \Longrightarrow CH_3COONa + CHI_3 + 3NaI + 3H_2O$$
$$I_2 + 2S_2O_3^{2-} \Longrightarrow 2I^- + S_4O_6^{2-}$$

A. $\frac{1}{3}CH_3COCH_3$；   B. $\frac{1}{2}CH_3COCH_3$；

C. $\frac{1}{4}CH_3COCH_3$；   D. $\frac{1}{6}CH_3COCH_3$；

E. CH_3COCH_3。

5. 分析数据处理

4-2-44 在有效数字的运算规则中，几个数据相乘除时，它们的积或商的有效数字位数的保留应以（   ）。

A. 小数点后位数最少的数据为准；   B. 相对误差最大的数据为准；

C. 有效数字位数最少的数据为准；   D. 绝对误差最大的数据为准；

E. 计算器上显示的数字为准。

4-2-45 当有效数字位数确定后，对其多余数字进行修约时，当拟舍弃数字的最左一位数字等于5时，正确的修约方法是（   ）。

A. 5后非零时舍弃；   B. 5后非零时进位；

C. 5后为零时舍弃；   D. 5后为零时进位；

E. 5后无数字或为零时，则所保留的末位数字为奇数时进位，为偶数时舍弃。

4-2-46 下列数据中具有三位有效数字的有（   ）。

A. 0.35；   B. 0.102；   C. 9.90；

D. 1.4×10^3；   E. $pK_a = 4.74$。

4-2-47 下列数据均保留二位有效数字，修约结果错误的是（   ）。

A. 1.25→1.3；   B. 1.35→1.4；   C. 1.454→1.5；

D. 1.5456→1.6；   E. 1.7456→1.7。

4-2-48 算式 $\frac{2.034 \times 0.5106 \times 603.8}{0.3512 \times 4000}$ 中每个数据的最后一位都有±1的绝对误差，哪个数据在计算结果中引入的相对误差最大（   ）。

A. 2.034；   B. 0.5106；   C. 603.8；

D. 0.3512；   E. 4000。

4-2-49 算式 $(30.582 - 7.43) + (1.6 - 0.54) + 2.4963$ 中，绝对误差最大的数据是（   ）。

A. 30.582；   B. 7.43；   C. 1.6；

D. 0.54；   E. 2.4963。

4-2-50 由计算器算得 $\frac{4.178 \times 0.0037}{60.4}$ 的结果为 0.000255937，按有效数字运算规则应将结果修约为（   ）。

A. 0.0002；   B. 0.00026；   C. 0.000256；

D. 0.0002559；   E. 0.00025594。

4-2-51　按 Q 检验法（$n=4$ 时，$Q_{0.90}=0.76$），下列哪组数据中有该舍弃的可疑值（　　）。

A. 0.5050、0.5063、0.5042、0.5067；　　B. 0.1018、0.1024、0.1015、0.1040；

C. 12.85、12.82、12.79、12.54；　　D. 35.62、35.55、35.57、35.36；

E. 76.98、76.80、77.11、77.06。

4-2-52　下列论述错误的是（　　）。

A. 置信度是表示平均值的可靠程度；

B. 公式 $\mu=\bar{x}\pm t\dfrac{S}{\sqrt{n}}$ 表示平均值 $\bar{x}$ 的置信区间；

C. 置信因数 t 随测定次数 n 的增加而增加；

D. 平均值的置信区间随置信度的增加而增加；

E. 平均值的置信区间即表示在一定的置信度时，以测定结果为中心的包括总体平均值在内的可靠性范围。

4-2-53　NaClO 中铁含量的技术指标为 $\leqslant 0.01\%$。以全数值比较法判断下列测定结果中不符合标准要求的是（　　）。

A. 0.016%；　　B. 0.0095%；　　C. 0.014%；

D. 0.010%；　　E. 0.098%。

4-2-54　$NaHCO_3$ 纯度的技术指标为 $\geqslant 99.0\%$。测定结果如下，以修约值比较法判断，分析结果不符合标准要求的是（　　）。

A. 99.05%；　　B. 99.06%；　　C. 98.96%；

D. 98.94%；　　E. 98.95%。

4-2-55　测定某试样，五次结果的平均值为 32.30%，$S=0.13\%$，置信度为 95%（$n=5$ 时，$t=2.7$）时的置信区间报告如下，其中合理的是（　　）。

A. 32.30±0.16；　　B. 32.30±0.162；

C. 32.30±0.1616；　　D. 32.304±0.16162；

E. 32.30±0.2。

4-2-56　称取纯碱试样 5.0g，用分光光度法测定铁的含量，下列结果合理的是（　　）。

A. 0.030456；　　B. 0.03046；　　C. 0.0305；

D. 0.030；　　E. 0.03。

4-2-57　称量法测定黄铁矿中硫的含量，称取样品 0.3853g，下列分析结果合理的是（　　）。

A. 36%；　　B. 36.4%；　　C. 36.41%；

D. 36.410%；　　E. 36.4103%。

三、计算题

4-3-1　分析某矿石中锌的含量，所得结果为 32.20%。若锌的真实含量为 32.48%。问分析结果的绝对误差和相对误差分别为多少？

4-3-2 某学生测得石灰石试样中 CaO 和 Fe_2O_3 的含量分别为 30.24% 及 2.58%。该样品中组分的实际含量为：CaO 为 30.06%、Fe_2O_3 为 2.64%。问各组分测定的绝对误差及用千分数表示的相对误差各为多少？

4-3-3 某试样仅含纯 Na_2CO_3 及 K_2CO_3，实际含量分别为 Na_2CO_3 18.45%、K_2CO_3 81.55%。甲、乙二人分别对该样品进行测定，甲的测定结果为 Na_2CO_3 19.02%、K_2CO_3 80.98%；乙的测定结果为 Na_2CO_3 18.14%、K_2CO_3 81.80%。分别计算其绝对误差和相对误差。

4-3-4 分析某试样含铝量，以 Al_2O_3 表示分析结果为 16.68%、16.63%、16.59%、16.64%、16.55%。计算分析结果的平均偏差和相对平均偏差。

4-3-5 分析碱灰试样，五次测定结果为 50.14%、50.06%、50.18%、50.21%、50.10%。计算：(1) 平均偏差；(2) 相对平均偏差；(3) 标准偏差；(4) 相对标准偏差。

4-3-6 六次测定 $KAl(SO_4)_2 \cdot 12H_2O$ 试样，结果以 Al_2O_3 表示分别为 10.76%、10.81%、10.82%、10.93%、10.86%、10.79%。试计算分析结果的平均偏差及标准偏差。

4-3-7 某二人对同一试样以同样方法进行测定，其结果为：

A：31.06%、31.15%、31.27%；

B：31.14%、31.16%、31.18%。

分别计算两份结果的平均偏差和标准偏差。问哪份结果较为可靠？

4-3-8 如果要求分析结果的准确度达到 0.1%，问至少应称取试样多少克？滴定时所用溶液体积至少要多少毫升？

4-3-9 每一次滴定中滴定管所产生的读数误差为 ±0.02mL，如果滴定时用去标准溶液 2.50mL，相对误差是多少？如果滴定时用去标准溶液 25.00mL，相对误差又是多少？

4-3-10 指出下列数据各包含几位有效数字：

(1) 0.58；　　　　　　(2) 0.02040；　　　　　(3) 9999；

(4) 3.00×10^{-4}；　　(5) 4.7×10^5；　　　(6) 1000.00；

(7) 73205；　　　　　(8) 6.023×10^{23}；　　(9) 30.05%；

(10) 0.006%；　　　　(11) pH=5.34；　　　　(12) pK=7.12。

4-3-11 将下列数据修约为二位有效数字。

(1) 5.655；　　　　　(2) 10.52；　　　　　　(3) 1.150；

(4) 21.48；　　　　　(5) 9.56。

4-3-12 按有效数字运算规则计算下列各式。

(1) $0.0354 + 7.147 + 2.86$

(2) $2.04 \times 10^{-5} - 8.61 \times 10^{-6}$

(3) $\dfrac{(44.41 - 3.12) \times 0.2048}{12.63491 - 12.2775}$

(4) $\dfrac{2.16 \times 10^{-5} \times 4.256 \times 10^{-9}}{1.6 \times 10^{-6}}$

第四章 定量分析概论

4-3-13 正确表示下列测量结果并分别计算其相对误差。
(1) 用称量绝对误差为 $\pm 0.1g$ 的台秤称出 $2g$ 试样；
(2) 用称量绝对误差为 $\pm 0.1mg$ 的分析天平称出 $0.2g$ 试样；
(3) 用准确度为 $0.01mL$ 的移液管移取 $25mL$ 溶液；
(4) 用准确度为 $0.01mL$ 的 $50mL$ 滴定管放出 $25mL$ 溶液。

4-3-14 下列每一数值各有几位有效数字？
(1) 0.002010；(2) 5.006；(3) 95.500；(4) 1.80×10^{-10}；(5) 999。
如果每一数值的最后一位数都是 ± 1 的误差，试以千分数表示每一数值的相对误差。

4-3-15 锰矿中锰含量经 4 次测定，结果为 9.50%、9.60%、9.68%、9.41%。计算：(1) 平均偏差；(2) 标准偏差；(3) 置信度为 95% 的置信区间。

4-3-16 分析黄铁矿中硫的含量，四次测定结果的平均值为 25.27%，标准偏差为 0.063。计算置信度为 95% 时，平均值所在区间。

4-3-17 某偏磷酸钠试样中总磷酸盐（以 P_2O_5 计）的测定结果为 61.45%、61.51%、61.12%、61.40%。计算平均值的置信区间（置信度为 95%）。如果再测定四次，测定结果总平均值为 61.37%，标准偏差 $S = 0.17\%$。计算平均值的置信区间（置信度为 95%）。

4-3-18 分析软锰矿中 MnO_2 含量得以下结果：75.97%、76.36%、76.04%、76.13%。以四倍法判断 76.36% 是否应该舍弃？

4-3-19 某学生用 Na_2CO_3 作基准试剂标定 HCl 溶液的浓度，得到下列结果：$0.5008mol/L$、$0.5020mol/L$、$0.5022mol/L$、$0.5017mol/L$。根据四倍法判断第一次标定结果 $0.5008mol/L$ 是否应该保留？若再标定一次，得到 $0.5012mol/L$，再重新判断 $0.5008mol/L$ 是否应该保留？

4-3-20 以称量分析法对 $BaCl_2 \cdot 2H_2O$ 结晶水含量进行四次测定，结果为 14.46%、14.44%、14.64%、14.41%。用 Q 法检验上述各测定结果中 14.64% 是否应该舍弃（置信度为 90%）？

4-3-21 分析 Na_2S 试样，得到结果为 26.51%、26.48%、26.52%、26.59%。用 Q 检验法判断有无该舍弃的可疑值（置信度为 90%）并计算标准偏差及置信度为 90% 的置信区间。

4-3-22 分析硅酸盐试样中 Al_2O_3 含量，五次测定结果如下：29.03%、29.07%、29.28%、29.05%、28.97%。(1) 用 $4\bar{d}$ 法、Q 检验法（置信度为 90%）分别判断 29.28% 是否应予舍弃？(2) 计算标准偏差；(3) 计算置信度为 90% 的置信区间。

4-3-23 有一氯化物试样，分别用称量分析法和滴定分析法测得其含量为：
称量分析法（%） 53.06、53.08、53.10、53.09、53.07、53.10；
滴定分析法（%） 52.91、53.12、53.16、53.18、53.08、52.95。
分别计算置信度为 95% 及 99% 的置信区间，并判断哪种方法比较准确。

4-3-24 某学生分析 H_2SO_4 试样含量，得到下列结果：89.15%、89.32%、89.26%。问再测一次所得分析结果不应舍弃的界限是多少（用 $4\bar{d}$ 法估计）？

4-3-25 甲、乙、丙三人同时分析铁矿石中磷的含量。每次均取样 $3.1g$，三人报告结果分别如下：甲 0.058%；乙 0.0584%；丙 0.05849%。问哪一份报告合理？

4-3-26　某学生对 $CaCl_2$ 试样中 NaCl 的含量进行分析，平行测定三次，得到以下数据：6.12%、6.20%、6.09%。该学生报出分析结果为：测定结果平均值 6.137%；平均偏差 0.0433%。他报出的结果是否正确？应该怎样报出？

4-3-27　某学生分析液体烧碱试样，取样 25.00mL，报告分析结果为 335g/L。此结果是否合理？

4-3-28　计算下列溶液之物质的量浓度：

(1) 100.00mL 溶液中含 15g H_2SO_4，求 $c\left(\frac{1}{2}H_2SO_4\right)$；

(2) 250.00mL 溶液中含 17.03g NH_3，求 $c(NH_3)$；

(3) 5.000g $K_2Cr_2O_7$ 配成 500.00mL 溶液，求 $c\left(\frac{1}{6}K_2Cr_2O_7\right)$；

(4) 0.8462g $Na_2S_2O_3 \cdot 5H_2O$ 配成 50.0mL 溶液，求 $c(Na_2S_2O_3)$。

4-3-29　欲配制 $c\left(\frac{1}{2}Na_2CO_3\right)=0.2000mol/L$ 的 Na_2CO_3 溶液 1000.00mL，问应称取 Na_2CO_3 基准试剂多少克？

4-3-30　欲配制 HNO_3 溶液 $[c(HNO_3)=0.1mol/L]$ 1L，需取 $\rho=1.18$、含量为 30% 的硝酸溶液多少毫升？

4-3-31　$\rho=1.84$，含量为 96.0% 的 H_2SO_4 溶液 6.0mL，稀释至 500mL 后，$c\left(\frac{1}{2}H_2SO_4\right)$ 是多少？

4-3-32　用邻苯二甲酸氢钾标定 NaOH 溶液 $[c(NaOH)=0.2mol/L]$，欲使 NaOH 溶液消耗的体积约为 30mL，问应称取邻苯二甲酸氢钾多少克？

$$\text{C}_6\text{H}_4(\text{COOH})(\text{COOK}) + NaOH \longrightarrow \text{C}_6\text{H}_4(\text{COONa})(\text{COOK}) + H_2O$$

4-3-33　今以 Na_2CO_3 标定 HCl 溶液 $[c(HCl)=0.5mol/L]$，若称取 Na_2CO_3 0.5g，消耗 HCl 溶液的体积是多少？

$$Na_2CO_3 + 2HCl \longrightarrow 2NaCl + CO_2 + H_2O$$

4-3-34　如将 200.00mL $c(AgNO_3)=0.5038mol/L$ 的 $AgNO_3$ 溶液稀释为 $c(AgNO_3)=0.2000mol/L$，问需加水多少毫升（混合过程中体积的胀缩忽略不计，下同）？

4-3-35　如配制 $c\left(\frac{1}{5}KMnO_4\right)=0.02000mol/L$ 的 $KMnO_4$ 溶液 1000.00mL，问需取 $c\left(\frac{1}{5}KMnO_4\right)=0.1068mol/L$ 的 $KMnO_4$ 溶液多少毫升？

4-3-36　将 500.00mL $c(Na_2S_2O_3)=0.08251mol/L$ 的 $Na_2S_2O_3$ 溶液，调成浓度为 $c(Na_2S_2O_3)=0.1000mol/L$，问需加入纯 $Na_2S_2O_3 \cdot 5H_2O$ 多少克（加入 $Na_2S_2O_3 \cdot 5H_2O$ 后引起的体积变化不考虑）？

4-3-37　欲将 800.00mL $c(HCl)=0.1000mol/L$ 的 HCl 溶液，调成 $c(HCl)=0.5000mol/L$，问需加入 $c(HCl)=1.000mol/L$ 的 HCl 溶液多少毫升？

4-3-38 需将多少毫升 $\rho=1.399$、含量 50% 的 H_2SO_4 溶液，加入到 1000mL $c\left(\frac{1}{2}H_2SO_4\right)=0.2000\text{mol/L}$ 的 H_2SO_4 溶液中，才能得到 $c\left(\frac{1}{2}H_2SO_4\right)=0.5000\text{mol/L}$ 的 H_2SO_4 溶液？

4-3-39 将 250mL $c\left(\frac{1}{2}Na_2CO_3\right)=0.1500\text{mol/L}$ 的 Na_2CO_3 溶液与 750mL 未知浓度 Na_2CO_3 溶液混合后，所得溶液的浓度为 $c\left(\frac{1}{2}Na_2CO_3\right)=0.2038\text{mol/L}$，求该未知浓度 Na_2CO_3 溶液之物质的量浓度。

4-3-40 草酸溶液 25.00mL，用 $c(NaOH)=0.1048\text{mol/L}$ 的 NaOH 标准溶液滴定至终点，用去 24.84mL，求此草酸溶液的 $c\left(\frac{1}{2}H_2C_2O_4\right)$ 是多少？

$$H_2C_2O_4+2NaOH = Na_2C_2O_4+2H_2O$$

4-3-41 称取纯 $Na_2B_4O_7\cdot 10H_2O$ 0.5012g，用一 HCl 溶液滴定，消耗 28.23mL，求此 HCl 溶液的浓度。

$$Na_2B_4O_7+2HCl+5H_2O = 2NaCl+4H_3BO_3$$

4-3-42 $c(HCl)=0.2000\text{mol/L}$ 的 HCl 溶液，其对于 CaO、$Ca(OH)_2$、$CaCO_3$ 的滴定度各是多少？

$$CaO+2HCl = CaCl_2+H_2O$$
$$Ca(OH)_2+2HCl = CaCl_2+2H_2O$$
$$CaCO_3+2HCl = CaCl_2+CO_2+H_2O$$

4-3-43 $K_2Cr_2O_7$ 试样 0.2000g，滴定消耗 $T_{K_2Cr_2O_7/Na_2S_2O_3}=0.01197\text{g/mL}$ 的 $Na_2S_2O_3$ 标准溶液 16.58mL，求该样中 $K_2Cr_2O_7$ 的质量分数。

4-3-44 Fe_2O_3 试样 0.3078g，制成 Fe^{2+} 试液后用 $T_{Fe/K_2Cr_2O_7}=0.007183\text{g/mL}$ 的 $K_2Cr_2O_7$ 标准溶液滴定，用去 22.17mL，求此试样中 Fe_2O_3 的质量分数。

4-3-45 某 H_2SO_4 试液 10.00mL，滴定消耗 NaOH 标准溶液 $[c(NaOH)=0.2000\text{mol/L}]$ 30.26mL，求该试液中 H_2SO_4 的质量浓度。

$$H_2SO_4+2NaOH = Na_2SO_4+2H_2O$$

4-3-46 Na_2CO_3 试样 0.1512g，用 HCl 标准溶液 $[c(HCl)=0.1200\text{mol/L}]$ 滴定，用去 23.16mL，求该样中 Na_2CO_3 的质量分数。

$$Na_2CO_3+2HCl = NaCl+CO_2+H_2O$$

4-3-47 0.4296g $BaCO_3$ 试样溶于 25.00mL HCl 溶液 $[c(HCl)=0.2500\text{mol/L}]$，剩余酸以 NaOH 溶液 $[c(NaOH)=0.2000\text{mol/L}]$ 返滴定，消耗 10.56mL，计算该样中 $BaCO_3$ 的质量分数。

4-3-48 称取 0.5550g CaO 试样，溶于 30.00mL HCl 溶液 $[c(HCl)=0.4796\text{mol/L}]$，剩余酸返滴定时消耗 NaOH 溶液 8.66mL。已知此 NaOH 溶液对 $H_2C_2O_4$ 的滴定度为 0.02334g/mL，求此试样中 CaO 的质量分数。

$$H_2C_2O_4+2NaOH = Na_2C_2O_4+2H_2O$$

4-3-49 某 $CaCO_3$ 试样 0.1427g 制成溶液后,在氨性条件下将 Ca^{2+} 沉淀为 CaC_2O_4。CaC_2O_4 经过滤、洗涤后溶于酸,再用 $KMnO_4$ 标准溶液 $\left[c\left(\frac{1}{5}KMnO_4\right)=0.1012\text{mol/L}\right]$ 滴定溶液中的 $C_2O_4^{2-}$,消耗 27.62mL,计算该样中 $CaCO_3$ 的质量分数。

$$2MnO_4^- + 5C_2O_4^{2-} + 16H^+ = 2Mn^{2+} + 10CO_2\uparrow + 8H_2O$$

4-3-50 烧碱试样 20.00mL,移入 1L 容量瓶中稀释至刻度。用移液管吸取此液 50mL,以 $c(HCl)=0.2176\text{mol/L}$ 的 HCl 标准溶液滴定,用去 33.67mL,计算该样中 NaOH 的质量浓度。

4-3-51 称取甲醛试样 0.6953g,与 50mL Na_2SO_3 溶液作用,然后用 HCl 标准溶液 $[c(HCl)=0.2500\text{mol/L}]$ 滴定生成的 NaOH,消耗 32.86mL,求该样中 HCHO 的质量分数。

$$HCHO + Na_2SO_3 + H_2O = CH_2(OH)SO_3Na + NaOH$$
$$NaOH + HCl = NaCl + H_2O$$

4-3-52 煤样 1.000g,经高温氧气流中燃烧,使其中各种硫化物均转化为 SO_2 及 SO_3,然后用 H_2O_2 溶液吸收使之生成 H_2SO_4。生成的 H_2SO_4 用 NaOH 标准溶液 $[c(NaOH)=0.05012\text{mol/L}]$ 滴定,用去 8.00mL,计算煤样中硫的质量分数。

$$SO_2 + SO_3 + H_2O_2 + H_2O = 2H_2SO_4$$
$$H_2SO_4 + 2NaOH = Na_2SO_4 + 2H_2O$$

4-3-53 乙酸乙酯试样 0.7736g,与 50.00mL $c(KOH)=0.5\text{mol/L}$ 的 KOH-乙醇溶液进行皂化反应,反应完全后,用 $c(HCl)=0.05012\text{mol/L}$ 的 HCl 标准溶液滴定剩余 KOH,用去 25.73mL。空白试验用去同一 HCl 标准溶液 42.77mL,求试样中乙酸乙酯的质量分数。

$$CH_3COOC_2H_5 + KOH = CH_3COOK + C_2H_5OH$$

4-3-54 1.1736g 酒石酸试样,溶解后用 NaOH 标准溶液 $[c(NaOH)=0.5046\text{mol/L}]$ 滴定至终点,用去 29.92mL。空白试验用去同一 NaOH 标准溶液 0.02mL,求此试样中酒石酸的质量分数。

$$\begin{array}{c}CH(OH)-COOH\\|\\CH(OH)-COOH\end{array} + 2NaOH = \begin{array}{c}CH(OH)-COONa\\|\\CH(OH)-COONa\end{array} + 2H_2O$$

4-3-55 含银试样 0.5131g,使其中银形成 Ag_2CrO_4 后过滤、洗净,再溶于酸并加入过量 KI,反应析出的 I_2 用 $Na_2S_2O_3$ 标准溶液 $[c(Na_2S_2O_3)=0.1008\text{mol/L}]$ 滴定,用去 28.97mL,求此银样中银的质量分数。

$$2Ag \longrightarrow Ag_2CrO_4$$
$$2Ag_2CrO_4 + 2H^+ = 4Ag^+ + Cr_2O_7^{2-} + H_2O$$
$$Cr_2O_7^{2-} + 6I^- + 14H^+ = 2Cr^{3+} + 3I_2 + 7H_2O$$
$$I_2 + 2S_2O_3^{2-} = 2I^- + S_4O_6^{2-}$$

4-3-56 含硫试样 0.5142g,以 50.00mL 的 I_2 标准溶液 $\left[c\left(\frac{1}{2}I_2\right)=0.5044\text{mol/L}\right]$ 吸收其燃烧产生的 SO_2,然后用 $Na_2S_2O_3$ 标准溶液 $[c(Na_2S_2O_3)=0.4799\text{mol/L}]$ 返滴定

剩余的 I_2，消耗 26.64mL，计算该样中 S 的质量分数。
$$SO_2 + I_2 + 2H_2O \rightleftharpoons H_2SO_4 + 2HI$$
$$I_2 + 2S_2O_3^{2-} \rightleftharpoons 2I^- + S_4O_6^{2-}$$

4-3-57　含锌试样 0.3030g，制成溶液后。经以下反应析出 I_2。用 $Na_2S_2O_3$ 标准溶液 $[c(Na_2S_2O_3)=0.1086mol/L]$ 滴定 I_2 时，消耗 16.52mL，求该样中 Zn 的质量分数。
$$3Zn^{2+} + 2K^+ + 2[Fe(CN)_6]^{3-} + 2I^- \rightleftharpoons K_2Zn_3[Fe(CN)_6]_2\downarrow + I_2$$
$$I_2 + 2S_2O_3^{2-} \rightleftharpoons 2I^- + S_4O_6^{2-}$$

第五章
酸碱滴定法

概 要

酸碱滴定法是以质子传递反应为基础的滴定分析法，本法可利用酸碱标准溶液直接测定酸性或碱性物质，间接测定某些非酸性或碱性物质。

酸碱滴定法指示剂选择依据是：使指示剂变色范围全部或部分在滴定突跃范围之内。在不同类型的滴定中，指示剂的选择见表5-1。

表 5-1 不同类型滴定的指示剂选择

滴定类型	突跃范围	指示剂及其变色范围	终点颜色
HCl 滴定 NaOH 或 NaOH 滴定 HCl	pH 4.3~9.7	甲基橙(pH 3.1~4.4) 甲基红(pH 4.4~6.2) 酚酞(pH 8.0~10.0)	橙 橙 淡粉
NaOH 滴定 HAc	pH 7.7~9.7	酚酞(pH 8.0~10.0) 百里酚酞(pH 9.4~10.6)	淡粉 淡蓝
HCl 滴定 $NH_3 \cdot H_2O$	pH 4.3~6.3	甲基红(pH 4.4~6.2) 溴甲酚绿(pH 4.0~5.6)	橙 淡绿
NaOH 滴定 H_3PO_4	第一计量点 第二计量点	甲基橙、溴酚蓝(pH 3.0~4.6) 酚酞、百里酚酞(pH 9.4~10.6)	橙、淡绿 淡粉、淡蓝
HCl 滴定 Na_2CO_3	第一计量点 第二计量点	酚酞、甲酚红-百里酚蓝(pH 8.2~8.4) 甲基橙	淡粉 橙

注：溶液浓度为 0.1000mol/L，被滴定液体积为 20.00mL。

酸碱滴定突跃范围大小与溶液浓度和弱酸或弱碱的强弱有关。溶液浓度越大，突跃范围越大；浓度一定时，K_a 或 K_b 越大，突跃范围越大，反之则越小。各类酸碱直接滴定可行性判断见表 5-2。

酸碱滴定法多使用盐酸和氢氧化钠标准溶液。国家标准规定盐酸标准溶液用间接法制备，以碳酸钠基准试剂标定；氢氧化钠标准溶液亦用间接法制备，以邻苯二甲酸氢钾基准试剂标定。

表 5-2 直接滴定可行性判断

滴定类型	判断式
滴定一元弱酸	$cK_a \geqslant 10^{-8}$
滴定一元弱碱	$cK_b \geqslant 10^{-8}$
滴定多元酸(H_2A)	$cK_{a_1} \geqslant 10^{-8}, cK_{a_2} \geqslant 10^{-8}, K_{a_1}/K_{a_2} \geqslant 10^5$（可分步滴定）
	$cK_{a_1} \geqslant 10^{-8}, cK_{a_2} < 10^{-8}, K_{a_1}/K_{a_2} \geqslant 10^5$（可进行第一步滴定）
滴定混合酸	$cK_a \geqslant 10^{-8}, c'K_a' \geqslant 10^{-8}, cK_a/c'K_a' \geqslant 10^5$（可分别滴定）
	$cK_a \geqslant 10^{-8}, c'K_a' < 10^{-8}, cK_a/c'K_a' \geqslant 10^5$（可滴定第一种酸）
滴定多元碱(A^{2-})	$cK_{b_1} \geqslant 10^{-8}, cK_{b_2} \geqslant 10^{-8}, K_{b_1}/K_{b_2} \geqslant 10^5$（可分步滴定）
	$cK_{b_1} \geqslant 10^{-8}, cK_{b_2} < 10^{-8}, K_{b_1}/K_{b_2} \geqslant 10^5$（可进行第一步滴定）

酸碱质子理论认为，一种物质是酸是碱并不是绝对的，这取决于物质在反应中是给出还是接受质子。而酸碱的强度不仅与其本身的性质有关，也与溶剂的性质有关。非水溶剂可分为两性、酸性、碱性与惰性溶剂四类，在前三类溶剂分子间存在着质子自递作用。溶剂还具有拉平效应与区分效应，这两种效应与溶剂和溶质的酸碱相对强度有关。利用拉平效应和区分效应，可使某些在水溶液中不能进行的酸碱滴定，能够在非水溶液中得以实现。

在非水溶液中的酸碱滴定中，酸标准溶液多使用高氯酸的冰醋酸溶液；碱标准溶液多使用甲醇钠（或甲醇钾）的苯-甲醇溶液。

例 题

【例 5-1】 计算 0.100mol/L $NH_3 \cdot H_2O$ 与 0.100mol/L NH_4Cl 组成的缓冲溶液 pH，以及加入 HCl 达 0.001mol/L 时；加入 NaOH 达 0.001mol/L 时；稀释 10 倍时溶液的 pH。

解 查附录一，$NH_3 \cdot H_2O$ 的 $K_b = 1.8 \times 10^{-5}$，故 NH_4^+ 的 K_a 为

$$K_a = \frac{K_w}{K_b} = \frac{1.0 \times 10^{-14}}{1.8 \times 10^{-5}} = 5.6 \times 10^{-10}$$

（1）该溶液的 pH

$$pH = pK_a + \lg \frac{c_{A^-}}{c_{HA}} = -\lg(5.6 \times 10^{-10}) + \lg \frac{0.100}{0.100} = 9.26$$

（2）加入 HCl 后溶液的 pH

$$c(NH_3 \cdot H_2O) = 0.100 - 0.001 = 0.099 (mol/L)$$

$$c(NH_4^+) = 0.100 + 0.001 = 0.101 (mol/L)$$

故

$$pH = pK_a + \lg \frac{c_{A^-}}{c_{HA}}$$

$$= -\lg(5.6 \times 10^{-10}) + \lg \frac{0.099}{0.101}$$
$$= 9.25$$

（3）加入 NaOH 后溶液的 pH
$$c(NH_3 \cdot H_2O) = 0.100 + 0.001 = 0.101 (mol/L)$$
$$c(NH_4^+) = 0.100 - 0.001 = 0.099 (mol/L)$$

故
$$pH = pK_a + \lg \frac{c_{A^-}}{c_{HA}}$$
$$= -\lg(5.6 \times 10^{-10}) + \lg \frac{0.101}{0.099}$$
$$= 9.27$$

（4）稀释后溶液的 pH
$$c(NH_3 \cdot H_2O) = c(NH_4^+) = 0.100 \div 10 = 0.0100 (mol/L)$$

故
$$pH = pK_a + \lg \frac{c_{A^-}}{c_{HA}}$$
$$= -\lg(5.6 \times 10^{-10}) + \lg \frac{0.0100}{0.0100}$$
$$= 9.26$$

【例 5-2】 以 60g NaAc·3H$_2$O 配制 1000mL pH＝5.00 的 HAc-NaAc 缓冲溶液，问需用 6.0mol/L 的 HAc 溶液多少毫升？

解 缓冲溶液中 Ac$^-$ 的浓度为
$$c(Ac^-) = \frac{60}{136.1 \times 1.000} = 0.44 (mol/L)$$

缓冲溶液中 HAc 的浓度为
$$c(HAc) = \frac{[H^+]}{K_a} c(Ac^-) = \frac{1.0 \times 10^{-5}}{1.8 \times 10^{-5}} \times 0.44 = 0.24 (mol/L)$$

需用 6.0mol/L HAc 的体积为
$$V(HAc) = \frac{1.000 \times 0.24}{6.0} = 0.04 (L) = 40 (mL)$$

【例 5-3】 1.050g 草酸试样在 250mL 容量瓶中配成溶液，吸取此液 25.00mL，以 c(NaOH)＝0.1023mol/L 的 NaOH 标准溶液滴定，用去 15.25mL，求试样中 H$_2$C$_2$O$_4$·2H$_2$O 的质量分数。

$$H_2C_2O_4 + 2NaOH = Na_2C_2O_4 + 2H_2O$$

解 1 分子 H$_2$C$_2$O$_4$ 在反应中给出 2 个 H$^+$，故草酸的基本单元取 $\frac{1}{2}$H$_2$C$_2$O$_4$·2H$_2$O。

$$w(H_2C_2O_4 \cdot 2H_2O) = \frac{c(NaOH)V(NaOH)M\left(\frac{1}{2}H_2C_2O_4 \cdot 2H_2O\right)}{m_S}$$
$$= \frac{0.1023 \times 15.25 \times 10^{-3} \times 63.04}{1.050 \times \frac{25.00}{250.00}}$$

$=0.9363=93.63\%$

【例5-4】 将2.500g大理石试样溶于50.00mL $c(HCl)=1.000mol/L$ 的HCl溶液,滴定剩余酸用去 $c(NaOH)=0.1000mol/L$ 的NaOH标准溶液30.00mL,求试样 $CaCO_3$ 的质量分数。

$$CaCO_3 + 2HCl = CaCl_2 + H_2O + CO_2$$
$$NaOH + HCl = NaCl + H_2O$$

解 $1CaCO_3 \triangleq 2H^+$,故 $CaCO_3$ 的基本单元取 $\frac{1}{2}CaCO_3$。

$$w(CaCO_3) = \frac{[c(HCl)V(HCl) - c(NaOH)V(NaOH)]M\left(\frac{1}{2}CaCO_3\right)}{m_S}$$

$$= \frac{(1.000 \times 50.00 \times 10^{-3} - 0.1000 \times 30.00 \times 10^{-3}) \times 50.04}{2.500}$$

$$= 0.9408 = 94.08\%$$

【例5-5】 称取烧碱试样25.00g,稀释后于250mL容量瓶中定容。用移液管吸取此液25mL,与过量 $BaCl_2$ 溶液作用完全后,加入酚酞指示剂,用 $c(HCl)=1.009mol/L$ 的HCl标准溶液滴定至红色消失,用去18.66mL;再加入甲基橙指示剂,用同一HCl标准溶液滴定至橙色,又用去2.74mL,求该样中NaOH与 Na_2CO_3 的质量分数。

$$Na_2CO_3 + BaCl_2 = BaCO_3 \downarrow + 2NaCl$$
$$NaOH + HCl = NaCl + H_2O$$
$$BaCO_3 + 2HCl = BaCl_2 + CO_2 + H_2O$$

解 以酚酞为指示剂用HCl标准溶液滴定,系NaOH与之反应;以甲基橙为指示剂用HCl标准溶液滴定,系 $BaCO_3$ 与之反应。

NaOH的基本单元取其分子;因 $1Na_2CO_3 \triangleq 1BaCO_3 \triangleq 2H^+$,故 Na_2CO_3 的基本单元取 $\frac{1}{2}Na_2CO_3$。

$$w(NaOH) = \frac{c(HCl)V(HCl)M(NaOH)}{m_S}$$

$$= \frac{1.009 \times 18.66 \times 10^{-3} \times 40.00}{25.00 \times \frac{25.00}{250.00}}$$

$$= 0.3012 = 30.12\%$$

$$w(Na_2CO_3) = \frac{c(HCl)V(HCl)M\left(\frac{1}{2}Na_2CO_3\right)}{m_S}$$

$$= \frac{1.009 \times 2.74 \times 10^{-3} \times 53.00}{25.00 \times \frac{25.00}{250.00}}$$

$$= 0.0586 = 5.86\%$$

【例5-6】 混合钠碱试样(NaOH与 Na_2CO_3 或 Na_2CO_3 与 $NaHCO_3$)0.6023g,溶于水后,以酚酞为指示剂,用HCl标准溶液 $[c(HCl)=0.2542mol/L]$ 滴定,消耗

HCl 体积 $V_1 = 14.63$ mL；再加入甲基橙为指示剂，继续用此 HCl 标准溶液滴定，消耗 HCl 体积 $V_2 = 23.06$ mL，求该样中组分的质量分数。

解 用上述两种指示剂，以 HCl 标准溶液滴定混合碱时，V_1、V_2 对应的反应为

$\quad\quad\quad\quad$ OH⁻ 与 CO_3^{2-} $\quad\quad\quad\quad\quad\quad$ CO_3^{2-} 与 HCO_3^-

V_1：$\quad$ $OH^- + H^+ = H_2O$ $\quad\quad\quad$ $CO_3^{2-} + H^+ = HCO_3^-$

$\quad\quad$ $CO_3^{2-} + H^+ = HCO_3^-$

V_2：$\quad$ $HCO_3^- + H^+ = H_2CO_3$ $\quad\quad$ $HCO_3^- + H^+ = H_2CO_3$

$\quad\quad\quad\quad\quad\quad\quad\quad\quad\quad\quad\quad\quad\quad$ HCO_3^-（原）$+ H^+ = H_2CO_3$

由反应式可知：

$V_1 > V_2$ $\quad\quad\quad\quad\quad\quad\quad\quad\quad\quad\quad\quad$ $V_2 > V_1$

> OH⁻ 消耗 HCl 体积为 $V_1 - V_2$（NaOH 基本单元取其分子）;
>
> CO_3^{2-} 消耗 HCl 体积 $2V_2$（Na_2CO_3 基本单元取 $\frac{1}{2}Na_2CO_3$）

> CO_3^{2-} 消耗 HCl 体积为 $2V_1$（Na_2CO_3 基本单元取 $\frac{1}{2}Na_2CO_3$）;
>
> HCO_3^- 消耗 HCl 体积为 $V_2 - V_1$（$NaHCO_3$ 基本单元取其分子）

本题中 $V_2 > V_1$，故混合钠碱组成为 Na_2CO_3 与 $NaHCO_3$。

$$w(Na_2CO_3) = \frac{2c(HCl)V_1 M\left(\frac{1}{2}Na_2CO_3\right)}{m_s}$$

$$= \frac{2 \times 0.2542 \times 14.63 \times 10^{-3} \times 53.00}{0.6023}$$

$$= 0.6545 = 65.45\%$$

$$w(NaHCO_3) = \frac{c(HCl)(V_2 - V_1)M(NaHCO_3)}{m_s}$$

$$= \frac{0.2542 \times (23.06 - 14.63) \times 10^{-3} \times 84.01}{0.6023}$$

$$= 0.2989 = 29.89\%$$

【例 5-7】 某试样可能含有 Na_3PO_4、Na_2HPO_4、NaH_2PO_4 或其混合物。取此试样 0.9978g 溶于水，以酚酞为指示剂滴定，用去 $c(HCl) = 0.2432$ mol/L 的 HCl 标准溶液 11.72mL（V_1）；再加入甲基橙为指示剂继续滴定，又用去同一 HCl 标准溶液 21.32mL（V_2），求该样中各组分的质量分数。

解 由于 PO_4^{3-} 与 $H_2PO_4^-$ 相互反应而不能共存，且 K_{b_3} 过小（$K_{b_3} = 1.3 \times 10^{-12}$）而不能用 HCl 直接滴定 $H_2PO_4^-$，当用 HCl 滴定该混合液时，则 V_1、V_2 对应的反应为

$\quad\quad\quad\quad$ PO_4^{3-} 与 HPO_4^{2-} $\quad\quad\quad\quad$ HPO_4^{2-} 或 HPO_4^{2-} 与 $H_2PO_4^-$

V_1：$\quad$ $PO_4^{3-} + H^+ = HPO_4^{2-}$

V_2：$\quad$ $HPO_4^{2-} + H^+ = H_2PO_4^-$ $\quad\quad$ $HPO_4^{2-} + H^+ = H_2PO_4^-$

$\quad\quad$ HPO_4^{2-}（原）$+ H^+ = H_2PO_4^-$

由反应式可知：

$V_2 > V_1$	$V_1 = 0 \quad V_2 > 0$
PO_4^{3-} 消耗 HCl 体积为 $2V_1$（Na_3PO_4 基本单元取 $\frac{1}{2}Na_3PO_4$）； HPO_4^{2-} 消耗 HCl 体积为 $V_2 - V_1$（Na_2HPO_4 基本单元取其分子）	HPO_4^{2-} 消耗 HCl 体积为 V_2（Na_2HPO_4 基本单元取其分子）

本题中 $V_1 \neq 0$，且 $V_2 > V_1$，故试样组成为 Na_3PO_4、Na_2HPO_4。

$$w(Na_3PO_4) = \frac{2c(HCl)V_1 M\left(\frac{1}{2}Na_3PO_4\right)}{m_S}$$

$$= \frac{2 \times 0.2432 \times 11.72 \times 10^{-3} \times 81.95}{0.9978}$$

$$= 0.4682 = 46.82\%$$

$$w(Na_2HPO_4) = \frac{c(HCl)(V_2 - V_1)M(Na_2HPO_4)}{m_S}$$

$$= \frac{0.2432 \times (21.32 - 11.72) \times 10^{-3} \times 141.9}{0.9978}$$

$$= 0.332 = 33.2\%$$

【例 5-8】 含磷试样 1.0413g，经处理使磷转化为 H_3PO_4，再于酸性条件下加入钼酸铵，反应生成的磷钼酸铵沉淀过滤洗涤后溶于 31.86mL NaOH 标准溶液 $[c(NaOH) = 0.2004\text{mol/L}]$，剩余 NaOH 用 HCl 标准溶液 $[c(HCl) = 0.1945\text{mol/L}]$ 回滴，用去 16.18mL，求该样中磷的质量分数。

$$H_2PO_4^- + 12MoO_4^{2-} + 2NH_4^+ + 23H^+ = (NH_4)_2HPO_4 \cdot 12MoO_3 \cdot H_2O \downarrow + 11H_2O$$

$$(NH_4)_2HPO_4 \cdot 12MoO_3 \cdot H_2O + 24OH^- = 12MoO_4^{2-} + HPO_4^{2-} + 2NH_4^+ + 13H_2O$$

解 $1P \triangleq 1H_2PO_4^- \triangleq 1(NH_4)_2HPO_4 \cdot 12MoO_3 \cdot H_2O \triangleq 24OH^- \triangleq 24H^+$，故磷的基本单元取 $\frac{1}{24}P$。

$$w_P = \frac{[c(NaOH)V(NaOH) - c(HCl)V(HCl)]M\left(\frac{1}{24}P\right)}{m_S}$$

$$= \frac{(0.2004 \times 31.86 \times 10^{-3} - 0.1945 \times 16.18 \times 10^{-3}) \times 1.290}{1.0413}$$

$$= 4.0 \times 10^{-3} = 0.40\%$$

【例 5-9】 酒石酸钠钾试样 1.5044g，灼烧完全后移入 100mL 水中，加入 50.00mL 的 H_2SO_4 溶液 $\left[c\left(\frac{1}{2}H_2SO_4\right) = 0.4912\text{mol/L}\right]$，煮沸，冷却后，加入甲基橙指示剂，用 NaOH 标准溶液 $[c(NaOH) = 0.5055\text{mol/L}]$ 滴定，用去 27.68mL，计算该样中 $KNaC_4H_4O_6 \cdot 4H_2O$（简写为 $KNaP \cdot 4H_2O$）的质量分数。

$$2KNaC_4H_4O_6 + 5O_2 \Longleftrightarrow Na_2CO_3 + K_2CO_3 + 4H_2O + 6CO_2$$
$$Na_2CO_3 + H_2SO_4 \Longleftrightarrow Na_2SO_4 + H_2O + CO_2$$
$$K_2CO_3 + H_2SO_4 \Longleftrightarrow K_2SO_4 + H_2O + CO_2$$
$$H_2SO_4 + 2NaOH \Longleftrightarrow Na_2SO_4 + 2H_2O$$

解 $1KNaC_4H_4O_6 \triangleq \frac{1}{2}(Na_2CO_3 + K_2CO_3) \triangleq 1H_2SO_4 \triangleq 2H^+$,故 $KNaC_4H_4O_6 \cdot 4H_2O$ 的基本单元取 $\frac{1}{2}KNaC_4H_4O_6 \cdot 4H_2O$。

$$w(KNaP \cdot 4H_2O) = \left\{\left[c\left(\frac{1}{2}H_2SO_4\right)V(H_2SO_4) - c(NaOH)V(NaOH)\right]\right.$$
$$\left. M\left(\frac{1}{2}KNaP \cdot 4H_2O\right)\right\}/m_s$$
$$= [(0.4912 \times 50.00 \times 10^{-3} - 0.5055 \times 27.68 \times 10^{-3}) \times 141.1]/1.5044$$
$$= 0.9914 = 99.14\%$$

【例 5-10】 0.3500g 水杨酸钠试样,溶于 20mL 醋酸酐-冰醋酸,加入结晶紫指示剂,用 $c(HClO_4) = 0.1056$ mol/L 高氯酸/冰醋酸标准溶液滴定至终点,用去 19.77mL,求此试样中水杨酸钠的质量分数。

$$C_7H_5O_3Na + HAc \Longleftrightarrow C_7H_5O_3H + Na^+ + Ac^-$$
$$HClO_4 + HAc \Longleftrightarrow ClO_4^- + H_2Ac^+$$
$$H_2Ac^+ + Ac^- \Longleftrightarrow 2HAc$$

解 $1C_7H_5O_3Na \triangleq 1H^+$,故基本单元取其分子。
$$w(C_7H_5O_3Na) = \frac{c(HClO_4)V(HClO_4)M(C_7H_5O_3Na)}{m_s}$$
$$= \frac{0.1056 \times 19.77 \times 10^{-3} \times 160.1}{0.3500}$$
$$= 0.9500 = 95.00\%$$

习 题

一、填空题

1. 酸碱滴定引言

5-1-1 酸碱滴定法是以_____反应为基础的滴定分析法。

5-1-2 酸碱反应的主要特点包括_____、_____及_____。

5-1-3 一般酸碱性物质和能与酸碱直接或间接发生_____的物质,几乎均可利用酸碱滴定法测定。

2. 酸碱缓冲溶液

5-1-4　缓冲溶液是一种对溶液酸度起稳定作用的溶液，它多由弱酸及其_____组成。此外，较高浓度的_____溶液及某些_____也可作为缓冲溶液。

5-1-5　_____是衡量缓冲溶液缓冲能力大小的尺度，缓冲组分总浓度越大，其值_____；总浓度一定时，缓冲组分的浓度比越接于1：1，其值也_____。

5-1-6　缓冲溶液所能控制的pH范围称为_____，它可用_____式（弱酸及其共轭碱型）表示。

3. 酸碱指示剂

5-1-7　酸碱指示剂的共轭酸碱具有不同的结构、不同的_____，当溶液_____改变时，其共轭酸碱相互转化，从而可能引起_____的改变。

5-1-8　指示剂的_____是可以看到指示剂颜色变化的pH间隔，它可用_____式表示。

5-1-9　甲基橙、甲基红与酚酞三种指示剂的实际变色范围分别为_____、_____与_____。

5-1-10　_____是由一种指示剂与一种惰性染料，或由两种指示剂按_____混合而成，其特点是_____、_____。

4. 滴定曲线与指示剂选择

5-1-11　_____是表示滴定过程中溶液pH变化的曲线；滴定的_____是在化学计量点附近加入_____滴标准溶液所引起的溶液pH发生突变的范围。

5-1-12　以HCl滴定$NH_3 \cdot H_2O$时，如错用酚酞为指示剂，则滴定终点_____判断，且消耗的HCl体积将_____。

5-1-13　在酸碱滴定中，酸碱浓度愈大，滴定的突跃范围愈_____；酸碱的强度愈大，滴定的突跃范围愈_____。

5-1-14　用NaOH滴定H_3PO_4时，如用_____为指示剂则滴定至第一计量点；如用_____为指示剂则滴定至第二计量点；而由于_____，则不能直接滴定至第三计量点（限用甲基橙、酚酞两种指示剂）。

5-1-15　用强碱滴定多元酸时，前一计量点附近形成突跃的条件是_____；用强酸滴定多元碱时，前一计量点附近形成突跃的条件是_____。

5-1-16　以HCl滴定Na_2CO_3时，如用酚酞为指示剂则滴至_____计量点；如用甲基橙为指示剂则可滴至_____计量点。

5. 标准溶液的制备

5-1-17　HCl标准溶液通常采用_____法制备，以_____基准试剂标定。在甲基橙与酚酞两种指示剂中，只能使用_____，而不能使用_____。

5-1-18　国家标准规定标定HCl溶液应采用_____指示剂，滴定终点颜色为_____。

5-1-19　NaOH标准溶液应采用_____法制备，以_____基准试剂标定。在甲基橙与酚酞两种指示剂中，只能使用_____，而不能使用_____。

5-1-20 在 NaOH 饱和溶液中，_____由于溶解度很小而沉降下来，吸取_____，用无 CO_2 纯水稀释，即可制得不含_____的 NaOH 溶液。

6. 酸碱滴定法的应用

5-1-21 测定工业硫酸纯度，一般采用_____法称量，国家标准规定采用的指示剂为_____。

5-1-22 未知碱溶液，用酚酞为指示剂滴定，消耗 HCl 标准溶液的体积为 V_1；继续以甲基橙为指示剂滴定，消耗同一 HCl 标准溶液的体积为 V_2。根据 V_1、V_2 可以判断碱液的组成，即 $V_1>V_2$ 为_____；$V_1<V_2$ 为_____；$V_1=V_2>0$ 为_____；$V_1>0$，$V_2=0$ 为_____；$V_1=0$，$V_2>0$ 为_____。

5-1-23 未知碱试液，若用酚酞为指示剂滴定，消耗 HCl 标准溶液的体积为 V_1；若用甲基橙为指示剂滴定，消耗同一 HCl 标准溶液的体积为 $V_总$。根据 V_1、$V_总$ 可以判断碱液的组成，即 $V_1=V_总$ 为_____；$2V_1=V_总$ 为_____；$V_总>2V_1$ 为_____；$2V_1>V_总$ 为_____；$V_1=0$，$V_总>0$ 为_____。

5-1-24 由于 $NH_3·H_2O$ _____，故不宜采用直接滴定法测其纯度，一般系采用_____法测定。

5-1-25 以甲醛法测定 NH_4NO_3 纯度时，中和试样中游离酸时采用的指示剂是_____，因为 NH_4^+ 系_____；进行滴定时采用的指示剂是_____，这是因为反应产物 $(CH_2)_6N_4$ 系_____（限用甲基红、酚酞两种指示剂）。

5-1-26 因醋酸试样通常含有_____性杂质，故测得结果为总酸度，滴定一般采用_____为指示剂。

7. 非水溶液中的酸碱滴定

5-1-27 根据酸碱质子理论，酸是_____的物质；碱是_____的物质，因质子得失而相互转化的一对酸碱称为_____。

5-1-28 酸碱反应的实质是酸碱之间的_____作用，它是靠两对_____相互作用实现的。

5-1-29 由于酸碱的强弱既与_____有关，又与_____有关，故酸性溶剂能提高_____的碱性；碱性溶剂能提高_____的酸性。

5-1-30 拉平效应是_____的效应；区分效应是_____的效应。

5-1-31 在非水滴定中，利用溶剂的_____效应可以测定混酸或混碱的总量；利用_____效应可以分别测定混酸或混碱中各组分的含量。

5-1-32 根据酸碱质子理论，可将溶剂分为_____、_____、_____与_____溶剂四类，在_____溶剂的分子间存在着质子自递作用。

5-1-33 在非水溶液滴定中选择非水溶剂时，首先要考虑其_____性，此外，还要求溶剂能溶解_____；不引起_____；纯度高、杂质少、安全、价廉、挥发性低，易于回收。

5-1-34 在非水溶液滴定中，常用的酸标准溶液是_____；常用的碱标准溶液是_____溶液。

5-1-35 非水溶液滴定中常用的指示剂，甲基紫适用于_____溶剂，百里酚蓝适用于_____溶剂。

二、选择题

1. 酸碱滴定引言

5-2-1 酸碱滴定法配制酸标准溶液常用的酸包括（   ）。
A. HAc；   B. H_2SO_4；   C. HNO_3；
D. HCl；   E. H_3PO_4。

5-2-2 酸碱滴定法配制碱标准溶液常用的碱包括（   ）。
A. $NH_3 \cdot H_2O$；   B. $Ba(OH)_2$；   C. NaOH；
D. $Ca(OH)_2$；   E. KOH。

5-2-3 酸碱滴定法一般属于（   ）。
A. 化学分析法；   B. 称量分析法；   C. 常量分析法；
D. 仪器分析法；   E. 微量分析法。

2. 酸碱缓冲溶液

5-2-4 弱酸及其共轭碱型缓冲溶液酸度的最简计算公式是（   ）。

A. $[H^+] = K_a \dfrac{c_{HA}}{c_{A^-}}$；

B. $[H^+] = K_a \dfrac{c_{A^-}}{c_{HA}}$

C. $pH = pK_a - \lg \dfrac{c_{A^-}}{c_{HA}}$；

D. $pH = pK_a + \lg \dfrac{c_{A^-}}{c_{HA}}$

E. $pH = pK_a + \lg \dfrac{c_{HA}}{c_{A^-}}$。

5-2-5 下列溶液具有缓冲作用的有（   ）。
A. 1mol/L HCl；   B. 1mol/L NH_4Cl；
C. 饱和酒石酸氢钾；   D. 0.1mol/L HAc；
E. 0.1mol/L $NH_3 \cdot H_2O$ 和 0.1mol/L NH_4Cl。

5-2-6 选择缓冲溶液时，应使其（   ）。
A. 酸性或碱性不能太强；   B. 所控制的 pH 在缓冲范围之内；
C. 有足够的缓冲容量；   D. 对分析过程无干扰；
E. 用量不超过 10mL。

5-2-7 下列溶液稀释 10 倍后，pH 变化最小的是（   ）。
A. 1mol/L HAc；   B. 1mol/L HCl；
C. 1mol/L NH_3；   D. 1mol/L NH_4Cl；
E. 0.5mol/L HAc 和 0.5mol/L NaAc。

3. 酸碱指示剂

5-2-8 以下叙述正确的是（   ）。

A. 在酸性范围内变色的指示剂一定属于弱酸；
B. 指示剂的酸式与共轭碱式型体必须具有不同的颜色；
C. 指示剂的实际与理论变色范围是有差异的；
D. 在碱性范围内变色的指示剂一定属于弱碱；
E. 最理想的指示剂应在 pH 为 7 时变色。

5-2-9　影响指示剂变色范围的主要因素包括（　　）。
A. 滴定顺序；　　　B. 试液的酸碱性；　　C. 指示剂用量；
D. 温度；　　　　　E. 溶剂。

5-2-10　指示剂的适宜用量一般是 20~30mL 试液中加入（　　）。
A. 8~10 滴；　　　B. 1~4 滴；　　　C. 10 滴以上；
D. 5~6 滴；　　　 E. 1 滴以下。

5-2-11　指示剂用量过多，则（　　）。
A. 终点变色更易观察；　　　　　　　B. 并不产生任何影响；
C. 终点变色不明显；　　　　　　　　D. 滴定准确度更高；
E. 也会消耗酸碱标准溶液。

5-2-12　下列混合物属于混合指示剂的是（　　）。
A. 溴甲酚绿＋甲基红；　　　　　　　B. 甲基红＋硼砂；
C. 百里酚蓝＋NaCl；　　　　　　　　D. 甲基黄＋淀粉；
E. 甲基橙＋靛蓝二磺酸钠。

5-2-13　某指示剂的 $K_{HIn}=1.0\times10^{-4}$，其理论变色范围则为（　　）。
A. pH 3~4；　　　B. pH 4~6；　　　C. pH 3~5；
D. pH 4~5；　　　E. pH 2~6。

4. 滴定曲线与指示剂选择

5-2-14　酸碱指示剂选择依据是（　　）。
A. 指示剂变色点与化学计量点相符合；　　B. 指示剂变色点在滴定突跃范围之内；
C. 指示剂变色范围在滴定突跃范围之内；　　D. 指示剂在 pH 7.0 时变色；
E. 指示剂在 pH 7.0±1.0 范围内变色。

5-2-15　用 0.01000mol/L 的 HNO_3 溶液滴定 20.00mL 0.01000mol/L 的 KOH 溶液的突跃范围为 pH5.3~8.7，可选用的指示剂有（　　）。
A. 甲基橙；　　　B. 甲基红；　　　C. 酚酞；
D. 百里酚酞；　　E. 溴百里酚蓝。

5-2-16　在水溶液中，直接滴定弱酸弱碱时，要求 cK_a 或 cK_b（　　）。
A. $\geq 10^{-6}$；　　B. $\leq 10^{-6}$；　　C. $\geq 10^{-8}$；
D. $\leq 10^{-8}$；　　E. $=10^{-8}$。

5-2-17　下列物质中，能用 NaOH 标准溶液直接滴定的是（　　）。
A. 苯酚；　　　　　B. NH_4Cl；　　　　C. 邻苯二甲酸；
D. $(NH_4)_2SO_4$；　　E. $C_6H_5NH_2 \cdot HCl$。

5-2-18　欲用 NaOH 溶液滴定 H_3PO_4 达第三计量点，采取的措施是（　　）。

A. 加入过量 NaCl 溶液； B. 加入过量 $CaCl_2$ 溶液；
C. 加入 8～10 滴 $CaCl_2$ 溶液； D. 加入过量 NH_4Cl 溶液；
E. 采用百里酚蓝为指示剂。

5-2-19 用 HCl 滴定 Na_2CO_3 达第一计量点时，为提高滴定的准确度，可（ ）。
A. 采用甲酚红-百里酚蓝混合指示剂； B. 适当增加指示剂用量；
C. 增大 HCl 标准溶液浓度； D. 适当加热溶液；
E. 用 $NaHCO_3$ 参比溶液对照。

5-2-20 用 HCl 滴定 Na_2CO_3 达第二计量点时，为防止终点提前，可（ ）。
A. 采用混合指示剂； B. 在近终点时剧烈摇动溶液；
C. 加入水溶性有机溶剂； D. 在近终点时煮沸溶液，冷却后继续滴定；
E. 在近终点时缓缓滴定。

5. 标准溶液的制备

5-2-21 国家标准规定标定 HCl 溶液的基准试剂是（ ）。
A. NaOH； B. K_2CO_3； C. 邻苯二甲酸氢钾；
D. Na_2CO_3； E. 硼砂。

5-2-22 国家标准规定基准 Na_2CO_3 使用前的干燥方法为（ ）。
A. 105～110℃灼烧至恒重； B. 180℃灼烧至恒重；
C. 270～300℃灼烧至恒重； D. 500～600℃灼烧至恒重；
E. (120±2)℃灼烧至恒重。

5-2-23 国家标准规定标定 NaOH 溶液的基准试剂是（ ）。
A. 无水草酸； B. 邻苯二甲酸氢钾； C. 草酸钠；
D. 二水草酸； E. 硼酸。

5-2-24 国家标准规定基准邻苯二甲酸氢钾使用前的干燥方法为（ ）。
A. 105～110℃灼烧至恒重； B. (180±2)℃灼烧至恒重；
C. 270～300℃灼烧至恒重； D. (120±2)℃灼烧至恒重；
E. (110±2)℃灼烧至恒重。

5-2-25 制备 HCl、NaOH 标准溶液时，取用这两种试剂选用的天平与量器是（ ）。
A. 托盘天平； B. 分析天平； C. 量杯；
D. 移液管； E. 量筒。

6. 酸碱滴定法的应用

5-2-26 酸碱滴定法测定硫酸纯度可以使用的指示剂包括（ ）。
A. 靛蓝二磺酸钠； B. 甲基红； C. 甲基橙；
D. 变性淀粉； E. 甲基红-亚甲基蓝。

5-2-27 在下述滴定中，CO_2 产生显著影响的是（ ）。
A. HCl 滴定 NaOH，酚酞为指示剂； B. HCl 滴定 NaOH，甲基橙为指示剂；
C. NaOH 滴定 HCl，酚酞为指示剂； D. NaOH 滴定 HCl，甲基橙为指示剂；
E. $NH_3 \cdot H_2O$ 滴定 HCl，甲基橙为指示剂。

5-2-28 某碱性试液，以酚酞为指示剂滴定，用去 HCl 溶液的体积为 V_1；继续以甲基橙为指示剂滴定，用去同一 HCl 溶液的体积为 V_2。如 $V_1 > V_2$，则该试液的组成为（　　）。

A. CO_3^{2-}；　　　　　B. HCO_3^-；　　　　　C. OH^-；

D. $CO_3^{2-} + OH^-$；　　E. $HCO_3^- + CO_3^{2-}$。

5-2-29 磷酸盐溶液用酚酞为指示剂滴定，用去 HCl 溶液的体积为 V_1；继续用甲基橙为指示剂滴定，用去同一 HCl 溶液的体积为 V_2。若该溶液的组成为 Na_3PO_4 与 Na_2HPO_4，则 V_1 和 V_2 的关系为（　　）。

A. $V_1 > V_2$；　　　　　B. $V_1 = V_2$；　　　　　C. $V_1 = 0, V_2 > 0$；

D. $V_1 > 0, V_2 = 0$；　　E. $V_1 < V_2$。

5-2-30 下列物质对不能在溶液中共存的是（　　）。

A. $Na_2CO_3 + NaHCO_3$；　　　　　B. $NaOH + Na_2CO_3$；

C. $NaOH + NaHCO_3$；　　　　　　D. $Na_3PO_4 + NaH_2PO_4$；

E. $Na_2HPO_4 + NaH_2PO_4$。

5-2-31 $M\left(\frac{1}{2}Na_2CO_3\right)$ 指的是（　　）。

A. $\frac{1}{2}Na_2CO_3$ 的摩尔质量；

B. 以 $\frac{1}{2}Na_2CO_3$ 为基本单元的 Na_2CO_3 的摩尔质量；

C. 以 $\frac{1}{2}Na_2CO_3$ 分子式为基本单元的 Na_2CO_3 的摩尔质量；

D. $\frac{1}{2}Na_2CO_3$ 基准试剂的摩尔质量；

E. Na_2CO_3 摩尔质量的 1/2。

5-2-32 以双指示剂法测定烧碱中 NaOH 与 Na_2CO_3 含量时，下列叙述正确的是（　　）。

A. 移吸出试液后应立即滴定；　　　　　B. 吸出试液后不必立即滴定；

C. 以酚酞为指示剂滴定时，滴定速度不要太快；

D. 以酚酞为指示剂滴定时，应不断摇动；

E. 以酚酞为指示剂滴定时，滴定速度应较快。

5-2-33 以强化法测定硼酸纯度时，为使之转化为较强酸，可于溶液中加入（　　）。

A. 甲醇；　　　　　B. 甘油；　　　　　C. 乙醇；

D. 甘露醇；　　　　E. 苯酚。

5-2-34 甲醛法测定 $(NH_4)_2SO_4$ 含量，若以特定组合为基本单元，基本单元选取正确的是（　　）。

A. $(NH_4)_2SO_4$；　　　　　　　　　　B. $2(NH_4)_2SO_4$；

C. $\frac{1}{2}(NH_4)_2SO_4$；　　　　　　　　D. $\frac{1}{4}(NH_4)_2SO_4$；

E. $\dfrac{1}{6}(NH_4)_2SO_4$。

5-2-35 称量氨水试样采用的适宜称量器皿为（　　　）。
A. 高型称量瓶；　　　B. 安瓿；　　　C. 小锥形瓶；
D. 小烧杯；　　　　　E. 扁型称量瓶。

5-2-36 测定 HAc 含量时，滴定选用的指示剂为（　　　）。
A. 甲基黄；　　　　　B. 甲基橙；　　　C. 甲基红；
D. 溴酚蓝；　　　　　E. 酚酞。

7. 非水溶液中的酸碱滴定

5-2-37 在共轭酸碱对中，酸的酸性愈强，其共轭碱则（　　　）。
A. 碱性愈强；　　　　B. 碱性强弱不定；　C. 碱性愈弱；
D. 碱性消失；　　　　E. 碱性不变。

5-2-38 根据酸碱质子理论，HCO_3^- 属于（　　　）。
A. 酸性物质；　　　　B. 碱性物质；　　　C. 中性物质；
D. 惰性物质；　　　　E. 两性物质。

5-2-39 在冰醋酸溶液中，强度最强的酸是（　　　）。
A. H_2SO_4；　　　　　B. H_2O；　　　　C. HNO_3；
D. $HClO_4$；　　　　　E. HCl。

5-2-40 HCl、$HClO_4$、H_2SO_4、HNO_3 的区分溶剂是（　　　）。
A. 冰醋酸；　　　　　B. NH_3；　　　　C. 水；
D. 乙二胺；　　　　　E. 吡啶。

5-2-41 HCl、$HClO_4$、H_2SO_4、HNO_3 的拉平溶剂是（　　　）。
A. 冰醋酸；　　　　　B. 水；　　　　　　C. 甲酸；
D. 苯；　　　　　　　E. 氯仿。

5-2-42 下列溶剂属于酸性溶剂的有（　　　）。
A. 乙醇；　　　　　　B. 水；　　　　　　C. 丙酮；
D. 冰醋酸；　　　　　E. 甲酸。

5-2-43 下列溶剂属于两性溶剂的是（　　　）。
A. 乙二胺；　　　　　B. 乙二醇；　　　　C. 甲酸；
D. 乙醇；　　　　　　E. 丙酮。

5-2-44 非水溶液中的酸碱滴定，主要用来测定（　　　）。
A. 在水溶液中不能直接滴定的弱酸、弱碱；
B. 难溶于水的酸碱物质；
C. 无合适指示剂的酸碱物质；
D. 反应速率慢的酸碱物质；
E. 强度相近的混合酸或混合碱中各个组分。

5-2-45 下列物质中，可在冰醋酸溶剂中滴定的是（　　　）。
A. 苯甲酸；　　　　　B. NaAc；　　　　　C. 苯酚；
D. 吡啶；　　　　　　E. α-氨基乙酸。

5-2-46 在非水溶液滴定中，标定高氯酸/冰醋酸溶液，常用的基准试剂是（ ）。
A. 邻苯二甲酸氢钾； B. 无水 Na_2CO_3； C. 硼砂；
D. $CaCO_3$； E. K_2CO_3。

5-2-47 以非水溶液滴定法测定 α-氨基酸时，可采用的滴定剂是（ ）。
A. 盐酸/乙醇； B. 甲醇钠/冰醋酸
C. 甲醇钾/苯-甲醇； D. 高氯酸/苯-甲醇；
E. 高氯酸/冰醋酸。

三、计算题

5-3-1 求下列溶液的 pH 与 pOH
（1）0.001mol/L HCl 溶液；
（2）0.0020mol/L $Ba(OH)_2$ 溶液；
（3）0.030mol/L HCl 溶液与 0.040mol/L NaOH 溶液混合后稀释至 1.0L。
（4）pH=2.00 HCl 溶液与 pH=4.00 HCl 溶液等体积混合。

5-3-2 计算 0.10mol/L HF 溶液的 pH。

5-3-3 计算 0.050mol/L NH_4Cl 溶液的 pH。

5-3-4 计算 0.00010mol/L 乙胺（$C_2H_5NH_2$）溶液的 pH。

5-3-5 计算 0.10mol/L H_3PO_4 溶液的 pH。

5-3-6 将 0.20mol/L $Na_2C_2O_4$ 溶液稀释一倍，求其 pH。

5-3-7 0.15mol/L 邻苯二甲酸氢钾溶液的 pH。

5-3-8 计算 0.20mol/L 甲酸铵溶液的 pH。

5-3-9 求 0.20mol/L NH_3-0.30mol/L NH_4Cl 缓冲溶液的 pH。

5-3-10 100mL 0.20mol/L HAc 溶液与 55mL 0.20mol/L NaOH 溶液混合，求混合液的 pH。

5-3-11 在 52mL 2.0mol/L HCl 溶液中，加入 29g 氯乙酸钠后稀释至 200mL，求所得溶液的 pH。

5-3-12 1000mL 0.10mol/L HAc 溶液中，加入多少克固体 NaAc，才能使溶液中的 H^+ 浓度降低到原来的 1/10？

5-3-13 用 400mL 含有 23g HCOOH 溶液，配制 pH=4.00 的缓冲溶液，问需加入 HCOONa 多少克？

5-3-14 用 51g NH_4Cl 配制 1000mL pH=10.00 的 NH_3-NH_4Cl 缓冲溶液，问需加入 15mol/L NH_3·H_2O 溶液多少毫升？

5-3-15 在 1000mL 0.25mol/L 乳酸（$CH_3CHOHCOOH$）溶液中，需加入多少毫升 0.20mol/L NaOH 溶液，才能使所得缓冲溶液的 pH 为 4.10？

5-3-16 以 0.1000mol/L NaOH 溶液滴定 20.00mL 0.1000mol/L HCOOH 溶液，其化学计量点 pH 与突跃范围各是多少？

5-3-17 计算以 0.5000mol/L HCl 溶液滴定 0.5000mol/L Na_3PO_4 溶液时，第一、第二计量点的 pH。

5-3-18 计算以 0.1000mol/L NaOH 溶液滴定 0.1000mol/L $C_5H_5N \cdot HCl$ 溶液的计量点 pH。

5-3-19 称取 Na_2CO_3 基准试剂 6.9160g 溶于水，在容量瓶中稀释至 250mL，用移液管从中吸取 25mL，以甲基橙为指示剂滴定，用去 HCl 溶液 25.98mL，求该 HCl 溶液的物质的量浓度。

5-3-20 邻苯二甲酸氢钾基准试剂 1.0681g，溶解后以酚酞为指示剂，用 NaOH 溶液滴定，消耗 25.10mL，求该 NaOH 溶液的浓度。

5-3-21 某含量为 93.10% 的 $CaCO_3$ 标准试样 0.7237g，溶于 42.42mL HCl 溶液，过量酸用 NaOH 溶液返滴定时用去 11.26mL。已知 1mL HCl 溶液相当 0.9985mL NaOH 溶液，计算 HCl 与 NaOH 溶液的浓度。

5-3-22 二水合四草酸钾（$KHC_2O_4 \cdot H_2C_2O_4 \cdot 2H_2O$）2.542g，用 NaOH 溶液滴定用去 30.00mL，求此 NaOH 溶液的浓度。

5-3-23 铵盐试样 2.000g，加入过量 NaOH 溶液，加热，蒸出的 NH_3 用 50.00mL HCl 标准溶液 $[c(HCl)=0.5000mol/L]$ 吸收。剩余酸用 NaOH 标准溶液 $[c(NaOH)=0.5000mol/L]$ 返滴定时用去 1.56mL，计算该试样中 NH_3 的质量分数。

5-3-24 H_3PO_4 试液 25.00mL，稀释至 250.00mL 后，从中再吸出 25.00mL，用甲基橙为指示剂，以 $c(NaOH)=0.1048mol/L$ 的 NaOH 标准溶液滴定，用去 19.66mL，求该试液中 H_3PO_4 的质量浓度。

5-3-25 用安瓿称取 HNO_3 试样 2.2131g，于 50.00mL NaOH 溶液 $[c(NaOH)=1.025mol/L]$ 中，剧烈振荡使安瓿破裂。待反应完全后，以甲基橙为指示剂，用 HCl 标准溶液 $[c(HCl)=1.069mol/L]$ 回滴，用去 16.67mL，求该试样中 HNO_3 的质量分数。

5-3-26 $(NH_4)_2SO_4$ 试样 1.0512g 溶于水，用酸中和至中性，与过量中性甲醛溶液反应完全后，再以酚酞为指示剂，用 $c(NaOH)=0.5168mol/L$ 的 NaOH 标准溶液滴定至终点，用去 30.17mL，求此试样中 $(NH_4)_2SO_4$ 的质量分数。

$$4NH_4^+ + 6HCHO = (CH_2)_6N_4H^+ + 3H^+ + 6H_2O$$
$$(CH_2)_6N_4H^+ + 3H^+ + 4OH^- = (CH_2)_6N_4 + 4H_2O$$

5-3-27 一仅含 Na_2CO_3 与 K_2CO_3 的试样 1.000g，溶于水后以甲基橙为指示剂，用 $c(HCl)=0.5000mol/L$ 的 HCl 标准溶液滴定，用去 30.00mL，求此试样中 K_2CO_3 的质量分数。

5-3-28 混合钠碱试样 1.2000g 溶于水，用酚酞为指示剂，以 $c(HCl)=0.5000mol/L$ 的 HCl 溶液滴定，用去 30.00mL；再加入甲基橙指示剂，继续用同一 HCl 溶液滴定，又用去 5.00mL，求该试样中各组分的质量分数。

5-3-29 混合钠碱试样 0.6839g，溶于水后以酚酞为指示剂滴定消耗 $c(HCl)=0.2000mol/L$ 的 HCl 标准溶液 23.10mL；再加入甲基橙指示剂继续滴定，又消耗同一 HCl 标准溶液 26.81mL，求该试样中各组分的质量分数。

5-3-30 混合钠碱试样 1.097g，用甲基橙为指示剂滴定，用去 HCl 标准溶液 31.44mL；如用酚酞为指示剂滴定，则用去同一 HCl 标准溶液 13.32mL。已知此 HCl 标准溶液 $T_{CaO/HCl}=0.01400g/mL$，计算此试样中各组分的质量分数。

5-3-31 磷酸盐试样 1.010g，溶解后以酚酞为指示剂，用 $c(HCl)=0.3000mol/L$ 的 HCl 标准溶液滴定，消耗 18.02mL；再加入甲基橙指示剂，继续用此 HCl 标准溶液滴定，又消耗 19.50mL，求该试样中各组分的质量分数。

5-3-32 H_2SO_4 与 H_3PO_4 混合试样 25.00mL 于容量瓶中定容至 250mL，用移液管吸取 25mL，以甲基橙为指示剂，用 $c(NaOH)=0.2000mol/L$ 的 NaOH 溶液滴定至终点，用去 18.00mL；再加入酚酞指示剂继续用此 NaOH 溶液滴定，又用去 10.30mL，求试样中 H_2SO_4 与 H_3PO_4 的质量浓度（g/L）。

5-3-33 0.1533g 含硅试样以 KOH 熔融分解，生成的 K_2SiO_3 于强酸溶液中与 KF 作用，生成 K_2SiF_6 沉淀。该沉淀过滤、用 KCl-乙醇洗涤后溶于沸水，释出的 HF 以 NaOH 标准溶液 $[c(NaOH)=0.2005mol/L]$ 滴定，用去 25.18mL，求试样中 SiO_2 的质量分数。

$$K_2SiO_3 + 6HF \rightleftharpoons K_2SiF_6 \downarrow + 3H_2O$$
$$K_2SiF_6 + 3H_2O \rightleftharpoons H_2SiO_3 + 2KF + 4HF$$
$$H^+ + OH^- \rightleftharpoons H_2O$$

5-3-34 己二酸二辛酯试样 1.8012g，与 50.00mL KOH-乙醇溶液皂化反应完全后，以 HCl 标准溶液 $[c(HCl)=0.5085mol/L]$ 返滴定，用去 22.50mL；空白试验用去同一 HCl 标准溶液 41.52mL，求该样中己二酸二辛酯的质量分数。

$$C_{22}H_{42}O_4 + 2KOH \rightleftharpoons (C_2H_4COOK)_2 + 2C_8H_{17}OH$$
$$KOH + HCl \rightleftharpoons KCl + H_2O$$

第六章
配位滴定法

概 要

配位滴定法是以形成配合物的反应为基础的滴定分析法。本法中广为应用的配位剂是氨羧配位剂 EDTA。

EDTA 与金属离子配位的主要特点是：能与碱金属之外绝大多数金属离子形成具五个五元环的稳定的螯合物；配位的离子比一般均为 1∶1；生成的配合物易溶于水，且多数没有颜色；配位能力与溶液的酸度关系密切。

影响配位平衡的主要因素是酸效应与配位效应，二者可分别以酸效应系数 $\alpha_{Y(H)}$ 与配位效应系数 $\alpha_{M(L)}$ 定量表述。考虑了酸效应和配位效应等副反应的配合物的实际稳定常数称为条件稳定常数，其表示式为

$$\lg K'_{MY} = \lg K_{MY} - \lg \alpha_{Y(H)} - \lg \alpha_{M(L)}$$

在配位滴定中，影响滴定突跃大小的主要因素是配合物的条件稳定常数与金属离子的浓度。金属离子被准确滴定的条件是：$\lg c K'_{MY} \geqslant 6$。滴定的允许最高酸度可由公式 $\lg \alpha_{Y(H)} \leqslant \lg K_{MY} - 8$ 计算出 $\lg \alpha_{Y(H)}$ 后查表求得，亦可直接从酸效应曲线上查到。确定配位滴定的适宜 pH，还应考虑羟基化效应、共存离子效应等影响与指示剂的变色情况等。

配位滴定多采用金属指示剂确定终点。对金属指示剂的主要要求是：指示剂本身与它和金属离子形成的配合物的颜色应有显著区别；与金属离子所形成的配合物的稳定性要适当，即 $\lg K'_{MIn} > 4$，$\lg K_{MY} - \lg K'_{MIn} > 2$；显色反应灵敏迅速，有良好的变色可逆性；形成的配合物易溶于水。在实际工作中使用金属指示剂时，还应注意防止封闭现象与僵化现象的发生。

消除干扰、提高滴定的选择性是配位滴定必须解决的重要问题。选择滴定的判别式是 $\lg(c_M K'_{MY}) - \lg(c_N K'_{NY}) \geqslant 5$，干扰离子不产生干扰的条件式是 $\lg(c_N K'_{NY}) \leqslant 1$。提高配位滴定选择性的主要方法有控制溶液酸度、掩蔽及解蔽、分离与选用其他配位滴定剂等。

例 题

【例 6-1】 已知 EDTA 的各级离解常数 $K_{a_1} \sim K_{a_6}$ 分别为 $10^{-0.9}$、$10^{-1.6}$、$10^{-2.0}$、$10^{-2.67}$、$10^{-6.16}$、$10^{-10.26}$，计算 pH＝2.00 和 pH＝6.00 时 PbY 的条件稳定常数。

解 查附录八，$\lg K_{PbY} = 18.04$

pH＝2.00 时

$$\alpha_{Y(H)} = 1 + \frac{[H^+]}{K_{a_6}} + \frac{[H^+]^2}{K_{a_6} K_{a_5}} + \frac{[H^+]^3}{K_{a_6} K_{a_5} K_{a_4}} + \frac{[H^+]^4}{K_{a_6} K_{a_5} K_{a_4} K_{a_3}} +$$

$$\frac{[H^+]^5}{K_{a_6} K_{a_5} K_{a_4} K_{a_3} K_{a_2}} + \frac{[H^+]^6}{K_{a_6} K_{a_5} K_{a_4} K_{a_3} K_{a_2} K_{a_1}}$$

$$= 1 + \frac{0.01}{10^{-10.26}} + \frac{0.01^2}{10^{-10.26} \times 10^{-6.16}} + \frac{0.01^3}{10^{-10.26} \times 10^{-6.16} \times 10^{-2.67}} +$$

$$\frac{0.01^4}{10^{-10.26} \times 10^{-6.16} \times 10^{-2.67} \times 10^{-2.0}} +$$

$$\frac{0.01^5}{10^{-10.26} \times 10^{-6.16} \times 10^{-2.67} \times 10^{-2.0} \times 10^{-1.6}} +$$

$$\frac{0.01^6}{10^{-10.26} \times 10^{-6.16} \times 10^{-2.67} \times 10^{-2.0} \times 10^{-1.6} \times 10^{-0.9}}$$

$$= 3.3 \times 10^{13}$$

$$\lg K'_{PbY} = \lg K_{PbY} - \lg \alpha_{Y(H)} = 18.04 - \lg(3.3 \times 10^{13}) = 4.52$$

pH＝6.00 时，如上计算得 $\lg \alpha_{Y(H)} = 4.65$

$$\lg K'_{PbY} = \lg K_{PbY} - \lg \alpha_{Y(H)} = 18.04 - 4.65 = 13.39$$

【例 6-2】 计算 $c(Zn^{2+}) = 0.020 \text{mol/L}$，$[NH_3] = 0.10 \text{mol/L}$ 的溶液中 Zn^{2+} 的浓度。$[Zn(NH_3)_4]^{2+}$ 的各级累积稳定常数 $\beta_1 \sim \beta_4$ 分别为 186、4.07×10^4、1.02×10^7、1.15×10^9。

解 $\alpha_{M(L)} = 1 + \beta_1[L] + \beta_2[L]^2 + \beta_3[L]^3 + \beta_4[L]^4$

$= 1 + 186 \times 0.10 + 4.07 \times 10^4 \times 0.10^2 + 1.02 \times 10^7 \times 0.10^3 +$

$1.15 \times 10^9 \times 0.10^4 = 1.26 \times 10^5$

$$[Zn^{2+}] = \frac{c(Zn^{2+})}{\alpha_{M(L)}} = \frac{0.020}{1.26 \times 10^5} = 1.6 \times 10^{-7} \text{ (mol/L)}$$

【例 6-3】 求 EDTA 滴定 Zn^{2+} 的最小允许 pH。

解 查附录八，$\lg K_{ZnY} = 16.5$

$$\lg \alpha_{Y(H)} \leqslant \lg K_{ZnY} - 8 = 16.5 - 8 = 8.5$$

查附录九，pH≥3.9

【例 6-4】 溶液中 $c(Fe^{3+})$、$c(Al^{3+})$ 均为 0.01mol/L，确定选择性滴定 Fe^{3+} 的酸度条件。

解 查附录八，$\lg K_{FeY}=25.10$，$\lg K_{AlY}=16.30$

$\lg[c(Fe^{3+})K'_{FeY}]-\lg[c(Al^{3+})K'_{AlY}]=\lg K_{FeY}-\lg K_{AlY}=25.10-16.30=8.80>5$，故 Al^{3+} 存在时可利用控制溶液酸度的方法选择性滴定 Fe^{3+}。

$c(Fe^{3+})=0.01 mol/L$ 时，准确滴定 Fe^{3+} 的条件是：$\lg K'_{FeY}\geqslant 8$，故 $\lg\alpha_{Y(H)}\leqslant \lg K_{FeY}-8=25.10-8=17.10$，查附录九，$pH\geqslant 1.0$。

$c(Al^{3+})=0.01 mol/L$ 时，Al^{3+} 不干扰滴定的条件是：$\lg K'_{AlY}\leqslant 3$，故 $\lg\alpha_{Y(H)}\geqslant \lg K_{AlY}-3=16.30-3=13.30$，查附录九，$pH\leqslant 2.2$。

以上计算表明，Al^{3+} 共存时，选择性滴定 Fe^{3+} 的酸度条件是：$pH=1.0\sim 2.2$。

【例 6-5】 0.1012g 含钴试样制成溶液后，以 $c(EDTA)=0.04649 mol/L$ 的 EDTA 标准溶液滴定，用去 25.38mL，求该样中 Co_2O_3 的质量分数。

解 $Co_2O_3 \triangleq 2Co^{3+}$，故 Co_2O_3 的基本单元取 $\frac{1}{2}Co_2O_3$。

$$w(Co_2O_3)=\frac{c(EDTA)V(EDTA)M\left(\frac{1}{2}Co_2O_3\right)}{m_S}$$

$$=\frac{0.04649\times 25.38\times 10^{-3}\times 82.95}{0.1012}$$

$$=0.9671=96.71\%$$

【例 6-6】 某 Ag^+ 试液 25.00mL，加入过量 $[Ni(CN)_4]^{2-}$ 溶液后，以 $c(EDTA)=0.02000 mol/L$ 的 EDTA 标准溶液滴定置换出的 Ni^{2+}，用去 21.68mL，求试液中 Ag^+ 的质量浓度。

$$2Ag^++[Ni(CN)_4]^{2-}=\!=\!=2[Ag(CN)_2]^-+Ni^{2+}$$

解 从反应式可知，$2Ag^+\triangleq Ni^{2+}$，故 Ag^+ 的基本单元取 $2Ag^+$。

$$\rho(Ag^+)=\frac{c(EDTA)V(EDTA)M(2Ag^+)}{V_S}$$

$$=\frac{0.02000\times 21.68\times 10^{-3}\times 2\times 107.9}{25.00\times 10^{-3}}=3.743(g/L)$$

【例 6-7】 0.2000g 含铁、铝试样制成溶液，调 pH2.0，用 $c(EDTA)=0.05012 mol/L$ 的 EDTA 标准溶液滴定，用去 25.73mL；再于溶液中加入 30.00mL 同一 EDTA 标准溶液，煮沸，调 pH5.0，用 $c(Zn^{2+})=0.04972 mol/L$ 的 Zn^{2+} 标准溶液滴定剩余的 EDTA，用去 8.76mL，求试样中 Fe_3O_4 与 Al_2O_3 的质量分数。

解 pH=2.0 时，系滴定 Fe^{3+}。因 $\frac{1}{3}Fe_3O_4\triangleq Fe$，故 Fe_3O_4 的基本单元取 $\frac{1}{3}Fe_3O_4$。

$$w(Fe_3O_4)=\frac{c(EDTA)V(EDTA)M\left(\frac{1}{3}Fe_3O_4\right)}{m_S}$$

$$=\frac{0.05012\times 25.73\times 10^{-3}\times \frac{1}{3}\times 231.55}{0.2000}$$

$$=0.4976=49.76\%$$

返滴定时,系测定 Al^{3+}。因 $\frac{1}{2}Al_2O_3 \triangleq Al^{3+}$,故 Al_2O_3 的基本单元取 $\frac{1}{2}Al_2O_3$。

$$w(Al_2O_3) = \frac{[c(EDTA)V(EDTA) - c(Zn^{2+})V(Zn^{2+})]M\left(\frac{1}{2}Al_2O_3\right)}{m_s}$$

$$= \frac{(0.05012 \times 30.00 \times 10^{-3} - 0.04972 \times 8.76 \times 10^{-3}) \times 50.98}{0.2000}$$

$$= 0.2722 = 27.22\%$$

习 题

一、填空题

1. 配位滴定引言

6-1-1 配位滴定法是以_____为基础的滴定分析法,本法中应用最广泛的配位剂是以_____为代表的氨羧配位剂。

6-1-2 大多数无机配合物的稳定性_____,且存在着_____等现象,因而形成无机配合物的反应用于配位滴定的很有限。

6-1-3 氨羧配位剂因含有_____与_____两种配位能力很强的配位基团,因而能与许多金属离子形成稳定的螯合物。

2. EDTA 及其配合物

6-1-4 乙二胺四乙酸_____溶于水,而乙二胺四乙酸二钠_____溶于水,故配位滴定中常以_____为滴定剂。

6-1-5 EDTA 在水溶液中总以_____种型体同时存在,通常只有_____这一种型体能与金属离子直接配位。

6-1-6 EDTA 与不同价态的金属离子配位,一般均形成_____型配合物,故计算时多以_____为基本单元。

3. 配合物的离解平衡

6-1-7 $K_稳$ 值越大,表明配合物越_____;$K_{不稳}$ 越大,表明配合物越_____,但对于_____配合物,方可根据 $K_稳$ 或 $K_{不稳}$ 比较其稳定性。

6-1-8 由于_____的现象称为酸效应,它可用_____定量表述。

6-1-9 由于_____的现象称为配位效应,它可用_____定量表述。

6-1-10 根据溶液酸度计算 EDTA 酸效应系数的公式为_____
_____。

6-1-11 根据配位剂的浓度计算金属离子配位效应系数的公式为_____

_____。

6-1-12 溶液酸度越大，$\alpha_{Y(H)}$ 越_____，［Y］越_____，EDTA 的配位能力则越_____。

6-1-13 考虑了酸效应、配位效应等副反应的稳定常数称为_____，它可以说明配合物_____稳定程度。

4. 配位滴定基本原理

6-1-14 配位滴定的滴定曲线是由_____的加入量和对应的_____值绘制出的。

6-1-15 在配位滴定中，配合物的_____越大，滴定突跃范围越大；溶液的_____越大，突跃范围也就越大。一般滴定突跃范围为_____个 pM 单位时，即可利用指示剂确定滴定终点。

6-1-16 利用_____式计算出 $\lg \alpha_{Y(H)}$，它所相当的酸度即为滴定该金属离子的_____酸度，此酸度还可以从_____上查出。

6-1-17 由于 EDTA 与金属离子反应时有_____释出，故配位滴定多以_____将溶液的 pH 控制在一定范围内。

5. 金属指示剂

6-1-18 金属指示剂可与金属离子形成比较稳定的_____配合物，呈现出与自身_____的颜色，因而能指示滴定过程中_____浓度的变化。

6-1-19 对金属指示剂与金属离子生成的配合物稳定性的要求是：$\lg K'_{MIn}$_____；$\lg K'_{MY} - \lg K'_{MIn}$_____。

6-1-20 _____的现象称为指示剂的封闭现象。

6-1-21 _____的现象称为指示剂的僵化现象。

6-1-22 金属指示剂使用时的适宜酸度，一般铬黑 T 为_____；钙指示剂为_____；二甲酚橙为_____。

6. 提高配位滴定选择方法

6-1-23 提高配位滴定选择性的主要途径是降低_____或降低_____，其最常用的两种方法是_____、_____。

6-1-24 被测离子 M 与干扰离子 N 浓度相同时，能否利用控制溶液酸度的方法进行选择性滴定，主要取决于_____之差。

6-1-25 在配位滴定中，干扰离子的掩蔽方法常用者为_____法、_____法与_____法。

6-1-26 _____以消除干扰的方法称为配位掩蔽法；_____以消除干扰的方法称为沉淀掩蔽法；_____以消除干扰的方法称为氧化还原掩蔽法。

6-1-27 在金属离子配合物溶液中，加入_____，使其中的_____或_____释放出来，然后进行滴定的方法称为解蔽法。

6-1-28 利用沉淀分离法消除干扰时，不能先分离_____干扰组分，然后再测定_____被测组分。

7. 配位滴定的方式与应用

6-1-29 _____称为直接滴定法，本法的特点是_____，故为配位滴定最基本的方法。

6-1-30 在返滴定法中，作为返滴定剂的金属离子与EDTA所形成配合物的稳定性_____远大于被测离子与EDTA所形成配合物的稳定性，以防止返滴定时发生_____反应，使测定难以进行。

6-1-31 _____称为置换滴定法；_____属于间接滴定法。

6-1-32 以ZnO基准试剂标定EDTA溶液时，一般是以_____缓冲溶液调节溶液pH≈10，并以_____为指示剂，滴定至溶液由_____色变成_____色为终点。

6-1-33 水的硬度是指_____，由于_____远高于其他离子含量，故通常不考虑其他离子。

6-1-34 总硬度测定系在Mg^{2+}测定条件下进行，但由于_____>_____，与EDTA配合完全时_____早已与EDTA配合完全，故测得结果系总硬度。

6-1-35 因Ni^{2+}与EDTA_____，故镍盐中镍含量测定多采用返滴定法，即先于Ni^{2+}试液中加入一定量过量_____，再用_____返滴定。

6-1-36 以返滴定法测定镍盐中镍含量时，将溶液加热煮沸的目的，一是_____，二是_____以使终点变色明显。

6-1-37 由于Al^{3+}_____、_____、_____，故铝盐中铝含量测定采用返滴定法；如试样中含有Fe^{3+}等干扰杂质，则宜采用_____法。

6-1-38 以置换滴定法测定铝盐中铝含量时，第一次加热煮沸溶液的目的是_____，第二次加热煮沸溶液的目的是_____。

6-1-39 以配位滴定法连续滴定溶液中Pb^{2+}、Bi^{3+}时，因_____，故EDTA与_____先反应，与_____后反应。

6-1-40 以配位滴定法连续滴定溶液中Pb^{2+}、Bi^{3+}，系在pH=_____时用EDTA标准溶液滴定Pb^{2+}；在pH=_____时用EDTA标准溶液滴定Bi^{3+}，二者均以_____为指示剂。

二、选择题

1. 配位滴定引言

6-2-1 用于配位滴定法的反应必须符合的条件是（　　）。
A. 反应生成的配合物应很稳定；　　B. 反应需在加热下进行；
C. 反应速率要快；　　D. 生成的配合物配位数必须固定；
E. 必须以指示剂确定滴定终点。

6-2-2 氨羧配位剂均含有（　　）。
A. 氨基基团；　　B. 乙酸基团；　　C. 氨基乙酸基团；

D. 氨基甲酸基团； E. 氨基乙二酸基团。

6-2-3 氨羧配位剂所含配位能力很强的键合原子包括（ ）。
A. N； B. S； C. H；
D. P； E. O。

2. EDTA 及其配合物

6-2-4 以下有关 EDTA 的叙述错误者为（ ）。
A. 酸度高时，EDTA 可形成六元酸；
B. 在任何水溶液中，EDTA 总以六种型体存在；
C. pH 不同时，EDTA 的主要存在型体也不同；
D. 在不同 pH 下，EDTA 各型体的浓度比不同；
E. EDTA 的几种型体中，只有 Y^{4-} 能与金属离子直接配位。

6-2-5 在 pH＝2.67～6.16 的溶液中 EDTA 的主要存在型体为（ ）。
A. H_3Y； B. H_4Y； C. HY；
D. H_2Y； E. Y。

6-2-6 EDTA 与金属离子配位的主要特点有（ ）。
A. 因生成的配合物稳定性很高，故 EDTA 配位能力与溶液酸度无关；
B. 能与所有金属离子形成稳定配合物；
C. 生成的配合物大都易溶于水；
D. 无论金属离子有无颜色，均生成无色配合物；
E. 反应生成具有五个五元环的螯合物，配位离子比一般均为 1∶1。

3. 配合物的离解平衡

6-2-7 EDTA 与金属离子配合物的 $\lg K_稳$ 大体如下（ ）。
A. $\lg K_稳 = 8 \sim 11$：碱土金属配合物；
B. $\lg K_稳 = 15 \sim 19$：Hg^{2+}、Sn^{2+} 的配合物；
C. $\lg K_稳 > 20$：稀土元素及 Al^{3+} 配合物；
D. $\lg K_稳 = 15 \sim 19$：过渡元素配合物；
E. $\lg K_稳 > 20$：三、四价金属离子配合物。

6-2-8 配合物的累积稳定常数表示错误的是（ ）。
A. $\beta_1 = K_1$； B. $\beta_2 = K_2$； C. $\beta_2 = K_1 K_2$；
D. $\beta_3 = K_2 K_3$； E. $\beta_3 = K_1 K_2 K_3$。

6-2-9 使 MY 稳定性增加的副反应有（ ）。
A. 酸效应； B. 共存离子效应； C. 配位效应
D. 羟基化效应； E. 混合配位效应。

6-2-10 酸效应系数正确的表示式是（ ）。
A. $\alpha_{Y(H)} = \dfrac{[Y]}{c_Y}$； B. $\alpha_{Y(H)} = \dfrac{[H_2Y]}{c_Y}$； C. $\alpha_{Y(H)} = \dfrac{c_Y}{[Y]}$；
D. $\alpha_{Y(H)} = \dfrac{c_Y}{[H_2Y]}$； E. $\alpha_{Y(H)} = \dfrac{[H^+]}{c_Y}$。

6-2-11　金属离子配位效应系数正确的表示式为（　　）。

A. $\alpha_{M(L)} = \dfrac{[M]}{c_M}$；　　B. $\alpha_{M(L)} = \dfrac{c_M}{[M]}$；　　C. $\alpha_{M(L)} = \dfrac{1}{c_M}$；

D. $\alpha_{M(L)} = \dfrac{1}{[M]}$；　　E. $\alpha_{M(L)} = \dfrac{1}{\alpha_{Y(H)}}$。

6-2-12　表观稳定常数的正确计算式是（　　）。

A. $K'_{MY} = \dfrac{K_{MY}}{\alpha_{Y(H)} \alpha_{M(L)}}$；　　B. $K'_{MY} = \dfrac{\alpha_{Y(H)} \alpha_{M(L)}}{K_{MY}}$；

C. $\lg K'_{MY} = \lg K_{MY} + \lg \alpha_{Y(H)} - \lg \alpha_{M(L)}$；　　D. $\lg K'_{MY} = \lg K_{MY} - \lg \alpha_{Y(H)} - \lg \alpha_{M(L)}$；

E. $\lg K'_{MY} = \lg K_{MY} - \lg \alpha_{Y(H)} + \lg \alpha_{M(L)}$。

4. 配位滴定基本原理

6-2-13　影响配位滴定突跃范围的因素包括（　　）。

A. 滴定速度；　　B. 配合物稳定常数；　　C. 掩蔽剂的存在；

D. 溶液的酸度；　　E. 指示剂用量。

6-2-14　准确滴定金属离子的条件一般是（　　）。

A. $\lg(cK'_{MY}) \geqslant 8$；　　B. $\lg(K'_{MY}) \geqslant 6$；　　C. $\lg(cK_{MY}) \geqslant 6$；

D. $\lg(cK'_{MY}) \geqslant 7$；　　E. $\lg(cK'_{MY}) \geqslant 6$。

6-2-15　与配位滴定所需控制的酸度无关的因素为（　　）。

A. 酸效应；　　B. 羟基化效应；

C. 指示剂的变色；　　D. 金属离子的颜色；

E. 共存离子效应。

6-2-16　配位滴定实际所采用的 pH 要（　　）。

A. 比所允许的最小 pH 高一些；　　B. 比所允许的最小 pH 低一些；

C. 正好等于所允许的最小 pH；　　D. 比所允许的最小 pH 高一个 pH 单位；

E. 比所允许的最小 pH 低一个 pH 单位。

5. 金属指示剂

6-2-17　配位滴定所用金属指示剂同时也是一种（　　）。

A. 沉淀剂；　　B. 配位剂；　　C. 掩蔽剂；

D. 显色剂；　　E. 酸碱指示剂。

6-2-18　金属指示剂应具备的条件有（　　）。

A. In 与 MIn 的颜色要相近；　　B. MIn 的稳定性要适当；

C. 显色反应灵敏、迅速；　　D. MIn 应不溶于水；

E. 具有良好的变色可逆性。

6-2-19　指示剂僵化现象产生的原因是（　　）。

A. MIn 在水中溶解度太小；　　B. MIn 不够稳定；

C. K'_{MY} 与 K'_{MIn} 之差不够大；　　D. MIn 十分稳定；

E. 指示剂变色不可逆。

6-2-20　指示剂封闭现象消除的方法是（　　）。

A. 加热； B. 选择适当的分析方法；
C. 加有机溶剂； D. 掩蔽干扰离子；
E. 分离出被测离子。

6-2-21 在适宜酸度条件下，用 EDTA 滴定无色离子，终点时使溶液由红色或紫色变成纯蓝色的指示剂有（ ）。
A. PAN； B. 二甲酚橙； C. 铬黑 T；
D. 钙指示剂； E. 磺基水杨酸。

6. 提高配位滴定选择方法

6-2-22 N 离子共存时，选择性滴定 M 离子的条件式为（ ）。
A. $\lg K'_{MY} - \lg K'_{NY} \geqslant 5$； B. $\lg(c_M K_{MY}) - \lg(c_N K_{NY}) \geqslant 5$；
C. $\lg(c_M K'_{MY}) - \lg(c_N K'_{NY}) \geqslant 5$； D. $\lg(c_M K_{MY}) - \lg(c_N K'_{NY}) \geqslant 5$；
E. $\lg(c_M K'_{MY}) - \lg(c_N K_{NY}) \geqslant 5$。

6-2-23 N 离子不干扰滴定的条件式是（ ）。
A. $\lg(c_N K_{NY}) \geqslant 1$； B. $\lg(c_N K'_{NY}) \leqslant 1$；
C. $\lg(c_N K_{NY}) \leqslant 1$； D. $\lg(c_N K'_{NY}) \geqslant 1$；
E. $\lg K'_{NY} \leqslant 1$。

6-2-24 在配位滴定中，对配位掩蔽剂的要求有（ ）。
A. 与干扰离子形成的配合物应是无色或浅色的；
B. 干扰离子与掩蔽剂形成的配合物应比与 EDTA 形成的配合物稳定性小；
C. 掩蔽剂应不与被测离子配位，或其配合物的稳定性远小于 EDTA 与被测离子所形成配合物的稳定性；
D. 在滴定要求的 pH 范围内，具有很强的掩蔽能力；
E. 与干扰离子形成的配合物最好是难溶于水的。

6-2-25 以下有关配位滴定掩蔽剂叙述正确者为（ ）。
A. 沉淀掩蔽剂与干扰离子生成的沉淀最好是无定形的；
B. 沉淀掩蔽剂与干扰离子生成的沉淀溶解度要小；
C. 掩蔽剂用量越多越好；
D. 掩蔽剂最好是无毒或低毒的；
E. 氧化还原掩蔽剂是应用最广的掩蔽剂。

6-2-26 以下有关掩蔽剂的应用，错误的是（ ）。
A. 测定 Mg^{2+} 时，用 NaOH 掩蔽 Ca^{2+}；
B. 测定水中钙、镁时，用三乙醇胺掩蔽少量 Fe^{3+}、Al^{3+}；
C. 测定 Th^{4+} 时，用维生素 C 掩蔽 Fe^{3+}；
D. 测定 Zn^{2+} 时，用 NH_4F 掩蔽 Al^{3+}；
E. 测定 Bi^{3+} 时，用 H_2SO_4 掩蔽 Pb^{2+}。

6-2-27 以配位滴定法测定 Pb^{2+} 时，消除 Ca^{2+}、Mg^{2+} 干扰最简便的方法是（ ）。
A. 配位掩蔽法； B. 萃取分离法； C. 沉淀分离法；
D. 解蔽法； E. 控制酸度法。

7. 配位滴定的方式与应用

6-2-28 在配位滴定中，直接滴定法应符合的条件包括（　　）。
A. $\lg(c_M K'_{MY}) \geqslant 8$；
B. 反应迅速；
C. 有变色敏锐无封闭作用的指示剂；
D. 溶液中无干扰离子存在；
E. 反应在酸性溶液中进行。

6-2-29 以下有关配位滴定方式叙述错误者有（　　）。
A. 被测离子与 EDTA 所形成的配合物不稳定时可采用返滴定法；
B. 直接滴定无合适指示剂或被测离子与 EDTA 反应速率慢时可采用返滴定法；
C. 直接滴定无合适指示剂时可采用置换滴定法；
D. 被测离子与 EDTA 所形成的配合物不稳定时可采用置换滴定法；
E. 被测离子不与 EDTA 配位或生成的配合物不稳定时可采用间接滴定法。

6-2-30 以下离子可用直接滴定法测定的是（　　）。
A. Na^+；
B. Ag^+；
C. Al^{3+}；
D. PO_4^{3-}；
E. Cd^{2+}。

6-2-31 以下关于 EDTA 标准溶液制备叙述错误者为（　　）。
A. 使用 EDTA 基准试剂，可以用直接法制备标准溶液；
B. 标定条件与测定条件应尽可能接近；
C. 配位滴定所用蒸馏水，必须进行质量检查；
D. 标定 EDTA 溶液必须用二甲酚橙为指示剂；
E. EDTA 标准溶液应贮于聚乙烯瓶中。

6-2-32 国家标准规定的标定 EDTA 溶液的基准试剂有（　　）。
A. MgO；
B. ZnO；
C. $CaCO_3$；
D. 锌片；
E. 铜片。

6-2-33 水的硬度测定中，正确的测定条件包括（　　）。
A. 总硬度：pH≈10，铬黑 T 为指示剂；
B. 钙硬度：pH≥12，二甲酚橙为指示剂；
C. 钙硬度：调 pH 之前，先加 HCl 酸化并煮沸；
D. 钙硬度：NaOH 可任意过量加入；
E. 水中微量 Cu^{2+} 可借加三乙醇胺掩蔽。

6-2-34 钙硬度测定时，消除 Mg^{2+} 干扰的方法是（　　）。
A. 利用酸效应；
B. 氧化还原掩蔽法；
C. 配位掩蔽法；
D. 沉淀分离法；
E. 沉淀掩蔽法。

6-2-35 镍盐中镍含量测定终点后溶液为紫蓝色，这是因为溶液中存在着（　　）。
A. PAN；
B. NiY^{2-}；
C. CuY^{2-}；
D. Cu-PAN；
E. Ni-PAN。

6-2-36 镍盐中镍含量测定时控制的 pH 是（　　）。
A. 3；
B. 4；
C. 5；
D. 7～8；
E. 10。

6-2-37 以置换滴定法测定铝盐中铝含量时，如用量筒量取加入的 EDTA 溶液的体积，则其对分析结果的影响是（　　）。

A. 偏高；　　　　B. 无影响；　　　　C. 偏低；

D. 无法判断；　　E. 高低不一。

6-2-38　以置换滴定法测定铝盐中铝含量采用的指示剂是（　　）。

A. 二甲酚橙；　　B. 铬黑T；　　　　C. 钙指示剂；

D. PAN；　　　　E. 紫脲酸铵。

6-2-39　以 EDTA 标准溶液连续滴定 Bi^{3+}、Pb^{2+} 时，两次终颜色变化均为（　　）。

A. 紫红→纯蓝；　　B. 纯蓝→紫红；　　C. 灰色→蓝绿；

D. 亮黄→紫红；　　E. 紫红→亮黄。

三、计算题

6-3-1　已知 $[Cu(NH_3)_4]^{2+}$ 的各级稳定常数 $K_1 \sim K_4$ 分别为 1.4×10^4、3.1×10^3、7.8×10^2、1.4×10^2，求其各级不稳定常数和累积稳定常数。

6-3-2　已知 AlF_6^{3-} 的各级稳定常数 $K_1 \sim K_6$ 分别为 1.4×10^6、1.1×10^5、7.1×10^3、5.6×10^2、4.2×10、3.0，计算该配合物的总稳定常数与总不稳定常数。

6-3-3　已知 EDTA 的各级离解常数 $K_{a_1} \sim K_{a_6}$ 分别为 1.26×10^{-1}、2.51×10^{-2}、1.00×10^{-2}、2.14×10^{-3}、6.92×10^{-7}、5.50×10^{-11}，计算 pH=4.0 与 pH=8.0 时的酸效应系数。

6-3-4　根据 EDTA 的各级离解常数（见题 6-3-3）计算 pH=6.0 时的酸效应系数以及 $[Y^{4-}]$ 与 c_Y 的百分比。

6-3-5　计算 pH=5.0 与 pH=9.0 时的 $\lg K'_{MgY}$ 值。

6-3-6　已知 $[Ag(NH_3)_2]^+$ 的两级稳定常数 $K_1 = 2.1 \times 10^3$、$K_2 = 8.3 \times 10^3$，计算 c_{Ag^+} 为 0.010mol/L、$[NH_3]$ 为 0.20mol/L 的溶液中 $\alpha_{[Ag(NH_3)_2]^+}$ 与 $[Ag^+]$ 各是多少？

6-3-7　在 $c_{Hg^{2+}}$ 为 0.020mol/L，$[CN^-]$ 为 0.10mol/L 的溶液中，$[Hg^{2+}]$ 是多少？已知 $Hg(CN)_4^{2-}$ 的逐级累积稳定常数 $\beta_1 \sim \beta_4$ 分别为 1.0×10^{18}、5.0×10^{34}、3.2×10^{38}、32×10^{41}。

6-3-8　已知 $[Zn(NH_3)_4]^{2+}$ 的各级累积稳定常数 $\beta_1 \sim \beta_4$ 分别是 186、4.07×10^4、1.02×10^7、1.15×10^9，计算在 pH=9.0，$[NH_3]=0.20$mol/L 的溶液中，$\lg K'_{ZnY}$ 是多少？

6-3-9　计算以 EDTA 滴定 Mn^{2+}、Ni^{2+} 的允许最低 pH。

6-3-10　计算以 EDTA 滴定 Fe^{2+}、Fe^{3+} 的允许最低 pH。

6-3-11　在 Pb^{2+}、Sr^{2+} 浓度均为 0.01mol/L 的溶液中，求选择性滴定 Pb^{2+} 的酸度条件。

6-3-12　在 Cr^{3+} 浓度为 0.01mol/L，Zn^{2+} 浓度为 0.001mol/L 时，求选择性滴定 Cr^{3+} 的酸度条件。

6-3-13　pH=5.0 时，用 c(EDTA)=0.02000mol/L 的 EDTA 溶液滴定 20.00mL c(Cd^{2+})=0.02000mol/L 的 Cd^{2+} 溶液，计算滴定的突跃范围是多少？

6-3-14　pH=10.0 时，以 c(EDTA)=0.05000mol/L 的 EDTA 溶液滴定 20.00mL

$c(Ni^{2+})=0.05000mol/L$ 的 Ni^{2+} 溶液,计算滴入 18.00mL、19.80mL、19.98mL、20.00mL、20.02mL、20.20mL EDTA 溶液时的 pNi。

6-3-15 0.7081g 纯锌,用盐酸溶解后于 250mL 容量瓶中定容。吸取此液 25.00mL,以 EDTA 溶液滴定,用去 25.76mL,求 EDTA 溶液的物质的量浓度及其对 $CaCO_3$ 的滴定度。

6-3-16 称取 0.2048g 纯 MgO,用 HCl 溶解后以 EDTA 溶液滴定,消耗 34.15mL,空白试验消耗 EDTA 溶液 0.02mL。求 EDTA 溶液之物质的量浓度及其对 Fe_2O_3 的滴定度。

6-3-17 $T_{Al_2O_3/EDTA}=5.098\times10^{-4}g/mL$ 的 EDTA 溶液,其物质的量浓度及对 CaO 的滴定度各是多少?

6-3-18 以基准试剂 ZnO 标定 EDTA 溶液,得 $c\left(\frac{1}{2}EDTA\right)=0.02042mol/L$,用此 EDTA 溶液滴定 25.00mL Al^{3+} 溶液,消耗 24.73mL,求 $c\left(\frac{1}{3}Al^{3+}\right)$ 是多少?

6-3-19 100.0mL 水样,在 pH=10 时 $c(EDTA)=0.01028mol/L$ 的 EDTA 标准溶液滴定,用去 12.06mL;同体积水样在 pH=12.5 时,用同一 EDTA 标准溶液滴定用去 10.18mL,计算以 mmol/L 为单位表示的 Ca^{2+}、Mg^{2+} 总浓度,Ca^{2+} 浓度与 Mg^{2+} 浓度各是多少?

6-3-20 50.00mL 水样,在 pH=10 时以 EBT 为指示剂滴定,用去 $c(EDTA)=0.02043mol/L$ 的 EDTA 标准溶液 8.79mL,求水的以 $CaCO_3$ 含量表示的总硬度(以 mg/L 为单位)。

6-3-21 钙、镁离子试液 25.00mL,在 pH=10 时滴定,用去 $T_{CaCO_3/EDTA}=1.000\times10^{-3}g/mL$ 的 EDTA 标准溶液 36.17mL;若在 pH=12~13 时滴定,则用去同一 EDTA 标准溶液 17.88mL,计算该试样中 Ca^{2+}、Mg^{2+} 各自的质量浓度(g/L)。

6-3-22 称取 CaO 试样 0.4454g,以酸溶解后于 250mL 容量瓶中定容。用移液管吸取此液 25mL,以 $c(EDTA)=0.01997mol/L$ 的 EDTA 标准溶液滴定,用去 37.75mL,计算该样中 CaO 的质量分数。

6-3-23 含锌试样 0.8012g,溶解后在 pH=10 时以 EBT 为指示剂滴定,消耗 $T_{ZnCl_2/EDTA}=5.006\times10^{-2}g/mL$ 的 EDTA 标准溶液 19.78mL,求该样中 ZnO 的质量分数。

6-3-24 葡萄糖酸钙($C_{12}H_{22}O_{14}Ca\cdot H_2O$)试样 0.7812g,溶解后加入 $c(Mg^{2+})=0.02116mol/L$ 的 Mg^{2+} 溶液 2.00mL,于 pH=10 时以 EBT 为指示剂滴定,消耗 $c(EDTA)=0.05084mol/L$ 的 EDTA 标准溶液 33.69mL,计算该样中 $C_{12}H_{22}O_{14}Ca\cdot H_2O$ 的质量分数。

6-3-25 测定铝盐中铝含量,称取试样 0.2117g,溶解后加入 $c(EDTA)=0.04997mol/L$ 的 EDTA 标准溶液 30.00mL,于 pH=3.5 时煮沸,反应完全后调 pH=5~6,以二甲酚橙为指示剂,用 $c(Zn^{2+})=0.02146mol/L$ 的 Zn^{2+} 标准溶液返滴定,用去 22.56mL,求该样中 Al_2O_3 的质量分数。

6-3-26 测定某合金中锡的含量,称取试样 1.8819g,酸溶后于 250mL 容量瓶中定容。吸取此试液 25.00mL，加入过量 EDTA 溶液，待金属离子配位完全后，用 Zn^{2+} 标准溶液滴定剩余的 EDTA，再加入固体 NH_4F，将 SnY 中的 EDTA 解蔽出，然后用 Zn^{2+} 标准溶液滴定，用去 29.69mL。已知此 Zn^{2+} 标准溶液系 0.4446g ZnO 基准试剂溶解后于 250mL 容量瓶中定容配成，计算该合金试样中 Sn 的质量分数。

6-3-27 某含钠试样 0.1238g，溶解后将 Na^+ 定量沉淀为 $NaAc·Zn(Ac)_2·3UO_2(Ac)_2·9H_2O$，沉淀过滤、洗涤后溶解，以 $c(EDTA)=0.02027mol/L$ 的 EDTA 标准溶液滴定溶出的 Zn^{2+} 时，用去 19.19mL，计算该合金试样中 Na_2O 的质量分数。

6-3-28 1.000g 煤样燃烧，使其中的 S 全部形成 SO_3，SO_3 以 50.00mL $c(Ba^{2+})=0.05063mol/L$ 的 Ba^{2+} 溶液吸收完全后，用 $c(EDTA)=0.04997mol/L$ 的 EDTA 标准溶液滴定剩余的 Ba^{2+}，用去 44.86mL，求煤样中 S 的质量分数。

6-3-29 含钴试样 0.3026g 溶于水后，在一定条件下用 $c(EDTA)=0.05108mol/L$ 的 EDTA 标准溶液滴定至终点，消耗 22.37mL，求此试样中 Co_3O_4 的质量分数。

6-3-30 2.6748g $Bi_2(SO_4)_3$ 试样溶解后于 100mL 容量瓶中定容，吸取此液 25.00mL，在 pH=2～3 时以 EDTA 标准溶液滴定，用去 26.34mL。已知 1mL EDTA 标准溶液相当于 $5.676×10^{-3}$g ZnO，计算试样中 $Bi_2(SO_4)_3$ 的质量分数。

6-3-31 0.1421g 含锆试样制成的试液，于 pH=1 时用 EDTA 溶液滴定，消耗 38.96mL。已知 25.00mL 此 EDTA 溶液恰能与 24.81mL $T_{Na_2H_2Y·2H_2O/Cu(NO_3)_2}=4.075×10^{-3}$g/mL 的 $Cu(NO_3)_2$ 溶液用完全，求试样中 $ZrOCl_2·8H_2O$ 的质量分数。

6-3-32 含锌、镍试样 0.2164g，溶解后于 pH=10 时，加入 40.00mL $c(EDTA)=0.05000mol/L$ 的 EDTA 标准溶液与之配位完全，剩余 EDTA 消耗 $c(Mg^{2+})=0.05000mol/L$ 的 Mg^{2+} 溶液 26.43mL；再于溶液中加入硫代乙醇酸，使 ZnY^{2-} 中的 EDTA 释出，然后用同一 Mg^{2+} 溶液滴定，消耗 7.12mL，计算此样中 $ZnSO_4·7H_2O$ 与 $NiSO_4·7H_2O$ 的质量分数。

6-3-33 分析铜合金中铜、铅、锌的含量，称取 1.2398g 合金试样溶解后于 250mL 容量瓶中定容。吸取试液 25.00mL，在 pH=6 时以 $c(EDTA)=0.04879mol/L$ 的 EDTA 标准溶液滴定，用去 40.12mL；另取 25.00mL 试液，在 pH=10 时，用 KCN 掩蔽 Cu^{2+}、Zn^{2+}，以同一 EDTA 标准溶液滴定 Pb^{2+}，用去 3.66mL，然后再加入甲醛解蔽出 Zn^{2+}，又消耗同一 EDTA 标准溶液 12.77mL，计算试样中 Cu、Pb、Zn 的质量分数。

6-3-34 咖啡因试样 0.5849g，溶解、酸化后加入 20.00mL $c(KBiI_4)=0.2087mol/L$ 的 $KBiI_4$ 溶液，沉淀完全后，过滤、洗涤并弃去沉淀，再于 pH=2 时用 $c(EDTA)=0.05276mol/L$ 的 EDTA 溶液滴定滤液中未反应的 Bi^{3+}，用去 23.66mL，计算该样中咖啡因（$C_8H_{10}N_4O_2$）的质量分数。

$$C_8H_{10}N_4O_2 + BiI_4^- + H^+ \Longrightarrow (C_8H_{10}N_4O_2)HBiI_4 \downarrow$$

6-3-35 含 $CaCO_3$ 与 $CaCl_2$ 的试样 1.0088g，溶解后用 $c(EDTA)=0.2568mol/L$ 的 EDTA 标准溶液滴定至终点，用去 28.87mL；同样质量的试样溶于 30.00mL $c(HCl)=0.5000mol/L$ 的 HCl 标准溶液后，滴定剩余酸用去 $c(NaOH)=0.4996mol/L$ 的 NaOH 标准溶液 11.79mL，求此试样中 $CaCO_3$ 与 $CaCl_2$ 的质量分数。

第七章 沉淀滴定法

概　要

沉淀滴定法是以沉淀反应为基础的滴定分析法，其中应用最广泛的方法是银量法。银量法分为如表 7-1 所列莫尔法、佛尔哈德法与法扬司法等三种方法。

表 7-1　银量法

方法名称	指示剂	滴定酸度	主要问题讨论	应用范围
莫尔法	K_2CrO_4	pH6.5～10.5（NH_4^+ 存在时为 pH6.5～7.2）	指示剂理论用量为 0.012mol/L（测定 Cl^-），实际用量为 0.005mol/L	测定 Cl^-、Br^-、Ag^+ 等
佛尔哈德法	$NH_4Fe(SO_4)_2$	0.1～1mol/L HNO_3	返滴定法测定 Cl^- 时防止沉淀转化	测定 Ag^+、Cl^-、Br^-、I^-、SCN^- 及 $C_2O_4^{2-}$、PO_4^{3-}、AsO_4^{3-}、CrO_4^{2-}、S^{2-} 等
法扬司法	吸附指示剂	取决于所用指示剂	选择指示剂时，应使 AgX 对 In^- 的吸附能力略小于吸附 X^- 的能力	测定 Cl^-、Br^-、I^-、SCN^- 等

例　题

【例 7-1】 称取 NaCl 基准试剂 0.1820g，溶解后加入 $AgNO_3$ 标准溶液 45.00mL。过量的 $AgNO_3$ 用 17.05mL KSCN 溶液滴定至终点。已知 19.50mL $AgNO_3$ 溶液与 20.00mL KSCN 溶液恰完全作用。计算 （1）$c(AgNO_3)$；（2）$c(KSCN)$；（3）$T_{NaCl/AgNO_3}$。

解 （1）17.05mL KSCN 溶液相当于 $AgNO_3$ 溶液的体积为：

$$17.05 \times \frac{19.50}{20.00} = 16.62 \text{ (mL)}$$

与 NaCl 作用的 $AgNO_3$ 溶液体积为：

$$45.00 - 16.62 = 28.38 \text{mL}$$

$$c(AgNO_3) = \frac{m(NaCl)}{M(NaCl)V(AgNO_3)}$$

$$= \frac{0.1820}{58.44 \times 28.38 \times 10^{-3}}$$

$$= 0.1097 \text{(mol/L)}$$

(2) $c(KSCN) = \dfrac{c(AgNO_3)V(AgNO_3)}{V(KSCN)}$

$$= \frac{0.1097 \times 19.50}{20.00}$$

$$= 0.1070 \text{(mol/L)}$$

(3) $T_{NaCl/AgNO_3} = c(AgNO_3)M(NaCl) \times 10^{-3}$

$$= 0.1097 \times 58.44 \times 10^{-3}$$

$$= 6.411 \times 10^{-3} \text{(g/mL)}$$

【例 7-2】 称取 KBr 试样 0.7802g，溶解后于 100mL 容量瓶中定容。吸取 25.00mL 试液，加入 $c(AgNO_3) = 0.1138$mol/L 的 $AgNO_3$ 标准溶液 30.00mL，再加入铁铵矾指示剂及 HNO_3，然后用 $T_{KSCN} = 0.01050$g/mL 的 KSCN 标准溶液滴定至终点，消耗 16.52mL。计算试样中 KBr 的质量分数。

解 $c(KSCN) = \dfrac{T_{KSCN} \times 10^3}{M(KSCN)} = \dfrac{0.01050 \times 10^3}{97.18}$

$$= 0.1080 \text{mol/L}$$

$$w_{(KBr)} = \frac{[c(AgNO_3)V(AgNO_3) - c(KSCN)V(KSCN)]M(KBr)}{m_S}$$

$$= \frac{(0.1138 \times 0.03000 - 0.1080 \times 0.01652) \times 119.0}{0.7802 \times \dfrac{25.00}{100.00}}$$

$$= 0.9922 = 99.22\%$$

【例 7-3】 测定农药中砷，称样 0.2000g，溶于 HNO_3 中并将砷转化为 H_3AsO_4，调节溶液 pH 至中性，加入 $AgNO_3$ 溶液得到 Ag_3AsO_4 沉淀。将沉淀过滤，洗涤后，用 HNO_3 溶解。加入铁铵矾指示剂，以 $c(KSCN) = 0.1150$mol/L 的 KSCN 溶液滴定至终点，用去 29.14mL。计算该农药中 $w(As_2O_3)$ 为多少？

$$AsO_4^{3-} + 3Ag^+ \rightleftharpoons Ag_3AsO_4 \downarrow$$
$$Ag_3AsO_4 + 3H^+ \rightleftharpoons 3Ag^+ + H_3AsO_4$$
$$SCN^- + Ag^+ \rightleftharpoons AgSCN \downarrow$$

解 $1As_2O_3 \triangleq 2Ag_3AsO_4 \triangleq 6Ag^+$，故 As_2O_3 的基本单元取 $\dfrac{1}{6}As_2O_3$。

$$w(As_2O_3) = \frac{c(KSCN)V(KSCN)M\left(\dfrac{1}{6}As_2O_3\right)}{m_S}$$

$$= \frac{0.1150 \times 29.140 \times 10^{-3} \times 36.31}{0.2000}$$
$$= 0.6084 = 60.84\%$$

【例 7-4】 测定某溶液中 KCN 含量,吸取 25.00mL 该溶液于 250mL 容量瓶中,加入 $c(AgNO_3)=0.1000mol/L$ 的 $AgNO_3$ 溶液 50.00mL,稀释至刻度,摇匀。过滤,取滤液 100.00mL,加铁铵矾指示剂,以 $c(KSCN)=0.05000mol/L$ 的 KSCN 溶液滴定,消耗 14.58mL。计算 $\rho(KCN)(g/L)$。

$$Ag^+ + CN^- \Longrightarrow AgCN$$
$$SCN^- + Ag^+(剩余) \Longrightarrow AgSCN \downarrow$$

解

$$\rho(KCN) = \frac{\left[c(AgNO_3)V(AgNO_3) \times \frac{100.00}{250.00} - c(KSCN)V(KSCN)\right]M(KCN)}{V_s}$$

$$= \frac{\left(0.1000 \times 50.00 \times \frac{100.00}{250.00} - 0.05000 \times 14.58\right) \times 10^{-3} \times 65.12}{25.00 \times 10^{-3} \times \frac{100.00}{250.00}}$$

$$= 8.277 g/L$$

【例 7-5】 称取纯 KCl 和 KBr 混合试样 0.2516g,溶于水后,用 $c(AgNO_3)=0.1018mol/L$ 的 $AgNO_3$ 溶液滴定,消耗 25.73mL。计算混合试样中 $w(KCl)$ 及 $w(KBr)$ 各是多少?

解 设混合试样中 KCl 为 x g,则 KBr 为 $(0.2516-x)$ g

$$\frac{x}{M(KCl)} + \frac{0.2516-x}{M(KBr)} = c(AgNO_3)V(AgNO_3)$$

$$\frac{x}{74.55} + \frac{0.2516-x}{119.0} = 0.1018 \times 25.73 \times 10^{-3}$$

$$x = 0.1006 g$$

$$w(KCl) = \frac{m(KCl)}{m_s} = \frac{0.1006}{0.2516} = 0.3998 = 39.98\%$$

$$w(KCl) = \frac{m(KBr)}{m_s} = \frac{0.2516-0.1006}{0.2516} = 0.6002 = 60.02\%$$

习 题

一、填空题

1. 沉淀滴定法引言

7-1-1 沉淀滴定法是以_____为基础的滴定分析方法,最常用的是利用

_____沉淀的反应进行滴定的方法，即为_____法。

7-1-2 根据_____的不同，银量法分为_____、_____与_____三种方法。

2. 莫尔法

7-1-3 莫尔法是以_____为指示剂，用_____标准溶液进行滴定的银量法。

7-1-4 莫尔法测 Cl^- 时，由于_____沉淀溶解度小于_____沉淀的溶解度，所以当用 $AgNO_3$ 溶液滴定时，首先析出_____沉淀。

7-1-5 莫尔法测 Cl^- 达化学计量点时，稍过量的_____生成_____沉淀，使溶液呈现_____色，指示滴定终点到达。

7-1-6 莫尔法滴定中，终点出现的早晚与溶液中_____的浓度有关。若其浓度过大，则终点_____出现，浓度过小则终点_____出现。

7-1-7 由于 CrO_4^{2-} 呈黄色，其浓度较大时，观察出现的微量 Ag_2CrO_4 的砖红色比较_____，故 K_2CrO_4 指示剂的实际用量_____于理论量，为_____ mol/L。

7-1-8 莫尔法滴定时的酸度必须适当，在酸性溶液中_____沉淀溶解；强碱性溶液中则生成_____沉淀。

7-1-9 因 Ag_2CrO_4 转化为 $AgCl$ 的速率_____，颜色变化_____观察，故只能以 Ag^+ 为滴定剂滴定 Cl^-，而不能以 Cl^- 为滴定剂滴定 Ag^+，因而以莫尔法测定 Ag^+ 时，应采用_____法。

3. 佛尔哈德法

7-1-10 佛尔哈德法是以_____作指示剂的银量法。该方法分为_____法和_____法，测定 Ag^+ 时应采用_____法。

7-1-11 返滴定法测卤化物或硫氰酸盐时，应先加入一定量过量_____标准溶液，再以_____为指示剂，用_____标准溶液回滴剩余的_____。

7-1-12 铁铵矾指示剂的用量应适当，因其浓度较大时呈_____色，影响终点观察，其实际用量一般为 $c(Fe^{3+})=$_____ mol/L。

7-1-13 返滴定法测 Cl^- 时，终点出现红色经摇动后又消失，是因为_____的溶解度小于_____的溶解度，在化学计量点时发生了_____，要得到稳定的终点，就要多消耗_____溶液，从而造成很大的误差。

7-1-14 用返滴定法测定 Br^- 或 I^- 时，由于_____的溶解度均比_____小，所以_____沉淀的转化。

7-1-15 返滴定法测定 I^- 时，指示剂必须在加入_____溶液后才能加入，否则_____将氧化_____而造成误差。

7-1-16 直接滴定法测 Ag^+ 时，近终点时必须_____摇动，以减少_____对_____的吸附；返滴定法测 Cl^- 时，如果不加硝基苯或邻苯二甲酸二丁酯时，则终点时应_____摇动，以避免 AgCl 沉淀的转化。

7-1-17 与莫尔法比较佛尔哈德法最大的优点是_____，因而方法的_____高，应用广泛。

4. 法扬司法

7-1-18 法扬司法是利用_____指示剂确定终点的银量法。该指示剂被沉淀表面吸附以后，其结构发生改变，因而_____也随之改变。

7-1-19 以荧光黄（用 HFI 表示）为指示剂，用 $AgNO_3$ 标准溶液滴定 Cl^-。计量点前，AgCl 吸附_____，而不吸附_____，溶液呈_____色；计量点后，_____被 AgCl 吸附而形成_____，它强烈吸附_____，使沉淀变为_____色。

7-1-20 吸附指示剂吸附于沉淀表面而变色，所以沉淀的表面积越大，吸附能力越_____，终点的颜色变化越_____。

7-1-21 选择吸附指示剂时，应使沉淀吸附_____的能力略小于沉淀吸附_____的能力。否则_____取代_____进入吸附层，使终点_____。

7-1-22 法扬司法滴定中，溶液浓度不能_____，否则沉淀量过少观察终点_____。

7-1-23 卤化银沉淀对卤离子和常用指示剂的吸附能力大小顺序是_____。

7-1-24 法扬司法滴定时，溶液的酸度条件与指示剂_____的大小有关，其值越大，酸性可以越_____。

5. 沉淀滴定法的应用

7-1-25 $AgNO_3$ 标准溶液可用_____法制备，也可采用_____法配制，然后以_____基准试剂标定。

7-1-26 NH_4SCN 标准溶液一般采用_____法配制，以_____基准试剂或标准溶液标定。

7-1-27 莫尔法测定水中 Cl^- 时，如水样的酸性太强，应加入_____中和；碱性太强，可用_____中和。

7-1-28 以佛尔哈德法测定酱油中 NaCl 时，试液需用_____调节酸度，加入硝基苯后应用力振荡，待 AgCl 沉淀_____后，方可开始滴定。

7-1-29 法扬司法测定 NaI 时，选用的指示剂为曙红，滴定终点是_____色溶液转变为_____色沉淀。

二、选择题

1. 沉淀滴定法引言

7-2-1 沉淀滴定法对反应的要求是（　　　）。
A. 沉淀反应要定量完成；　　　　　　B. 沉淀反应速率要快；
C. 沉淀的溶解度要小；　　　　　　　D. 有确定终点的简便方法；
E. 沉淀反应产物要有颜色。

7-2-2 银量法可用于测定（　　　）。
A. NH_4^+；　　　　　B. Cl^-；　　　　　C. I^-；
D. Ag^+；　　　　　E. SO_4^{2-}。

2. 莫尔法

7-2-3 莫尔法确定终点的指示剂是（　　）。
A. 荧光黄； B. 曙红； C. $K_2Cr_2O_7$；
D. K_2CrO_4； E. $NH_4Fe(SO_4)_2$。

7-2-4 莫尔法测 Cl^-，终点时溶液的颜色为（　　）。
A. 黄绿； B. 粉红； C. 红色；
D. 橙黄； E. 砖红。

7-2-5 莫尔法滴定中，指示剂 K_2CrO_4 的实际用量为（　　）。
A. 1.2×10^{-2} mol/L； B. 5×10^{-3} mol/L；
C. 3×10^{-5} mol/L； D. 0.015 mol/L；
E. 0.01 mol/L。

7-2-6 莫尔法滴定中的酸度条件为（　　）。
A. HNO_3 溶液； B. pH=4～10； C. pH=6.5～10.5；
D. pH=2～10； E. pH=6.5～7.2（NH_4^+ 存在）。

7-2-7 莫尔法测 Cl^- 时，若酸度过高则（　　）。
A. Ag_2CrO_4 沉淀不易形成； B. AgCl 沉淀不完全；
C. 终点提前出现； D. 易形成 $AgCl_2^-$；
E. AgCl 沉淀吸附 Cl^- 增多。

7-2-8 对莫尔法滴定产生干扰的物质有（　　）。
A. Pb^{2+}； B. Ba^{2+}； C. NO_2^-；
D. AsO_4^{3-}； E. S^{2-}。

7-2-9 莫尔法不适于测定（　　）。
A. Cl^-； B. Br^-； C. I^-；
D. SCN^-； E. Ag^+。

7-2-10 下列有关莫尔法测定的叙述中，正确者为（　　）。
A. 指示剂 K_2CrO_4 的用量多比少好；
B. 滴定时剧烈摇动，以使 AgX 吸附的 X^- 释出；
C. 中性弱碱性条件下发生水解的高价金属离子不干扰测定；
D. 与 Ag^+ 形成沉淀或配合物的阴离子干扰测定；
E. 与 CrO_4^{2-} 形成沉淀的阳离子干扰测定。

3. 佛尔哈德法

7-2-11 佛尔哈德法中，应用的指示剂是（　　）。
A. 曙红； B. 荧光黄； C. 铬酸钾；
D. 硫酸铁铵； E. 重铬酸钾。

7-2-12 佛尔哈德法中的返滴定法可用来测定（　　）。
A. Br^-； B. SCN^-； C. Ag^+；
D. PO_4^{3-}； E. AsO_4^{3-}。

7-2-13 在佛尔哈德法中控制溶液酸度采用的酸是（　　）。

A. HCl； B. HNO_3； C. H_2SO_4；
D. H_3PO_4； E. HAc。

7-2-14 返滴定法测定 Cl^- 时，为了避免由于沉淀的转化所造成的误差，应采取的措施是（　　）。
A. 滴定前将 AgCl 滤除； B. 加入淀粉或糊精；
C. 增大溶液的浓度； D. 加入邻苯二甲酸二丁酯；
E. 加入硝基苯。

7-2-15 佛尔哈德法返滴定测 I^- 时，指示剂必须在加入过量的 $AgNO_3$ 溶液后才能加入，这是因为（　　）。
A. AgI 对指示剂的吸附性强； B. AgI 对 I^- 的吸附性强；
C. Fe^{3+} 氧化 I^-； D. Fe^{3+} 水解；
E. 终点提前出现。

7-2-16 佛尔哈德法滴定时的酸度条件是（　　）。
A. 酸性； B. 弱酸性； C. 中性；
D. 弱碱性； E. 碱性。

7-2-17 以佛尔哈德滴定时，下列操作中错误的是（　　）。
A. 直接法测 Ag^+ 时近终点轻微摇动；
B. 返滴定法测 Br^- 时加入硝基苯；
C. 返滴定法测 Cl^- 时加入邻苯二甲酸二丁酯；
D. 返滴定法测 I^- 时先加铁铵矾后加 $AgNO_3$；
E. 在酸性溶液中进行滴定。

7-2-18 佛尔哈德法的干扰物质包括（　　）。
A. 铜盐； B. 磷酸盐； C. 氮的低价氧化物。
D. 强氧化剂； E. 草酸盐。

4. 法扬司法

7-2-19 下列指示剂中属于吸附指示剂的是（　　）。
A. 酚酞； B. 二氯荧光黄； C. 溴甲酚绿；
D. 曙红； E. 邻二氮菲亚铁。

7-2-20 为保持沉淀呈胶体状态采取的措施是（　　）。
A. 在适当的稀溶液中进行滴定； B. 在较浓的溶液中进行滴定；
C. 加入糊精或淀粉； D. 加入适量电解质；
E. 将溶液微热。

7-2-21 以法扬司法测 Cl^- 时，应选用的指示剂是（　　）。
A. K_2CrO_4； B. $NH_4Fe(SO_4)_2$； C. $K_2Cr_2O_7$；
D. 荧光黄； E. 曙红。

7-2-22 法扬司法中，滴定时充分摇动的作用是（　　）。
A. 可以加快滴定速度； B. 促使胶体凝聚；
C. 加速吸附的可逆过程； D. 增大沉淀的吸附能力；

E. 使指示剂变色敏锐。

7-2-23 荧光黄的 $K_a \approx 10^{-7}$，用其作指示剂时，适宜酸度应为（   ）。
A. pH 2～10； B. pH 4～10； C. pH 7～10；
D. 酸性； E. 碱性。

7-2-24 法扬司法测 Cl^- 时，下列操作中错误的是（   ）。
A. 选择曙红为指示剂； B. 在氨性溶液中滴定；
C. 加入淀粉溶液； D. 在中性溶液中滴定；
E. 在日光照射下滴定。

7-2-25 以 $AgNO_3$ 标准溶液滴定含有 Bi^{3+}、Al^{3+} 溶液中的 Cl^-，应选用的指示剂为（   ）。
A. 铬酸钾； B. 铁铵矾； C. 荧光黄；
D. 二氯荧光黄； E. 二甲基二碘荧光黄。

7-2-26 下列测定中需加热煮沸的有（   ）。
A. 莫尔法测 Cl^-； B. 佛尔哈德直接法测 Ag^+；
C. 佛尔哈德返滴定法测 Cl^-； D. 以荧光黄为指示剂测 Cl^-；
E. 以曙红为指示剂测 I^-。

7-2-27 下列滴定中需要加淀粉溶液的有（   ）。
A. 莫尔法测 Br^-； B. 佛尔哈德直接法测 Ag^+；
C. 佛尔哈德返滴定法测 I^-； D. 以荧光黄为指示剂测 Cl^-；
E. 以曙红为指示剂测 I^-。

7-2-28 下列滴定中，终点将提前出现的有（   ）。
A. 莫尔法滴定中指示剂 K_2CrO_4 浓度为 0.001mol/L；
B. 莫尔法测定 I^-；
C. 佛尔哈德返滴定法测 Cl^- 没加硝基苯；
D. 法扬司法测 Cl^- 以曙红为指示剂；
E. 以荧光黄为指示剂在 pH=3 时测 Cl^-。

7-2-29 下列关于银量法的叙述中，正确的是（   ）。
A. 莫尔法既可用 $AgNO_3$ 滴定卤离子，也可用 NaCl 滴定 Ag^+；
B. 莫尔法测 Cl^- 时，沉淀的吸附现象可通过滴定中的振摇减免；
C. 佛尔哈德返滴定法测 Cl^- 时，由于沉淀的转化作用使终点提前到达；
D. 带负电荷的 AgCl 沉淀能吸附荧光黄指示剂；
E. 控制一定 pH，使指示剂呈电离状态，可使吸附指示剂变色敏锐。

5. 沉淀滴定法的应用

7-2-30 标定 $AgNO_3$ 溶液所用 NaCl 基准试剂使用前的干燥条件是（   ）。
A. 270～300℃ 灼烧至恒重； B. 105～110℃ 干燥至恒重；
C. (120±2)℃ 干燥至恒重； D. 800℃ 灼烧至恒重；
E. 500～600℃ 灼烧至恒重。

7-2-31 佛尔哈德法中可代替 NH_4SCN 标准溶液的有（   ）。

A. KSCN 标准溶液； B. NH₄CN 标准溶液；
C. NaSCN 标准溶液； D. NaCN 标准溶液；
E. KCN 标准溶液。

7-2-32 以莫尔法测定水中 Cl^- 含量时，取水样采用的量器是（   ）。
A. 量筒； B. 量杯； C. 加液器；
D. 移液管； E. 容量瓶。

7-2-33 佛尔哈德法测定酱油中 NaCl 含量滴定终点的颜色为（   ）。
A. 橙黄色； B. 淡红色； C. 暗红色；
D. 玫瑰红色； E. 浅黄色。

7-2-34 用法扬司法测定 I^-，以下叙述正确者为（   ）。
A. 控制溶液酸度使用 1mol/L 的醋酸； B. 控制溶液酸度使用 1mol/L 的盐酸；
C. 控制溶液酸度使用 1mol/L 的硫酸； D. 滴定采用二甲基二碘荧光黄为指示剂；
E. 滴定采用曙红为指示剂。

三、计算题

7-3-1 配制 250mL $c(AgNO_3)=0.1mol/L$ 的 $AgNO_3$ 溶液，需称取 $AgNO_3$ 试剂多少克？

7-3-2 配制 250mL $c(Ag^+)=0.05mol/L$ 的 $AgNO_3$ 溶液，需称取含 3.95% 杂质的银多少克？

7-3-3 将银合金试样用 HNO_3 溶解，配制成 250.00mL 溶液，滴定 25.00mL 制得的溶液时，消耗了同样体积的 $c(NH_4SCN)=0.05000mol/L$ 的 NH_4SCN 溶液。问此含银为 82% 的合金为多少克？

7-3-4 向 NH_4Cl 试液中加入 50.00mL $AgNO_3$ 溶液[$\rho(AgNO_3)=0.0314g/mL$]，剩余的 $AgNO_3$ 用 $c(NH_4SCN)=0.05000mol/L$ 的 NH_4SCN 溶液滴定至终点，消耗约 25mL。计算含 15% 游离水的氯化铵试样称取量。

7-3-5 称取 0.7250g NaCl，溶解后定容于 250mL 容量瓶中，滴定 25.00mL 此溶液时，消耗 24.60mL $AgNO_3$ 溶液。计算：(1) $c(AgNO_3)$；(2) $T_{CaCl_2/AgNO_3}$。

7-3-6 称取纯 NaCl 0.1725g，溶解后以 29.76mL $AgNO_3$ 溶液滴定。已知滴定 20.00mL $AgNO_3$ 溶液，需 19.74mL 的 KSCN 溶液。计算：(1) $c(AgNO_3)$；(2) $c(KSCN)$；(3) $T_{Ag/KSCN}$。

7-3-7 标定 KSCN 溶液，取 25.00mL $c(AgNO_3)=0.05015mol/L$ 的 $AgNO_3$ 溶液，加入铁铵矾指示剂，在 HNO_3 介质中，用 KSCN 溶液滴定至终点，消耗 24.76mL。计算 $c(KSCN)$ 及 $T_{Ag/KSCN}$。

7-3-8 称取 1.3060g 氯化物试样，溶解后于 250mL 容量瓶中定容。取出 25.00mL，以 $c(AgNO_3)=0.1036mol/L$ 的 $AgNO_3$ 溶液滴定，用去 20.85mL。计算氯化物试样中氯的质量分数。

7-3-9 分析 KBr 试样，滴定含有 0.2875g 试样的溶液，消耗 $T_{Cl/AgNO_3}=0.003258g/mL$ 的 $AgNO_3$ 溶液 24.74mL。计算试样中 $w(KBr)$。

7-3-10　测定食盐溶液，取试液 25.00mL，以 K_2CrO_4 为指示剂，在充分摇动下，用 $c(AgNO_3)=0.1038mol/L$ 的 $AgNO_3$ 溶液滴定至终点，用去 28.94mL。计算 NaCl 的质量浓度（g/L）。

7-3-11　以莫尔法测定氯化钙试样，称样 1.580g，溶解后于 250mL 容量瓶中定容。移取 25.00mL，加入 K_2CrO_4 指示剂，用 $c(AgNO_3)=0.1021mol/L$ 的 $AgNO_3$ 溶液 27.64mL 滴定至终点。计算试样中 $CaCl_2$ 的质量分数。

$$2AgNO_3 + CaCl_2 = 2AgCl + Ca(NO_3)_2$$

7-3-12　将某 NaCl 和 Na_2CO_3 的混合物试样 0.3806g 溶解，定容于 100mL 容量瓶中。滴定 25.00mL 该溶液消耗 $T_{KCl/AgNO_3}=0.003724g/mL$ 的 $AgNO_3$ 溶液 19.57mL。计算该混合物试样中 NaCl 的质量分数。

7-3-13　称取 NaBr 试样 0.2016g，溶解后加入 40.00mL $c(AgNO_3)=0.1018mol/L$ 的 $AgNO_3$ 溶液，以铁铵矾为指示剂，用 NH_4SCN 标准溶液滴定剩余 $AgNO_3$ 时消耗 22.15mL。已知 20.00mL 的 $AgNO_3$ 溶液相当于 21.20mL 的 NH_4SCN 溶液。计算试样中 $w(NaBr)$ 为多少。

7-3-14　分析 $SrCl_2$ 试样，将 0.2560g 试样溶解，加入纯 $AgNO_3$ 0.7012g。滴定过量 $AgNO_3$ 时消耗 $c(NH_4SCN)=0.1020mol/L$ 的 NH_4SCN 溶液 24.50mL。求试样中 $SrCl_2$ 的质量分数。

$$2AgNO_3 + SrCl_2 = 2AgCl\downarrow + Sr(NO_3)_2$$

7-3-15　测定烧碱中 NaCl 的含量，称取试样 4.850g，溶解后在 250mL 容量瓶内定容。吸取此液 25.00mL，加入 15.00mL $c(AgNO_3)=0.1028mol/L$ 的 $AgNO_3$ 溶液，反应完全后过量 $AgNO_3$ 用 $c(NH_4SCN)=0.1058mol/L$ 的 NH_4SCN 溶液滴定，用去 10.65mL，计算试样中 NaCl 的质量分数。

7-3-16　测定某试样中的 CHI_3，称取试样 15.78g，溶解后加入 $c(AgNO_3)=0.04050mol/L$ 的 $AgNO_3$ 溶液 25.00mL，过量的 $AgNO_3$ 用 KSCN 标准溶液返滴定时，消耗 $c(KSCN)=0.05000mol/L$ 的 KSCN 溶液 3.78mL。计算试样中 CHI_3 的质量分数。

$$3Ag^+ + CHI_3 + H_2O = 3AgI\downarrow + 3H^+ + CO\uparrow$$

7-3-17　分析工业氯磺酸（$HSO_3 \cdot Cl$）试样，用安瓿称样 1.5060g，制备成 250.00mL 溶液。吸取 50.00mL，调整溶液 pH 为中性，加入淀粉及荧光黄指示剂，以 $c(AgNO_3)=0.1000mol/L$ 的 $AgNO_3$ 溶液滴定至粉红色为终点，用去 24.75mL。计算试样中总氯化氢含量 [以 $w(HCl)$ 计]。

7-3-18　称取氯乙醇（$ClCH_2CH_2OH$）试样 5.150g，溶解后定容于 500mL 容量瓶中，吸取 50.00mL，加入 Na_2CO_3，回流 20min。冷却后加入 HNO_3 中和过量的碱。再加入 K_2CrO_4 指示剂，用 $c(AgNO_3)=0.1000mol/L$ 的 $AgNO_3$ 溶液 19.76mL 滴至终点。计算氯乙醇的质量分数。

$$ClCH_2CH_2OH + H_2O \xrightarrow{Na_2CO_3} HOCH_2CH_2OH + H^+ + Cl^-$$

7-3-19　分析某含砷农药，称取试样 0.1500g，溶于 HNO_3 中将砷转化为 H_3AsO_4，调节溶液 pH 至中性，加入 $AgNO_3$ 溶液得到 Ag_3AsO_4 沉淀。将沉淀过滤，洗涤后，用 HNO_3 溶解。加入铁铵矾指示剂，用 $c(NaSCN)=0.1030mol/L$ 的 NaSCN 溶液滴定至终点，用去 28.72mL。计算农药试样中 As_2O_3 的质量分数。

$$AsO_4^{3-} + 3Ag^+ \rightleftharpoons Ag_3AsO_4 \downarrow$$
$$Ag_3AsO_4 + 3H^+ \rightleftharpoons 3Ag^+ + H_3AsO_4$$
$$SCN^- + Ag^+ \rightleftharpoons AgSCN \downarrow$$

7-3-20 分析某试样中 KCN 含量，吸取试液 25.00mL，于 100.00mL 容量瓶中，滴加 $c(AgNO_3) = 0.1089$mol/L 的 $AgNO_3$ 溶液 50.00mL，稀释至刻度，过滤。取滤液 50.00mL，加铁铵矾指示剂，用 $c(KSCN) = 0.0951$mol/L 的 KSCN 溶液滴定，消耗 10.96mL。计算 $\rho(KCN)$ (g/L)。

7-3-21 称取纯 NaCl 和 KCl 混合试样 0.2106g，溶解后，以 K_2CrO_4 为指示剂，用 $c(AgNO_3) = 0.1075$mol/L 的 $AgNO_3$ 溶液滴定，用去 30.38mL。计算混合试样中 w(NaCl)、w(KCl) 各为多少？

7-3-22 分析农药中甲醛含量，称样 5.000g，溶解后蒸馏，蒸馏液收集在 500mL 容量瓶中定容。吸取 25.00mL 上述溶液，加入 30.00mL $c(KCN) = 0.1208$mol/L 的 KCN 溶液与甲醛定量反应。然后加入 40.00mL $c(AgNO_3) = 0.1045$mol/L 的 $AgNO_3$ 溶液，除去过量 KCN，过滤。滤液及洗涤液中剩余的 Ag^+ 需用 17.06mL $c(KSCN) = 0.1400$mol/L 的 KSCN 溶液滴定至终点。计算试样中甲醛的质量分数。

$$HCHO + KCN \rightleftharpoons KOCH_2CN$$
$$CN^- + Ag^+ \rightleftharpoons AgCN \downarrow$$

7-3-23 取 150.00mL 一氯乙酸试样，用 H_2SO_4 酸化后，将其中的 $CH_2ClCOOH$ 萃取到乙醚中去，再用 NaOH 反萃取，使一氯乙酸又进入水溶液。酸化后加入 40.00mL 的 $AgNO_3$ 溶液，滤去 AgCl 沉淀。滤液和洗涤液用 $c(KSCN) = 0.04906$mol/L 的 KSCN 溶液 25.62mL 滴定至终点。空白试验需要 KSCN 溶液 35.04mL。计算每升试样中含一氯乙酸的质量（mg）。

$$ClCH_2COOH + Ag^+ + H_2O \rightleftharpoons AgCl \downarrow + HOCH_2COOH + H^+$$

7-3-24 称取 $BaCl_2$ 试样 1.650g，溶解后制备成 250.00mL 溶液。在滴定 25.00mL 上述溶液时，消耗 $T_{BaCl_2/AgNO_3} = 3.747 \times 10^{-3}$g/mL 的 $AgNO_3$ 溶液 26.57mL。计算试样中 $w(BaCl_2 \cdot 2H_2O)$。

$$2AgNO_3 + BaCl_2 \rightleftharpoons 2AgCl \downarrow + Ba(NO_3)_2$$

7-3-25 分析 $NaHCO_3$ 试样中 NaCl 杂质的含量，称样 2.0620g，溶解后以 HNO_3 酸化，加入 5.00mL $c(AgNO_3) = 0.1085$mol/L 的 $AgNO_3$ 溶液。滴定过量的 $AgNO_3$ 时，消耗 $T_{AgNO_3/KSCN} = 0.01297$g/mL 的 KSCN 溶液 2.65mL。计算试样中 NaCl 的质量分数。

7-3-26 分析碳酸氢钠（其中含有 NaCl 及其他杂质），称取 2.500g 试样，溶解后加入溴甲酚绿-甲基红混合指示剂，滴定用去 $c(HCl) = 1.0000$mol/L 的 HCl 标准溶液 28.84mL；另取同样质量的试样制得的试液，与 5.00mL $c(AgNO_3) = 0.1024$mol/L 的 $AgNO_3$ 溶液作用完全后，滴定剩余 $AgNO_3$ 用去 2.54mL 的 NH_4SCN 溶液 [$c(NH_4SCN) = 0.07641$mol/L]，求该样中 $NaHCO_3$ 与 NaCl 的质量分数。

第八章
氧化还原滴定法

概　　要

氧化还原滴定法是以氧化还原反应为基础的滴定分析法，本法可直接测定氧化性或还原性物质，也可间接测定一些非氧化性或还原性物质。为保证氧化还原反应能够定量、迅速进行，必须严格控制好溶液酸度、温度等反应条件。

在氧化还原滴定中，氧化剂与还原剂两电对的条件电位相差越大，滴定突跃范围也越大。化学计量点电位 φ_{SP} 可用下式表示：

$$\varphi_{SP} = \frac{n_1\varphi_1^{\ominus\prime} + n_2\varphi_2^{\ominus\prime}}{n_1 + n_2}$$

氧化还原滴定中常用的指示剂有自身指示剂、专属指示剂和氧化还原指示剂三种类型。选择氧化还原指示剂时，应使其条件电位（变色点电位）在滴定电位突跃范围之内，且尽量接近化学计量点电位。指示剂变色点电位可用下式表示：

$$\varphi = \varphi_{In}^{\ominus\prime} \pm \frac{0.059}{n}$$

由于标准滴定溶液所用氧化剂或还原剂的不同，本法可分为如表 8-1 所列高锰酸钾法、重铬酸钾法、碘量法、溴酸盐法、铈量法等多种方法。

表 8-1　各氧化还原滴定法

方法名称	标准溶液	指示剂	主要反应条件
高锰酸钾法	$KMnO_4$	$KMnO_4$	强酸性
重铬酸钾法	$K_2Cr_2O_7$	二苯胺磺酸钠等	酸性
直接碘量法	I_2	淀粉	微酸性或近中性
间接碘量法	$Na_2S_2O_3$	淀粉	$S_2O_3^{2-}$ 与 I_2 的反应应在微酸性或近中性条件下进行；防止 I_2 挥发与空气氧化 I^-
直接溴酸盐法	$KBrO_3$	甲基橙等	酸性
间接溴酸盐法	$KBrO_3$-KBr	淀粉	BrO_3^- 与 Br^- 的反应应在酸性条件下进行
铈量法	$Ce(SO_4)_2$	邻二氮菲亚铁等	酸性

例 题

【例 8-1】 称取石灰石试样 0.1580g，溶于盐酸并将钙沉淀为 CaC_2O_4。沉淀经过滤洗涤后再溶于稀 H_2SO_4 溶液，以 $c\left(\dfrac{1}{5}KMnO_4\right)=0.1205 mol/L$ 的 $KMnO_4$ 溶液滴定至终点，用去 20.05mL。计算石灰石中 $CaCO_3$ 的质量分数。

$$Ca^{2+}+C_2O_4^{2-}=\!=\!= CaC_2O_4\downarrow$$
$$CaC_2O_4+2H^+=\!=\!= Ca^{2+}+H_2C_2O_4$$
$$2MnO_4^-+5C_2O_4^{2-}+16H^+=\!=\!= 2Mn^{2+}+10CO_2+8H_2O$$

解 $1CaCO_3\triangleq 1Ca^{2+}\triangleq 1CaC_2O_4\triangleq 1C_2O_4^{2-}\triangleq 2e$，故 $CaCO_3$ 基本单元取 $\dfrac{1}{2}CaCO_3$。

$$w(CaCO_3)=\dfrac{c\left(\dfrac{1}{5}KMnO_4\right)V(KMnO_4)M\left(\dfrac{1}{2}CaCO_3\right)}{m_s}$$
$$=\dfrac{0.1205\times 20.05\times 10^{-3}\times 50.04}{0.1580}$$
$$=0.7652=76.52\%$$

【例 8-2】 分析软锰矿，称取试样 0.5000g，加入 0.7500g 的 $H_2C_2O_4\cdot 2H_2O$ 及稀 H_2SO_4，加热至反应完全后，过量草酸用 $c\left(\dfrac{1}{5}KMnO_4\right)=0.1000 mol/L$ 的 $KMnO_4$ 溶液滴定至终点，消耗 30.00mL，计算软锰矿试样中 MnO_2 的质量分数。

$$MnO_2+H_2C_2O_4+2H^+=\!=\!= Mn^{2+}+2CO_2\uparrow+2H_2O$$
$$2MnO_4^-+5H_2C_2O_4+6H^+=\!=\!= 2Mn^{2+}+10CO_2\uparrow+8H_2O$$

解 $1H_2C_2O_4\triangleq 2e$，故 $H_2C_2O_2\cdot 2H_2O$ 的基本单元取 $\dfrac{1}{2}H_2C_2O_4\cdot 2H_2O$。

$1MnO_2\triangleq 1H_2C_2O_4\triangleq 2e$，故 MnO_2 的基本单元取 $\dfrac{1}{2}MnO_2$。

$w(MnO_2)=$
$$\dfrac{\left[m(H_2C_2O_4\cdot 2H_2O)/M\left(\dfrac{1}{2}H_2C_2O_4\cdot 2H_2O\right)-c\left(\dfrac{1}{5}KMnO_4\right)V(KMnO_4)\right]M\left(\dfrac{1}{2}MnO_2\right)}{m_s}$$
$$=\dfrac{(0.7500/63.04-0.1000\times 30.00\times 10^{-3})\times 43.47}{0.5000}$$
$$=0.7737=77.37\%$$

【例 8-3】 计算 $c\left(\dfrac{1}{6}K_2Cr_2O_7\right)=0.1200 mol/L$ 的 $K_2Cr_2O_7$ 溶液对 Fe 及 Fe_2O_3 的滴定度。如称取铁矿石试样 0.2504g，溶解后将 Fe^{3+} 还原为 Fe^{2+}，然后用上述 $K_2Cr_2O_7$

溶液滴定，用去 22.80mL。求试样中分别以 $w(\mathrm{Fe})$ 及 $w(\mathrm{Fe_2O_3})$ 表示的含铁量。

$$\mathrm{Cr_2O_7^{2-}} + 6\mathrm{Fe^{2+}} + 14\mathrm{H^+} =\!=\!= 2\mathrm{Cr^{3+}} + 6\mathrm{Fe^{3+}} + 7\mathrm{H_2O}$$

解 $1\mathrm{Fe_2O_3} \triangleq 2\mathrm{Fe^{2+}} \triangleq 2e$ 故 $\mathrm{Fe_2O_3}$ 的基本单元取 $\frac{1}{2}\mathrm{Fe_2O_3}$；Fe 基本单元取 Fe。

$$\begin{aligned} T_{\mathrm{Fe}/\mathrm{K_2Cr_2O_7}} &= c\left(\frac{1}{6}\mathrm{K_2Cr_2O_7}\right) \times 10^{-3} \times M(\mathrm{Fe}) \\ &= 0.1200 \times 10^{-3} \times 55.85 \\ &= 0.006702 (\mathrm{g/mL}) \end{aligned}$$

$$\begin{aligned} T_{\mathrm{Fe_2O_3}/\mathrm{K_2Cr_2O_7}} &= c\left(\frac{1}{6}\mathrm{K_2Cr_2O_7}\right) \times 10^{-3} \times M\left(\frac{1}{2}\mathrm{Fe_2O_3}\right) \\ &= 0.1200 \times 10^{-3} \times 79.85 \\ &= 0.009582 (\mathrm{g/mL}) \end{aligned}$$

$$\begin{aligned} w(\mathrm{Fe}) &= \frac{T_{\mathrm{Fe}/\mathrm{K_2Cr_2O_7}} V(\mathrm{K_2Cr_2O_7})}{m_\mathrm{S}} \\ &= \frac{0.006702 \times 22.80}{0.2504} = 0.6102 = 61.02\% \end{aligned}$$

$$\begin{aligned} w(\mathrm{Fe_2O_3}) &= \frac{T_{\mathrm{Fe_2O_3}/\mathrm{K_2Cr_2O_7}} V(\mathrm{K_2Cr_2O_7})}{m_\mathrm{S}} \\ &= \frac{0.009582 \times 22.80}{0.2504} = 0.8725 = 87.25\% \end{aligned}$$

【例 8-4】 称取钢样 1.0000g，将其中的 Cr 氧化为 $\mathrm{Cr_2O_7^{2-}}$，加入 $c(\mathrm{FeSO_4}) = 0.05000\mathrm{mol/L}$ 的 $\mathrm{FeSO_4}$ 溶液 20.00mL 后，需用 5.55mL $c\left(\frac{1}{5}\mathrm{KMnO_4}\right) = 0.01000\mathrm{mol/L}$ 的 $\mathrm{KMnO_4}$ 溶液返滴定至终点，计算钢样中铬的质量分数。

$$\mathrm{Cr_2O_7^{2-}} + 6\mathrm{Fe^{2+}} + 14\mathrm{H^+} =\!=\!= 2\mathrm{Cr^{3+}} + 6\mathrm{Fe^{3+}} + 7\mathrm{H_2O}$$
$$\mathrm{MnO_4^-} + 5\mathrm{Fe^{2+}} + 8\mathrm{H^+} =\!=\!= \mathrm{Mn^{2+}} + 5\mathrm{Fe^{3+}} + 4\mathrm{H_2O}$$

解 $1\mathrm{Cr} \triangleq \frac{1}{2}\mathrm{Cr_2O_7^{2-}} \triangleq 3\mathrm{Fe^{2+}} \triangleq 3e$，故 Cr 的基本单元取 $\frac{1}{3}\mathrm{Cr}$。

$$\begin{aligned} w(\mathrm{Na_2SO_3}) &= \frac{\left[c(\mathrm{FeSO_4})V(\mathrm{FeSO_4}) - c\left(\frac{1}{5}\mathrm{KMnO_4}\right)V(\mathrm{KMnO_4})\right]M\left(\frac{1}{3}\mathrm{Cr}\right)}{m_\mathrm{S}} \\ &= \frac{(0.05000 \times 20.00 - 0.0100 \times 5.55) \times 10^{-3} \times 17.33}{1.0000} \\ &= 0.0163 = 1.63\% \end{aligned}$$

【例 8-5】 称取 $\mathrm{Na_2SO_3}$ 试样 0.3878g，将其溶解，并以 50.00mL $c\left(\frac{1}{2}\mathrm{I_2}\right) = 0.09770\mathrm{mol/L}$ 的 $\mathrm{I_2}$ 溶液处理，剩余的 $\mathrm{I_2}$ 需要 $c(\mathrm{Na_2S_2O_3}) = 0.1008\mathrm{mol/L}$ 的 $\mathrm{Na_2S_2O_3}$ 溶液 25.40mL 滴定至终点。计算试样中 $\mathrm{Na_2S_2O_3}$ 的质量分数。

$$\mathrm{I_2} + \mathrm{SO_3^{2-}} + \mathrm{H_2O} =\!=\!= \mathrm{SO_4^{2-}} + 2\mathrm{H^+} + 2\mathrm{I^-}$$
$$2\mathrm{S_2O_3^{2-}} + \mathrm{I_2} =\!=\!= \mathrm{S_4O_6^{2-}} + 2\mathrm{I^-}$$

解 $1Na_2SO_3 \stackrel{\wedge}{=} 1I_2 \stackrel{\wedge}{=} 2e$，故其基本单元取 $\frac{1}{2}Na_2SO_3$。

$$w(Na_2SO_3) = \frac{\left[c\left(\frac{1}{2}I_2\right)V(I_2) - c(Na_2S_2O_3)V(Na_2S_2O_3)\right]M\left(\frac{1}{2}Na_2SO_3\right)}{m_S}$$

$$= \frac{(0.09770 \times 50.00 - 0.1008 \times 25.40) \times 10^{-3} \times 63.02}{0.3878}$$

$$= 0.3778 = 37.78\%$$

【例 8-6】 红丹（Pb_3O_4）试样 0.1032g，以 HCl 溶解后，加入 $K_2Cr_2O_7$ 溶液使 Pb^{2+} 沉淀为 $PbCrO_4$。沉淀经过滤、洗涤，再溶于酸，加入过量 KI，析出的 I_2 用 $c(Na_2S_2O_3) = 0.1008$mol/L 的 $Na_2S_2O_3$ 标准溶液滴定，用去 13.22mL，求 Pb_3O_4 的质量分数。

$$Pb^{2+} + CrO_4^{2-} = PbCrO_4 \downarrow$$
$$2PbCrO_4 + 2H^+ = 2Pb^{2+} + Cr_2O_7^{2-} + H_2O$$
$$Cr_2O_7^{2-} + 6I^- + 14H^+ = 2Cr^{3+} + 3I_2 + 7H_2O$$
$$2S_2O_3^{2-} + I_2 = S_4O_6^{2-} + 2I^-$$

解 $1Pb_3O_4 \stackrel{\wedge}{=} 3Pb^{2+} \stackrel{\wedge}{=} 3PbCrO_4 \stackrel{\wedge}{=} 1.5Cr_2O_7^{2-} \stackrel{\wedge}{=} 4.5I_2 \stackrel{\wedge}{=} 9e$，故 Pb_3O_4 的基本单元取 $\frac{1}{9}Pb_3O_4$。

$$w(Pb_3O_4) = \frac{c(Na_2S_2O_3)V(Na_2S_2O_3)M\left(\frac{1}{9}Pb_3O_4\right)}{m_S}$$

$$= \frac{0.1008 \times 13.22 \times 10^{-3} \times 76.18}{0.1032} = 0.9836 = 98.36\%$$

【例 8-7】 称取苯酚试样 0.4082g，用 NaOH 溶解后，定容于 250mL 容量瓶中。移取 25.00mL，加入 $KBrO_3$-KBr 标准溶液 25.00mL，然后加入 HCl 及 KI。待析出 I_2 后，用 $c(Na_2S_2O_3) = 0.1084$mol/L 的 $Na_2S_2O_3$ 标准溶液滴定，消耗 20.04mL。空白试验消耗同一 $Na_2S_2O_3$ 标准溶液 41.60mL。计算试样中苯酚的质量分数。

$$BrO_3^- + 5Br^- + 6H^+ = 3Br_2 + 3H_2O$$
$$C_6H_5OH + 3Br_2 = C_6H_2Br_3OH + 3HBr$$
$$Br_2(剩余) + 2I^- = 2Br^- + I_2$$
$$I_2 + 2S_2O_3^{2-} = 2I^- + S_4O_6^{2-}$$

解 $1C_6H_5OH \stackrel{\wedge}{=} 3Br_2 \stackrel{\wedge}{=} 3I_2 \stackrel{\wedge}{=} 6e$，故 C_6H_5OH 的基本单元取 $\frac{1}{6}C_6H_5OH$。

$$w(C_6H_5OH) = \frac{(V_{空白} - V_{样})c(Na_2S_2O_3)M\left(\frac{1}{6}C_6H_5OH\right)}{m_S \times \frac{25.00}{250.00}}$$

$$= \frac{(41.60 - 20.04) \times 10^{-3} \times 0.1084 \times 15.69}{0.4082 \times \frac{25.00}{250.00}}$$

$$= 0.8983 = 89.83\%$$

第八章 氧化还原滴定法

习 题

一、填空题

1. 氧化还原滴定引言

8-1-1 氧化还原滴定法是以_____反应为基础的滴定分析法，应用氧化还原反应时应注意滴定速率与_____相适应。

8-1-2 氧化还原滴定法可以直接测定_____物质，亦可间接测定能与氧化剂或还原剂发生定量反应的_____物质。

2. 氧化还原滴定曲线与指示剂

8-1-3 在氧化还原滴定法中，表示_____中溶液_____变化的曲线称为滴定曲线。电位突跃范围的大小与两电对的条件电位（标准电位）之差有关，差值越大，电位突跃越_____。

8-1-4 在氧化还原滴定中，通常两电对的 $\varphi^{\ominus\prime}$ 之差大于_____V 时，可选用指示剂确定终点；$\varphi^{\ominus\prime}$ 之差为_____V 时可采用电位法确定终点。

8-1-5 能在氧化还原滴定化学计量点附近_____以指示_____的物质称为氧化还原滴定指示剂，它包括_____、_____和_____三种类型。

8-1-6 在常用指示剂中，$KMnO_4$ 属于_____指示剂；可溶性淀粉属于_____指示剂；二苯胺磺酸钠、邻二氮菲亚铁等属于_____指示剂。

8-1-7 氧化还原指示剂的变色范围是_____，变色点电位是_____。

8-1-8 选择氧化还原指示剂时，应该使其_____电位在滴定_____范围内，且尽量接近_____。

3. 高锰酸钾法

8-1-9 高锰酸钾法是以_____作标准溶液的氧化还原滴定法，该法通常是在_____性下，以_____为指示剂进行滴定。

8-1-10 在常用三酸中，高锰酸钾法所采用的强酸通常是_____，而_____两种酸一般则不宜使用。

8-1-11 基准试剂 $Na_2C_2O_4$ 标定 $KMnO_4$ 溶液浓度时，滴定适宜温度为_____，不能高于_____，低于_____；滴定开始时溶液酸度为_____，滴定终了时酸度不低于_____。

8-1-12 以高锰酸钾法测定 H_2O_2 含量，应用的滴定方式为_____，测定中_____采用加热的方法提高反应速率。

8-1-13 在 MnO_2 含量测定中，$Na_2C_2O_4$ 一般应比理论用量多_____g，以保证反应完全并使剩余的 $Na_2C_2O_4$ 消耗_____mL 左右的 $KMnO_4$ 标准溶液，若剩余量太少，则_____。

8-1-14　以 $KMnO_4$ 法测定氯化钙中钙含量时，为使得到 CaC_2O_4 沉淀完全、纯净，应严格控制好沉淀条件。沉淀的适宜温度为_____℃，酸度为_____，沉淀生成后还需水浴加热陈化_____min。

8-1-15　以高锰酸钾法测定钢中铬含量时，用过二硫酸铵作为氧化剂氧化 Cr^{3+}，溶液中同时存在的_____也被氧化，但_____首先被氧化，其氧化完全的标志是出现_____。

8-1-16　用 $KMnO_4$ 法测定钢中铬时，加入 NaCl 是为了除去_____和_____，但又不能加得_____，否则在以 $KMnO_4$ 标准溶液回滴 Fe^{2+} 时将_____标准溶液而造成误差。

4. 重铬酸钾法

8-1-17　重铬酸钾法是以_____为标准溶液的氧化还原滴定法，本方法总是在_____性溶液中与还原剂作用。

8-1-18　间接法制备重铬酸钾标准溶液时，系采用已知准确浓度的_____标准溶液标定，指示剂通常使用_____。

8-1-19　$SnCl_2$-$HgCl_2$-$K_2Cr_2O_7$ 法测铁含量的主要缺点为_____。

8-1-20　以 $SnCl_2$-$HgCl_2$-$K_2Cr_2O_7$ 法测定铁矿石中铁含量时，$SnCl_2$ 的用量应_____，如其用量适当，加入 $HgCl_2$ 后，溶液中出现_____沉淀。

8-1-21　以 $SnCl_2$-$TiCl_3$-$K_2Cr_2O_7$ 法测定铁矿石中铁含量时，不能单独使用_____还原 Fe^{2+}，否则溶液稀释时易析出大量_____沉淀而影响测定。

8-1-22　以 $SnCl_2$-$TiCl_3$-$K_2Cr_2O_7$ 法测铁含量时，用 $TiCl_3$ 还原 Fe^{3+} 的指示剂是_____，Fe^{3+} 全部被还原后，稍过量的 $TiCl_3$ 使溶液呈_____色。

5. 碘量法

8-1-23　碘量法是利用_____的氧化性和_____的还原性测定物质含量的氧化还原滴定法。该法又分为_____和_____两种方法。

8-1-24　碘量法使用_____作指示剂。滴定终点直接碘量法溶液是由_____色变为_____色；间接碘量法溶液由_____色变为_____色。在间接碘量法中，指示剂应在_____时加入。

8-1-25　为使 $Na_2S_2O_3$ 溶液浓度稳定，配得溶液应_____后冷却，放置_____，_____备用。

8-1-26　以基准试剂 $K_2Cr_2O_7$ 标定 $Na_2S_2O_3$ 溶液，终点附近溶液颜色的变化是：黄绿色-蓝色-亮绿色，其对应的有色物质分别是_____、_____、_____。

8-1-27　以 $K_2Cr_2O_7$ 基准试剂标定 $Na_2S_2O_3$ 溶液时，为使 $Cr_2O_7^{2-}$ 与 I^- 反应完全，一般应保持_____ mol/L 酸度，加入理论量_____倍的 KI，并于暗处放置_____min。

8-1-28　I_2 难溶于水，易溶于_____，故配制时，常将 I_2、KI 与少量水一起研磨。I_2 溶液标定通常采用_____基准试剂，也可采用_____标准溶液。

8-1-29　维生素 C 中的_____具有还原性，可被 I_2 氧化，因而可在_____介质

中以 I_2 标准溶液直接滴定。

8-1-30　从电对的 $\varphi^{\ominus}$ 判断（$\varphi^{\ominus}_{Cu^{2+}/Cu^+}=0.17V$，$\varphi^{\ominus}_{I_2/I^-}=0.54V$）$Cu^{2+}$ 不能氧化 I^-，但在胆矾含量测定中，Cu^{2+} 却能够与 I^- 定量反应。其原因是生成了_____的 CuI，降低了_____浓度，提高了_____的电位，所以反应能向生成 I_2 的方向顺利进行。

8-1-31　Fe^{3+} 对胆矾的测定有干扰，因其能将_____氧化成_____，为此可加入_____消除干扰。

8-1-32　含碘盐系添加了 KIO_3 的食盐，间接碘量法测定食盐中的碘是基于 IO_3^- 与_____作用析出 I_2，再用_____标准溶液滴定。

8-1-33　在酸性条件下，过氧乙酸中含有_____，一般可用 $KMnO_4$ 标准溶液滴定至溶液呈稳定的_____色，以消除干扰，然后以间接碘量法测定之。

6. 其他氧化还原滴定法

8-1-34　直接溴酸钾法是以_____为标准溶液，以_____为指示剂，在_____性条件下直接滴定待测物质溶液的方法。

8-1-35　间接溴酸钾法（溴量法）是利用_____标准溶液，在酸性溶液中析出_____与被测物质反应，剩余的_____与_____作用析出_____，然后以_____为指示剂，用_____标准溶液滴定。

8-1-36　$KBrO_3$-KBr 标准溶液可用_____法制备，亦可用_____法配制，以碘量法标定，或者不标定，只是在实验的同时进行_____。

8-1-37　以溴量法测定苯酚含量时，溴代反应的温度一般采用_____；滴定前还需加入 $CHCl_3$ 以溶解_____沉淀与析出的_____，以提高滴定的准确度。

8-1-38　铈量法是以_____为标准溶液的氧化还原滴定法，指示剂一般使用_____。

二、选择题

1. 氧化还原滴定引言

8-2-1　以下有关氧化还原反应叙述错误的是（　　）。
A. 氧化还原反应是基于电子转移的反应；　B. 氧化还原反应机理比较复杂；
C. 氧化还原反应往往分步进行；　　　　　D. 氧化还原反应速率极快；
E. 氧化还原反应常伴有各种副反应发生。

8-2-2　根据标准溶液所用氧化剂或还原剂的不同，常用氧化还原滴定法包括（　　）。
A. 高锰酸钾法；　　B. 重铬酸钾法；　　C. 碘量法；
D. 溴酸钾法；　　　E. 草酸盐法。

2. 氧化还原滴定曲线与指示剂

8-2-3　氧化还原滴定曲线电位突跃的大小与（　　）。
A. 氧化剂电对条件电位有关；　　　　B. 还原剂电对条件电位有关；
C. 氧化剂电对标准电位有关；　　　　D. 还原剂电对标准电位有关；

E. 氧化剂与还原剂两电对的条件电位之差有关。

8-2-4 化学计量点电位计算公式是（　　）。

A. $\varphi_{\text{计}} = \dfrac{n_1 \varphi_1^{\ominus\prime} + n_2 \varphi_2^{\ominus\prime}}{0.059}$；

B. $\varphi_{\text{计}} = \dfrac{n_1 \varphi_1^{\ominus\prime} - n_2 \varphi_2^{\ominus\prime}}{0.059}$；

C. $\varphi_{\text{计}} = \dfrac{n_1 \varphi_1^{\ominus\prime} + n_2 \varphi_2^{\ominus\prime}}{n_1 + n_2}$；

D. $\varphi_{\text{计}} = \dfrac{n_1 \varphi_1^{\ominus\prime} - n_2 \varphi_2^{\ominus\prime}}{n_1 + n_2}$；

E. $\varphi_{\text{计}} = \dfrac{n_1 \varphi_1^{\ominus\prime} + n_2 \varphi_2^{\ominus\prime}}{n_1 - n_2}$。

8-2-5 以下关于氧化还原滴定中的指示剂叙述正确的是（　　）。
A. 能与氧化剂或还原剂产生特殊颜色的试剂称氧化还原指示剂；
B. 专属指示剂本身可以发生颜色的变化，它随溶液电位的不同而改变颜色；
C. 以 $K_2Cr_2O_4$ 滴定 Fe^{2+}，采用二苯胺磺酸钠为指示剂，滴定终点是紫红色褪去；
D. 在高锰酸钾法中一般无须外加指示剂；
E. 邻二氮菲亚铁盐指示剂的还原形是红色，氧化形是浅蓝色。

8-2-6 在 1mol/L 的 H_2SO_4 溶液中，以 0.1mol/L 的 Ce^{4+} 溶液滴定 0.1mol/L 的 Fe^{2+} 溶液，化学计量点的电位为 1.06V，对此滴定最适宜的指示剂是（　　）。

A. 次甲基蓝（$\varphi^{\ominus\prime} = 0.53V$）；　　B. 二苯胺（$\varphi^{\ominus\prime} = 0.76V$）；

C. 二苯胺磺酸钠（$\varphi^{\ominus\prime} = 0.84V$）；　D. 邻二氮菲亚铁（$\varphi^{\ominus\prime} = 1.06V$）；

E. 硝基邻二氮菲亚铁（$\varphi^{\ominus\prime} = 1.25V$）。

3. 高锰酸钾法

8-2-7 $KMnO_4$ 溶液不稳定的原因是（　　）。
A. 诱导作用；　　　　　　　　B. 还原性杂质的作用；
C. H_2CO_3 的作用；　　　　　D. 自身分解作用；
E. 空气的氧化作用。

8-2-8 国家标准规定标定 $KMnO_4$ 溶液的基准试剂有（　　）。
A. $(NH_4)_2C_2O_4$；　　B. $Na_2C_2O_4$；　　C. $H_2C_2O_4$；
D. Fe；　　　　　　　E. As_2O_3。

8-2-9 酸性溶液中，以 $KMnO_4$ 溶液滴定草酸盐时，滴定速度应（　　）。
A. 滴定开始时速度要快；　　　B. 开始时缓慢进行，以后逐渐加快；
C. 开始时快，以后逐渐缓慢；　D. 始终缓慢地进行；
E. 近终点时加快进行。

8-2-10 以 $KMnO_4$ 法测定 H_2O_2 含量时，以下叙述正确者为（　　）。
A. 用小量筒或量杯量取 H_2O_2 试样；　　B. 滴定必须在中性或弱碱性溶液中进行；
C. 滴定前应加入稀 H_2SO_4 酸化；　　　　D. 为加快反应速率，可适当加热溶液；
E. 为便于观察，终点颜色可以深些。

8-2-11 以 $KMnO_4$ 法测定 MnO_2 含量时，可代替 $Na_2C_2O_4$ 的是（　　）。
A. Na_2SO_3；　　B. $FeSO_4$；　　C. Fe；
D. $Na_2S_2O_3$；　E. $(NH_4)_2Fe(SO_4)_2$。

8-2-12 以 $KMnO_4$ 法测定 MnO_2 含量时，在下述情况中对测定结果产生正误差的是（　　）。

　　A. 溶样时蒸发太多；　　　　　　　　B. 试样溶解不完全；

　　C. 滴定前没有稀释；　　　　　　　　D. 滴定前加热温度不足 65℃；

　　E. 终点时颜色呈深紫红色。

　　8-2-13　以 $KMnO_4$ 法测定氯化钙中钙含量时，为获得纯净的 CaC_2O_4 沉淀应严格控制的酸度条件为（　　）。

　　A. pH2.0～3.0；　　B. pH6.5～7.5；　　C. pH4.0～6.0；

　　D. pH10.0～12.0；　　E. pH4.5～5.5。

　　8-2-14　以 $KMnO_4$ 法测定钢中铬含量时，以下叙述错误者为（　　）。

　　A. $AgNO_3$ 作为 $(NH_4)_2S_2O_8$ 氧化 Cr^{3+} 的催化剂，Cr^{3+} 氧化完全后要将其除去；

　　B. Cr^{3+} 被氧化完全的标志是出现 $Cr_2O_7^{2-}$ 的橙色；

　　C. 过量的氧化剂 $(NH_4)_2S_2O_8$ 未除净，使 Mn^{2+} 氧化成 MnO_4^- 造成分析结果偏低；

　　D. 加入 NaCl 是为了除去 MnO_4^- 和 Ag^+；

　　E. NaCl 加得过多，将使滴定时多消耗 $KMnO_4$ 溶液造成分析结果偏低。

4. 重铬酸钾法

　　8-2-15　$K_2Cr_2O_7$ 法常用指示剂为（　　）。

　　A. $Cr_2O_7^{2-}$；　　　　B. CrO_4^{2-}；　　　　C. Cr^{3+}；

　　D. 二苯胺磺酸钠；　　E. 淀粉。

　　8-2-16　与 $KMnO_4$ 法相比，$K_2Cr_2O_7$ 法的主要优点是（　　）。

　　A. 可用直接法制备标准溶液；　　　　B. 氧化能力稍弱；与有些还原剂作用慢；

　　C. 室温下 Cl^- 不干扰测定；　　　　D. 需采用二苯胺磺酸钠指示剂；

　　E. $K_2Cr_2O_7$ 溶液非常稳定，便于长期保存。

　　8-2-17　国家标准规定 $K_2Cr_2O_7$ 基准试剂使用前的干燥条件为（　　）。

　　A. 105～110℃干燥至恒重；　　　　B. (120±2)℃干燥至恒重；

　　C. (180±2)℃干燥至恒重；　　　　D. 140～150℃干燥至恒重；

　　E. (110±2)℃干燥至恒重。

　　8-2-18　$K_2Cr_2O_7$ 法测定铁矿石中铁含量时，加入 H_2SO_4-H_3PO_4 混酸的作用是（　　）。

　　A. 增加溶液酸度；　　　　　　　　　B. 避免 $Cr_2O_7^{2-}$ 被还原为其他产物；

　　C. 增大滴定突跃范围；　　　　　　　D. 消除 Fe^{3+} 黄色对终点观察的影响；

　　E. 降低 Fe^{3+}/Fe^{2+} 电对的电位。

　　8-2-19　在 $SnCl_2$-$HgCl_2$-$K_2Cr_2O_7$ 法测定铁矿石中铁含量的叙述中不正确者为（　　）。

　　A. 为促进试样溶解，应将溶液煮沸；

　　B. $SnCl_2$ 应缓慢滴加，并稍微过量；

　　C. $HgCl_2$ 应趁热迅速加入；

　　D. 加入 $HgCl_2$ 后无沉淀出现，应弃去重做；

　　E. 加入 $HgCl_2$ 后有灰黑色沉淀出现，应弃去重做。

　　8-2-20　在 $SnCl_2$-$TiCl_3$-$K_2Cr_2O_7$ 法测定铁矿石中铁含量的叙述中正确者为（　　）。

A. $SnCl_2$ 应趁热滴加，直至溶液黄色褪尽；

B. 滴加 $TiCl_3$ 至溶液刚好出现钨蓝；

C. $K_2Cr_2O_7$ 滴至钨蓝褪色，应准确记录消耗体积；

D. H_2SO_4-H_3PO_4 混酸可用稀 H_2SO_4 代替；

E. 为保证滴定反应进行完全，终点的蓝紫色可稍深一些。

5. 碘量法

8-2-21 碘量法滴定时的酸度条件为（   ）。
A. 强酸性；   B. 微酸性；   C. 中性；
D. 弱碱性；   E. 强碱性。

8-2-22 与淀粉指示剂显色灵敏度有关的因素是（   ）。
A. 温度；   B. I^- 浓度；   C. 滴定方式；
D. 滴定程序；   E. 甲醇或乙醇的存在。

8-2-23 碘量法中为防止 I_2 的挥发，应（   ）。
A. 加入过量 KI；   B. 滴定时勿剧烈摇动；
C. 室温下反应；   D. 使用碘量瓶；
E. 降低溶液酸度。

8-2-24 碘量法中为防止空气氧化 I^-，应（   ）。
A. 在碱性下反应；   B. 滴定速度适当快些；
C. 避免阳光直射；   D. 在强酸性条件下反应；
E. I_2 完全析出后立即滴定。

8-2-25 $Na_2S_2O_3$ 溶液不稳定的原因是（   ）。
A. 诱导作用；   B. 溶解在水中的 CO_2 的作用；
C. 空气的氧化作用；   D. 细菌的作用；
E. 光线的作用。

8-2-26 以 $K_2Cr_2O_7$ 标定 $Na_2S_2O_3$ 溶液时，滴定前加水稀释是为了（   ）。
A. 便于滴定操作；   B. 保持溶液的微酸性；
C. 减少 Cr^{3+} 的绿色对终点的影响； D. 防止淀粉凝聚；
E. 防止 I_2 的挥发。

8-2-27 关于制备 I_2 标准溶液错误的说法是（   ）。
A. 由于碘的挥发性较大，故不宜以直接法制备标准溶液；
B. 由于碘的腐蚀性较强，故不宜在分析天平上称量；
C. I_2 应先溶解在浓 KI 溶液中，再稀释至所需体积；
D. 标定 I_2 溶液的常用基准试剂是 As_2O_3；
E. 标定 I_2 溶液的常用基准试剂是 $Na_2C_2O_4$。

8-2-28 维生素 C 含量测定中，以下叙述错误的是（   ）。
A. 维生素 C 中的烯二醇基具有还原性；
B. 维生素 C 应用新煮沸并冷却的蒸馏水溶解；
C. 溶解维生素 C 时还应加入稀硝酸酸化；
D. 为促进反应，可适当加热溶液；

E. 滴定终点颜色是蓝色恰好褪尽。

8-2-29 胆矾测定中，加入过量 KI 是作为（　　）。
A. 氧化剂；　　　　　B. 还原剂；　　　　　C. 沉淀剂；
D. 配位剂；　　　　　E. 催化剂。

8-2-30 胆矾测定中，加入 KSCN 的作用是（　　）。
A. 还原 Cu^{2+}；　　　　　　　　　B. 防止 I_2 的挥发；
C. 转化 CuI 为 CuSCN；　　　　　D. 消除 Fe^{3+} 的干扰；
E. 使 CuI 中的 I^- 再生出来。

8-2-31 食盐中碘含量测定时，以下叙述正确的是（　　）。
A. 称取 10.0000g 食盐试样；
B. 称取 10g 食盐试样；
C. 酸化试液采用稀磷酸；
D. 滴定至溶液为浅黄色时再加入淀粉指示剂；
E. 滴定终点颜色为浅蓝色出现。

8-2-32 过氧乙酸含量测定中，以下叙述不正确的是（　　）。
A. 碘量瓶预先置有水、稀硫酸和硫酸锰；
B. 碘量瓶预先温热至 25℃；
C. 如无须测定过氧乙酸中 H_2O_2 含量，$KMnO_4$ 滴定一步可略去；
D. 暗处放置时间为 5～10min；
E. 滴定终点颜色为蓝色消失。

6. 其他氧化还原滴定法

8-2-33 以溴酸盐法测定苯酚时，苯酚与 Br_2 反应完毕后，过量的 Br_2 不能直接用 $Na_2S_2O_3$ 溶液滴定，而是与 I^- 反应析出 I_2 再以 $Na_2S_2O_3$ 溶液滴定析出的 I_2，这是因为（　　）。
A. Br_2 易挥发；　　　　　　　　　B. I_2 溶液稳定；
C. Br_2 与 $Na_2S_2O_3$ 反应速率慢；　D. Br_2 与 $Na_2S_2O_3$ 的反应不能定量进行；
E. Br_2 的颜色影响终点的观察。

8-2-34 以溴酸盐法测定苯酚时，加入 $CHCl_3$ 的作用是（　　）。
A. 溶解苯酚；　　　　　　　　　　B. 溶解三溴苯酚；
C. 溶解溴化三溴苯酚；　　　　　　D. 溶解 Br_2；
E. 溶解 I_2。

8-2-35 铈量法的主要优点是（　　）。
A. 标准溶液可用直接法制备；　　　B. 反应简单，不形成中间产物；
C. 可在硝酸溶液中滴定多种还原剂；D. 可直接测定许多药品中的铁含量；
E. 无须另加指示剂。

8-2-36 下列测定中必须使用碘量瓶的有（　　）。
A. $KMnO_4$ 法测定 H_2O_2；
B. 溴酸盐法测定苯酚；

C. 间接碘量法测定 Cu^{2+}；

D. 用已知准确浓度的 $Na_2S_2O_3$ 溶液标定 I_2；

E. $K_2Cr_2O_7$ 法测定铁。

8-2-37　下列测定中，需要加热的有（　　）。

A. $KMnO_4$ 溶液滴定 H_2O_2；　　　　B. $KMnO_4$ 法测定 MnO_2；

C. 碘量法测定 Na_2S；　　　　　　　D. 溴量法测定苯酚；

E. $K_2Cr_2O_7$ 法测定 Fe^{2+}。

三、计算题

8-3-1　计算下列反应的化学计量点电位。

(1) $2Ce^{4+} + H_2SO_3 + H_2O \rightleftharpoons 2Ce^{3+} + SO_4^{2-} + 4H^+$

(2) $BrO_3^- + 6Cu^+ + 6H^+ \rightleftharpoons Br^- + 6Cu^{2+} + 3H_2O$

(3) $2MnO_4^- + 5AsO_3^{3-} + 6H^+ \rightleftharpoons 2Mn^{2+} + 5AsO_4^{3-} + 3H_2O$

8-3-2　配制 1.5L $c\left(\frac{1}{5}KMnO_4\right) = 0.2$ mol/L 的 $KMnO_4$ 溶液，应称取 $KMnO_4$ 多少克？配制 1L $T_{Fe/KMnO_4} = 0.006$ g/mL 的 $KMnO_4$ 溶液，又应称取 $KMnO_4$ 多少克？

8-3-3　称取 1.6520g 纯 $H_2C_2O_4 \cdot 2H_2O$ 定容于 250mL 容量瓶中，取出 25.00mL，用 $KMnO_4$ 溶液滴定，消耗 25.85mL。求 $c\left(\frac{1}{5}KMnO_4\right)$ 及 $T_{H_2C_2O_4 \cdot 2H_2O/KMnO_4}$。

8-3-4　称取纯 $(NH_4)_2C_2O_4$ 1.536g 定容于 250mL 容量瓶中，在滴定 25.00mL 此溶液时，应消耗 $T_{Fe/KMnO_4} = 0.005850$ g/mL 的 $KMnO_4$ 溶液多少毫升？

8-3-5　以基准试剂 As_2O_3 标定 $KMnO_4$ 溶液，称取 As_2O_3 0.2010g，需用 38.24mL 的 $KMnO_4$ 溶液滴定至终点。计算此 $KMnO_4$ 溶液的浓度 $c\left(\frac{1}{5}KMnO_4\right)$ 为多少？

$$As_2O_3 + 6NaOH \rightleftharpoons 2Na_3AsO_3 + 3H_2O$$

$$2MnO_4^- + 5AsO_3^{3-} + 6H^+ \rightleftharpoons 2Mn^{2+} + 5AsO_4^{3-} + 3H_2O$$

8-3-6　取 25.00mL KNO_2 试液，加入 30.00mL $c\left(\frac{1}{5}KMnO_4\right) = 0.2104$ mol/L 的 $KMnO_4$ 溶液氧化。过量的 $KMnO_4$ 用 20.05mL $c(Fe^{2+}) = 0.1000$ mol/L 的 Fe^{2+} 溶液返滴定至终点。计算试液中 KNO_2 的质量浓度（g/L）。

$$2MnO_4^- + 5NO_2^- + 6H^+ \rightleftharpoons 2Mn^{2+} + 5NO_3^- + 3H_2O$$

8-3-7　25.00mL $KMnO_4$ 溶液加入 H_2SO_3 处理，过量的 H_2SO_3 加热煮沸除去。反应产生的酸需要用 $c(NaOH) = 0.1014$ mol/L NaOH 溶液 20.54mL 中和。问上述 $KMnO_4$ 溶液 21.15mL 可氧化多少毫升 $c(Fe^{2+}) = 0.1285$ mol/L 的 Fe^{2+} 溶液？

8-3-8　称取含 58.60% Fe_2O_3 的褐铁矿试样 0.4000g，溶解、还原后需要 28.30mL $KMnO_4$ 溶液将 Fe^{2+} 氧化为 Fe^{3+}。计算：(1) $c\left(\frac{1}{5}KMnO_4\right)$；(2) $T_{Fe/KMnO_4}$；(3) $T_{Fe_2O_3/KMnO_4}$。

8-3-9　称取 0.8046g 硫酸亚铁，溶解后在酸性条件下，以 $c\left(\frac{1}{5}KMnO_4\right) =$

0.1125mol/L 的 $KMnO_4$ 溶液滴定，用去 24.62mL，计算试样中 $FeSO_4 \cdot 7H_2O$ 的质量分数。

8-3-10　称取石灰石试样 0.7950g，使其溶解并用草酸铵处理。生成的 CaC_2O_4 经洗涤后用酸溶解并定容于 250mL 容量瓶中，滴定此溶液 25.00mL 消耗 20.98mL $KMnO_4$ 标准溶液（每毫升 $KMnO_4$ 溶液含 1.910mg $KMnO_4$）。计算石灰石试样中 $CaCO_3$ 的质量分数。

8-3-11　用 $KMnO_4$ 法测定亚硝酸钠试样，称样 2.500g 溶于水，于 100mL 容量瓶中定容。用滴定管滴加约 35mL $c(\frac{1}{5}KMnO_4)=0.1108$mol/L 的 $KMnO_4$ 溶液于锥形瓶中，再移入 25.00mL 试液，加入 H_2SO_4。将溶液加热至 40℃，用移液管加入 10.00mL $c(\frac{1}{2}Na_2C_2O_4)=0.1085$mol/L 的 $Na_2C_2O_4$ 标准溶液。加热至 75～85℃，继续用上述 $KMnO_4$ 标准溶液滴定至终点，共消耗 $KMnO_4$ 溶液 41.36mL。计算试样中 $NaNO_2$ 的质量分数。

$$2MnO_4^- + 5NO_2^- + 6H^+ = 2Mn^{2+} + 5NO_3^- + 3H_2O$$

8-3-12　配制 $c(\frac{1}{6}K_2Cr_2O_7)=0.05000$mol/L 的 $K_2Cr_2O_7$ 溶液 1L，应称取 $K_2Cr_2O_7$ 多少克？此溶液对 Fe 及 Fe_2O_3 的滴定度各是多少？

8-3-13　含 76.95% Fe_2O_3 的铁矿石试样 0.2956g，需用多少毫升 $c(\frac{1}{6}K_2Cr_2O_7)=0.1037$mol/L 的 $K_2Cr_2O_7$ 溶液滴定至终点？

8-3-14　以 $K_2Cr_2O_7$ 法测定氯酸钾试样，称样 1.250g，加水溶解并于 500mL 容量瓶中定容。取此试液 25.00mL，加入 50.00mL $c[(NH_4)_2SO_4 \cdot FeSO_4 \cdot 6H_2O]=0.1065$mol/L 的硫酸亚铁铵溶液，缓慢加入 H_2SO_4-H_3PO_4，静置。反应完全后，加水稀释，以二苯胺磺酸钠为指示剂，用 $c(\frac{1}{6}K_2Cr_2O_7)=0.1047$mol/L 的 $K_2Cr_2O_7$ 溶液滴定至终点，消耗 22.17mL。计算试样中 $KClO_3$ 的质量分数。

$$ClO_3^- + 6Fe^{2+} + 6H^+ = Cl^- + 6Fe^{3+} + 3H_2O$$

8-3-15　以 $K_2Cr_2O_7$ 法测定某试样中 Cr 含量，称取试样 0.3180g，溶解后用过硫酸铵氧化 Cr^{3+} 为 $Cr_2O_7^{2-}$。除去过量的过硫酸铵，加入 1.480g 纯 $(NH_4)_2Fe(SO_4)_2 \cdot 6H_2O$ 还原 $Cr_2O_7^{2-}$，剩余 Fe^{2+} 用 18.25mL $K_2Cr_2O_7$ 标准溶液（$T_{Fe/K_2Cr_2O_7}=0.005360$g/mL）滴定至终点。计算试样中 Cr_2O_3 的质量分数。

$$2Cr^{3+} + 3S_2O_8^{2-} + 7H_2O = Cr_2O_7^{2-} + 6SO_4^{2-} + 14H^+$$

8-3-16　称取纯碘 3.2860g，将其溶解并定容于 500mL 容量瓶中。求此溶液的 $c(\frac{1}{2}I_2)$ 及 $T_{Na_2S_2O_3 \cdot 5H_2O/I_2}$。

8-3-17　称取 0.2516g 基准试剂 $K_2Cr_2O_7$，溶解后定容于 500mL 容量瓶中，取出 25.00mL，在酸性条件下加入过量 KI。析出的 I_2 用 $Na_2S_2O_3$ 溶液滴定，用去 26.10mL，求此溶液的 $c(Na_2S_2O_3)$ 及 $T_{I_2/Na_2S_2O_3}$。

8-3-18　标定 $c(Na_2S_2O_3)=0.2$mol/L 的 $Na_2S_2O_3$ 溶液，若使其消耗体积为 25mL，

问应称基准试剂 $KBrO_3$ 多少克？

$$BrO_3^- + 6I^- + 6H^+ =\!=\!= Br^- + 3I_2 + 3H_2O$$

$$2S_2O_3^{2-} + I_2 =\!=\!= S_4O_6^{2-} + 2I^-$$

8-3-19 求 I_2 标准溶液（$1mL\ I_2 \triangleq 0.005248g\ As_2O_3$）的物质的量浓度及对 S 的滴定度。

8-3-20 以碘量法测定亚硫酸钠含量，称样 $0.2104g$，加入 $50.00mL\ c\left(\dfrac{1}{2}I_2\right) = 0.1006mol/L$ 的 I_2 标准溶液。剩余的 I_2 以 $c(Na_2S_2O_3) = 0.0998mol/L$ 的 $Na_2S_2O_3$ 溶液滴定，消耗 $18.35mL$，试样中 $w(Na_2SO_3)$。

$$SO_3^{2-} + I_2 + H_2O =\!=\!= SO_4^{2-} + 2HI$$

8-3-21 称取 NaClO 试液 $5.8600g$，于 $250mL$ 容量瓶中定容，移取 $25.00mL$ 于碘量瓶中，加水稀释并加入 HAc，密塞摇匀。再加入 KI，密塞静置，以淀粉为指示剂，用 $Na_2S_2O_3$ 为标准溶液（$T_{I_2/Na_2S_2O_3} = 0.01335g/mL$）滴定至终点，用去 $20.64mL$。计算试样中 $w(Cl^-)$ 为多少。

$$ClO^- + 2I^- + 2HAc =\!=\!= Cl^- + I_2 + 2Ac^- + H_2O$$

8-3-22 有不纯的 KI 试样 $0.3500g$，在 H_2SO_4 介质中加入纯 K_2CrO_4 $0.2240g$ 处理，煮沸赶除生成的 I_2。再加入过量的 KI 与剩余的 K_2CrO_4 反应，析出的 I_2 用 $c(Na_2S_2O_3) = 0.1025mol/L$ 的 $Na_2S_2O_3$ 溶液滴定，消耗 $14.26mL$。计算试样中 KI 的质量分数。

$$2CrO_4^{2-} + 2H^+ =\!=\!= Cr_2O_7^{2-} + H_2O$$

$$Cr_2O_7^{2-} + 6I^- + 14H^+ =\!=\!= 2Cr^{3+} + 3I_2 + 7H_2O$$

8-3-23 测定生铁中硫的含量时，称样 $4.8720g$，经处理后将硫转化为 H_2S。加入 $16.24mL$ 的 I_2 溶液（$1mL\ I_2$ 溶液 $\triangleq 0.96mL\ Na_2S_2O_3$ 溶液）。剩余的 I_2 消耗 $11.85mL$ $Na_2S_2O_3$ 溶液（$T_{S/I_2} = 0.0006282g/mL$）。计算生铁试样中硫的质量分数。

$$H_2S + I_2 =\!=\!= S + 2HI$$

8-3-24 以碘量法测定软锰矿试样，称样 $1.138g$，溶于浓 HCl 中。产生的氯气与 KI 反应析出 I_2。将 I_2 溶液稀释至 $250.00mL$，吸取 $25.00mL$，以 $c(Na_2S_2O_3) = 0.1034mol/L$ 的 $Na_2S_2O_3$ 溶液滴定至终点，用去 $21.56mL$。计算软锰矿中 MnO_2 的质量分数。

$$MnO_2 + 4HCl =\!=\!= MnCl_2 + Cl_2 + 2H_2O$$

$$Cl_2 + 2I^- =\!=\!= 2Cl^- + I_2$$

8-3-25 称取 $Ba(NO_3)_2$ 试样 $1.000g$，溶解后于酸性溶液中准确加入 $10g/L$ 的 $K_2Cr_2O_7$ 溶液 $100.00mL$，加热煮沸并逐渐调整溶液为氨性。冷却后过滤，滤液稀释至 $500.00mL$，移取 $100.00mL$，加入 KI 及 H_2SO_4 溶液。待反应完全后，以 $c(Na_2S_2O_3) = 0.1000mol/L$ 的 $Na_2S_2O_3$ 溶液滴定，消耗 $18.72mL$。另外取 $10g/L$ 的 $K_2Cr_2O_7$ 溶液 $20.00mL$ 作空白试验，消耗同浓度 $Na_2S_2O_3$ 溶液 $40.80mL$。计算试样中 $w[Ba(NO_3)_2]$ 为多少？

$$Ba^{2+} + CrO_4^{2-} =\!=\!= BaCrO_4 \downarrow$$

8-3-26 以碘量法测定焦亚硫酸钠试样。取 $50.00mL\ I_2$ 标准溶液于碘量瓶中，称取试样 0.2000g 加入 I_2 溶液中，待反应完全后，于 HAc 溶液中以 $c(Na_2S_2O_3)=0.1125mol/L$ 的 $Na_2S_2O_3$ 溶液 18.14mL 滴定到终点。另取 50.00mL I_2 标准溶液作空白试验，消耗同浓度的 $Na_2S_2O_3$ 溶液 48.36mL。计算试样中以 SO_2 表示的质量分数。

$$S_2O_5^{2-} + H_2O \rightleftharpoons 2HSO_3^-$$
$$HSO_3^- + I_2 + H_2O \rightleftharpoons SO_4^{2-} + 3H^+ + 2I^-$$

8-3-27　称取硫化钠试样（其中还含有 $Na_2S_2O_3$ 及 Na_2SO_3）7.500g，溶解后于 500mL 容量瓶中定容。移取 10.00mL 溶液，加入到 25.00mL $c\left(\frac{1}{2}I_2\right)=0.1000mol/L$ 的 I_2 溶液中，在 HAc 介质中以 10.05mL $c(Na_2S_2O_3)=0.1000mol/L$ 的 $Na_2S_2O_3$ 溶液滴定至终点。另外取 200.00mL 试液，加入 Na_2CO_3 及 $ZnSO_4$ 溶液并稀释至 500.00mL。滤除 Na_2S 后，取 100.00mL 滤液，以 $c\left(\frac{1}{2}I_2\right)=0.1000mol/L$ 的 I_2 标准溶液滴定，消耗 15.10mL。计算试样中 Na_2S 的质量分数。

8-3-28　称取苯酚试样 0.5005g，以 NaOH 溶解后，制成 250.00mL 试液。取出 25.00mL 试液于碘量瓶中，加入 25.00mL $KBrO_3$-KBr 标准溶液并加入盐酸，使苯酚溴化为三溴苯酚。加入 KI 溶液，使未反应的溴还原并析出 I_2，然后用 $c(Na_2S_2O_3)=0.1008mol/L$ 的 $Na_2S_2O_3$ 标准溶液滴定，用去 15.05mL。另取 25.00mL $KBrO_3$-KBr 标准溶液，加入 HCl 和 KI 溶液，用上述 $Na_2S_2O_3$ 标准溶液滴定析出的 I_2，用去 40.20mL，计算苯酚的质量分数。

8-3-29　分析苯酚的水溶液，取试液 10.00mL，于 250mL 容量瓶中定容，取出 25.00mL，用滴定管加入 35.00mL $c\left(\frac{1}{6}KBrO_3\text{-}KBr\right)=0.1000mol/L$ 的 $KBrO_3$-KBr 标准溶液并加入酸。待反应完全后，加入 25.00mL $c\left(\frac{1}{2}H_3AsO_3\right)=0.09570mL$ 的 H_3AsO_3 溶液，以还原过量的 Br_2。剩余的 H_3AsO_3 用上述 $KBrO_3$-KBr 标准溶液滴定，用去 2.38mL。计算该苯酚溶液的质量浓度（g/L）。

$$Br_2 + AsO_3^{3-} + H_2O \rightleftharpoons 2Br^- + AsO_4^{3-} + 2H^+$$
$$BrO_3^- + 3AsO_3^{3-} \rightleftharpoons Br^- + 3AsO_4^{3-}$$

8-3-30　以铈量法测定 Cu_2O 试样，称取试样 0.1500g，溶解后加入 $FeCl_3$ 溶液。立即用 $c[Ce(SO_4)_2]=0.1000mol/L$ 的 $Ce(SO_4)_2$ 标准溶液滴定，消耗 19.12mL。计算试样中 $w(Cu_2O)$。

第九章 称量分析法

概　要

称量分析法是将被测组分与试样中其他组分分离后进行称量，由称得的质量计算该组分含量的化学分析法，通常可分为沉淀称量法与汽化称量法。沉淀法是称量分析的主要方法。其测定步骤大体可表示如下：试样的称量→试液的制备→被测组分的沉淀→沉淀的过滤与洗涤→沉淀的干燥及灼烧→沉淀的称量及恒重。

一、沉淀和沉淀剂

在称量分析中，所得被测组分的沉淀形式与称量形式必须满足下列要求。
(1) 沉淀形式：溶解度要小；纯净，易于过滤和洗涤；易转化为称量形式。
(2) 称量形式：组成与化学式相符；有足够的稳定性；摩尔质量大，被测组分在其中所占比率要小。

沉淀剂分为无机沉淀剂与有机沉淀剂两类，后者由于具有一系列的优点而应用日益广泛。选择沉淀剂时，除要求它与被测组分生成沉淀的溶解度要尽量小外，还要求它易于挥发或分解而除去、溶解度较大，且具有较高的选择性。

二、影响沉淀完全与纯净的因素

影响沉淀完全的主要因素有同离子效应、盐效应、酸效应、配位效应及温度、溶剂、沉淀颗粒大小和结构等，应综合考虑这些因素的影响，以降低沉淀的溶解度。

影响沉淀纯净的主要因素是共沉淀（包括表面吸附、吸留和包藏及混晶生成）与后沉淀。根据这些影响因素，可考虑采取选择适当的分析步骤、降低杂质离子浓度、再沉淀、洗涤沉淀、选择适宜的沉淀条件及选用合适的沉淀剂等方法提高沉淀的纯净度。

三、沉淀的形成与沉淀条件

沉淀按物理性质的不同,大致可分为晶形沉淀和无定形沉淀。沉淀形成时,如构晶离子的定向速度大于其聚集速度,则形成晶形沉淀,反之则形成无定形沉淀。改变溶液的相对过饱和程度,可以改变聚集速度,因而有可能改变沉淀颗粒的大小,甚至改变沉淀的类型。

沉淀的形成过程可简单表示如下:

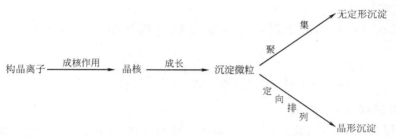

沉淀的类型不同,其沉淀条件也不同。晶形沉淀的沉淀条件是:在适当稀的热溶液中沉淀,不断搅拌下缓慢加入沉淀剂;沉淀结束后进行陈化。无定形沉淀的沉淀条件是:在较浓的热溶液中沉淀;沉淀时加入电解质;趁热过滤、洗涤,不必陈化。

四、称量分析计算

1. 试样的称取量

称量分析所取试样的质量主要取决于沉淀的类型。通常要求所得称量形式的质量,对于晶形沉淀为 0.3~0.5g,对于无定形沉淀为 0.1~0.2g,以此即可计算出试样应称取的质量。

2. 沉淀剂的用量

一般情况下,沉淀剂应按理论量过量 50%~100%,如其不易挥发则过量 20%~30%。

3. 称量分析结果

称量分析所得被测组分的称量形式如与其表示形式不一致,需要通过换算因数 F 将前者的质量换算为后者的质量。F 的计算式为:

$$F = \frac{aM(被测组分表示式)}{bM(称量式)}$$

式中,a、b 为使分子与分母中所含主体元素原子数目相等的比例系数;M 为分子量。

称量分析结果的计算公式为:

$$w_B = \frac{m_{待}}{m_S} \quad \text{或} \quad w_B = \frac{m_{称} F}{m_S}$$

式中　$m_{待}$——待测组分表示式的质量,g;
　　　$m_{称}$——称量式的质量,g。

例 题

【例 9-1】 用 CaC_2O_4 沉淀法测定化学试剂 $CaCO_3$ 的纯度，CaC_2O_4 灼烧后为 CaO，问应称取试样多少克？如称取试样 0.7g，问沉淀时需用 $c(H_2C_2O_4)=2mol/L$ 的 $H_2C_2O_4$ 溶液多少毫升？

解 因 CaC_2O_4 系晶形沉淀，故称量式 CaO 的质量应为 0.3～0.5g，若按 0.4g 计，则：

$$m_s = m(CaO) \times \frac{M(CaCO_3)}{M(CaO)} = 0.4 \times \frac{100.1}{56.08} = 0.7(g)$$

即应称取试样 0.6～0.8g。

由 Ca^{2+} 与 $C_2O_4^{2-}$ 的反应式可知，$CaCO_3$ 与 $H_2C_2O_4$ 间接反应的分子比为 1:1，故试样为 0.7g 时，需用 $H_2C_2O_4$ 的质量为：

$$m(H_2C_2O_4) = m(CaCO_3) \times \frac{M(H_2C_2O_4)}{M(CaCO_3)}$$
$$= 0.7 \times \frac{90.04}{100.1} = 0.63(g)$$

其相当于 $c(H_2C_2O_4)=2mol/L$ 的 $H_2C_2O_4$ 溶液的体积为：

$$V(H_2C_2O_4) = \frac{m(H_2C_2O_4)}{M(H_2C_2O_4)c(H_2C_2O_4)}$$
$$= \frac{0.63}{90.04 \times 2} = 3.5 \times 10^{-3}(L) = 3.5(mL)$$

按过量 100% 计则为 7mL。

【例 9-2】 计算 $BaSO_4$ 在 (1) 纯水中；(2) 0.01mol/L 的 Na_2SO_4 溶液中；(3) 0.1mol/L 的 Na_2SO_4 溶液中的溶解度。

解 本题系考虑同离子效应对沉淀溶解度的影响。

(1) 在纯水中，$BaSO_4$ 的溶解度 $S(BaSO_4)$ 为：

$$S(BaSO_4) = \sqrt{K_{SP,BaSO_4}} = \sqrt{1.1 \times 10^{-10}} = 1.05 \times 10^{-5}(mol/L)$$

(2) 在 0.01mol/L 的 Na_2SO_4 溶液中，$BaSO_4$ 的溶解度 $S(BaSO_4)$ 为：

$$S(BaSO_4) = \frac{K_{SP,BaSO_4}}{c(SO_4^{2-})} = \frac{1.1 \times 10^{-10}}{0.01} = 1.1 \times 10^{-8}(mol/L)$$

(3) 在 0.1mol/L 的 Na_2SO_4 溶液中，$BaSO_4$ 的溶解度 $S(BaSO_4)$ 为：

$$S(BaSO_4) = \frac{K_{SP,BaSO_4}}{c(SO_4^{2-})} = \frac{1.1 \times 10^{-10}}{0.1} = 1.1 \times 10^{-9}(mol/L)$$

【例 9-3】 计算 $BaSO_4$ 在 0.0050mol/L 的 $MgCl_2$ 溶液中的溶解度。

解 本题系考虑盐效应对沉淀溶解度的影响。

溶液的离子强度为：

$$I = \frac{1}{2}\sum c_i z_i^2 = \frac{1}{2}[c(Mg^{2+})\times 2^2 + c(Cl^-)\times 1^2 + c(Ba^{2+})\times 2^2 + c(SO_4^{2-})\times 2^2]$$

由于 $BaSO_4$ 的溶解度很小，$c(Ba^{2+})$ 与 $c(SO_4^{2-})$ 可忽略不计，故：

$$I = \frac{1}{2}[c(Mg^{2+})\times 2^2 + c(Cl^-)\times 1^2]$$

$$= \frac{1}{2}(0.0050\times 2^2 + 0.010\times 1^2) = 0.015$$

查附录十一，$\gamma(Ba^{2+}) = \gamma(SO_4^{2-}) = 0.62$，查附录二，$K_{SP,BaSO_4} \approx K_{aP,BaSO_4} = 1.1\times 10^{-10}$，设 $BaSO_4$ 在 $MgCl_2$ 溶液中的溶解度为 $S(BaSO_4)$，则：

$$a(Ba^{2+})a(SO_4^{2-}) = [Ba^{2+}]\gamma(Ba^{2+})[SO_4^{2-}]\gamma(SO_4^{2-})$$
$$= K_{SP,BaSO_4}$$

$$S(BaSO_4) = [Ba^{2+}] = [SO_4^{2-}] = \sqrt{\frac{K_{SP,BaSO_4}}{\gamma(Ba^{2+})\gamma(SO_4^{2-})}}$$

$$= \sqrt{\frac{1.1\times 10^{-10}}{0.62^2}} = 1.7\times 10^{-5}\,(mol/L)$$

【例 9-4】 计算在 pH=4.00，$c(C_2O_4^{2-})=0.010\,mol/L$ 的溶液中 CaC_2O_4 的溶解度。

解 本题系考虑酸效应与同离子效应对沉淀溶解度的影响。

设 CaC_2O_4 的溶解度为 $S(CaC_2O_4)$，则：

$$[Ca^{2+}] = S(CaC_2O_4),$$
$$c(C_2O_4^{2-}) = 0.010\,mol/L + S(CaC_2O_4) \approx 0.010\,mol/L$$

查附录一，$K_{a_1}=5.9\times 10^{-2}$，$K_{a_2}=6.4\times 10^{-5}$，则 pH=4.00 时：

$$\alpha[C_2O_4^{2-}(H)] = 1 + \frac{[H^+]}{K_{a_2}} + \frac{[H^+]^2}{K_{a_1}K_{a_2}}$$

$$= 1 + \frac{1.0\times 10^{-4}}{6.4\times 10^{-5}} + \frac{(1.0\times 10^{-4})^2}{5.9\times 10^{-2}\times 6.4\times 10^{-5}} = 2.6$$

$$[C_2O_4^{2-}] = \frac{c(C_2O_4^{2-})}{\alpha[C_2O_4^{2-}(H)]} = \frac{0.010}{2.6} = 3.9\times 10^{-3}\,(mol/L)$$

$$[Ca^{2+}][C_2O_4^{2-}] = S(CaC_2O_4)\times 3.9\times 10^{-3} = K_{SP,CaC_2O_4}$$

查附录二，$K_{SP,CaC_2O_4} = 2.0\times 10^{-9}$，故：

$$S(CaC_2O_4) = \frac{2.0\times 10^{-9}}{3.9\times 10^{-3}} = 5.1\times 10^{-7}\,(mol/L)$$

【例 9-5】 计算 $AgCl$ 在 $0.010\,mol/L\,NH_3$ 溶液中的溶解度。已知 $Ag(NH_3)_2^+$ 的 $\beta_1 = 2.1\times 10^3$，$\beta_2 = 1.7\times 10^7$。

解 本题系考虑配位效应对沉淀溶解度的影响。

$[NH_3] = 0.010\,mol/L$ 时：

$$\alpha[Ag(NH_3)_2^+] = 1 + \beta_1[NH_3] + \beta_2[NH_3]^2$$
$$= 1 + 2.1\times 10^3\times 0.010 + 1.7\times 10^7\times (0.010)^2$$
$$= 1.7\times 10^3$$

设 AgCl 在 NH_3 溶液中的溶解度为 $S(AgCl)$，则：

$$[Cl^-] = c(Ag^+) = S(AgCl)$$

$$[Ag^+] = \frac{c(Ag^+)}{\alpha[Ag(NH_3)_2^+]} = \frac{S(AgCl)}{1.7 \times 10^3}$$

$$[Ag^+][Cl^-] = \frac{S(AgCl)}{1.7 \times 10^3} \times S(AgCl) = K_{SP,AgCl}$$

查附录二，$K_{SP,AgCl} = 1.8 \times 10^{-10}$，故：

$$S(AgCl) = \sqrt{K_{SP,AgCl} \times 1.7 \times 10^3} = \sqrt{1.8 \times 10^{-10} \times 1.7 \times 10^3}$$
$$= 5.5 \times 10^{-4} \text{mol/L}$$

【例 9-6】 $KHC_2O_4 \cdot H_2C_2O_4$ 试样 0.7268g，将其沉淀为 CaC_2O_4 后，经灼烧得 CaO 0.3664g，求该样中 $KHC_2O_4 \cdot H_2C_2O_4$ 的质量分数。

解 因 $1KHC_2O_4 \cdot H_2C_2O_4 \triangleq 2CaC_2O_4 \triangleq 2CaO$，故

$$F = \frac{M(KHC_2O_4 \cdot H_2C_2O_4)}{2M(CaO)}$$

$$w(KHC_2O_4 \cdot H_2C_2O_4) = \frac{m(CaO)F}{m_S} = \frac{0.3664 \times \frac{218.2}{2 \times 56.08}}{0.7268}$$
$$= 0.9807 = 98.07\%$$

【例 9-7】 含铁、铝、钛试样 0.5659g，在称量分析中测得 Fe_2O_3、Al_2O_3、TiO_2 为 0.4444g；在比色分析中测得 Ti 为 0.0123g；在氧化还原滴定法中测得 FeO 为 0.2022g，求该样中 Al 的质量分数。

解 $w(Al) = \dfrac{m(Al)}{m_S}$

$$= \frac{\left[0.4444 - 0.0123 \times \dfrac{M(TiO_2)}{M(Ti)} - 0.2022 \times \dfrac{M(Fe_2O_3)}{2M(FeO)}\right] \times \dfrac{2M(Al)}{M(Al_2O_3)}}{m_S}$$

$$= \frac{\left(0.4444 - 0.0123 \times \dfrac{79.90}{47.90} - 0.2022 \times \dfrac{159.69}{2 \times 71.85}\right) \times \dfrac{2 \times 26.98}{101.96}}{0.5659}$$

$$= 0.1863 = 18.63\%$$

习　　题

一、填空题

1. 称量分析引言

9-1-1　称量分析是将_____与试样中其他组分_____后进行称量，由称得的

质量计算该组分含量的化学分析法。称量分析可分为_____法与_____法及萃取法、电解法等。

9-1-2 _____称量法是利用_____使被测组分形成难溶化合物从溶液中析出，再使之转化为_____后称量，以计算该组分的含量。

9-1-3 _____称量法是利用_____或其他方法使试样中_____逸出，根据试样_____的质量或吸收剂_____的质量计算该组分的含量。

9-1-4 称量分析中，试样的称取量主要取决于相应_____，对于_____可适当多称，对于_____则应适当少称。

9-1-5 沉淀称量法的一般分析步骤包括：试样的称量、试液的制备、_____、_____、_____与沉淀的恒重。

9-1-6 在称量分析中，被测组分所生成的难溶化合物称为其_____；经过滤、洗涤、烘干及灼烧所得化合物称为其_____。

2. 影响沉淀完全的因素

9-1-7 当沉淀反应达平衡时，向溶液中加入含有_____的试剂或溶液，使沉淀溶解度_____的现象称为同离子效应。

9-1-8 实际工作中，可加入过量沉淀剂，利用同离子效应使待测组分沉淀_____，但沉淀剂过量太多会导致其他效应，反而使沉淀溶解度_____。

9-1-9 由于强电解质的加入，使难溶化合物溶解度_____的现象称为盐效应。一般难溶化合物的溶解度很小时，盐效应的影响是_____的，可_____考虑；难溶化合物的溶解度较大，溶液的离子强度又很高时，盐效应的影响则_____考虑。

9-1-10 酸效应指的是_____。酸效应主要影响_____的溶解度，对_____的溶解度影响不大。

9-1-11 溶液中存在能与构晶离子形成可溶性配合物的配位剂，使沉淀溶解度_____的现象，称为_____效应。

9-3-12 配位剂浓度越_____，沉淀的溶解度越_____，生成的配合物越_____，配位效应越显著，沉淀的溶解度则越_____。

9-1-13 称量分析中加入过量沉淀剂时，不但应考虑_____效应使沉淀溶解度降低的作用，而且还应注意可能产生的_____效应与_____效应使沉淀溶解度增大的作用。

9-1-14 在实际工作中，应根据具体情况考虑影响沉淀溶解度的各种因素。对于不存在配位反应的强酸盐沉淀主要应考虑_____效应与_____效应；对于弱酸盐沉淀或难溶弱酸应着重考虑_____效应；对于存在配位反应，尤其是形成的配合物较稳定，而沉淀的溶解度又较大时则主要应考虑_____效应。

3. 影响沉淀纯度的因素

9-1-15 沉淀按其物理性质不同，可粗略地分为_____与_____，介于二者之间的沉淀则称为_____，它们的最大差别是_____的大小不同。

9-1-16 晶形沉淀内部排列规则，_____，有明显晶面；无定形沉淀内部排列杂乱，_____，无明显晶面。

9-1-17　生成的沉淀属于何种类型，一是取决于沉淀的_____，二是取决于沉淀形成的_____。

9-1-18　晶核的生成通常有两种情况，一是_____，二是_____。前者是指_____，后者是指_____。

9-1-19　在沉淀过程中，_____称为聚集速度；_____称为定向速度。

9-1-20　沉淀形成过程中如定向速度_____聚集速度，则形成晶形沉淀；反之，如定向速度_____聚集速度，则形成无定形沉淀。

9-1-21　冯·韦曼经验公式表示式为_____，从此式可以看出，聚集速度与溶液的_____成正比。

9-1-22　当沉淀从溶液中析出时，可溶组分被带下而混入沉淀中的现象称为_____，它主要包括_____、_____与_____三类。

9-1-23　_____是由于沉淀的表面吸附作用所引起的杂质共沉淀现象；_____是杂质离子与构晶离子形成混合晶体的共沉淀现象；_____是杂质离子被包在沉淀内部的共沉淀现象。

9-1-24　由于难溶化合物表面存在着自由的_____，能_____性吸引溶液中的离子而形成双电层，使沉淀表面吸附了杂质。

9-1-25　沉淀与母液一起放置过程中，另一种本来难以析出的组分在该沉淀表面继续沉淀的现象称为_____，为防止此现象的发生，要求某些沉淀的_____时间不宜过长。

9-1-26　为提高沉淀的洗涤效率，应遵循_____洗涤原则。

4. 沉淀条件

9-1-27　在称量分析中，为获得准确的分析结果，要求沉淀_____、_____，而且_____。

9-1-28　选择沉淀条件时，对于晶形沉淀主要是考虑降低溶液_____，以获得_____颗粒的沉淀；对于无定形沉淀主要是考虑加速沉淀微粒_____，防止_____形成。

9-1-29　陈化作用指的是_____的过程，此作用可以使微小的晶粒转变为_____，不纯净的沉淀转变为_____。

9-1-30　通过_____的沉淀法称为均匀沉淀法。

9-1-31　在称量分析中，如选用的沉淀剂所生成的沉淀溶解度小，可使被测组分沉淀得_____；如其具有较高的选择性，则可简化_____，提高测定的_____。

5. 称量分析法的应用

9-1-32　称量分析的计算公式为_____或_____。

9-1-33　确定换算因数时，一要使_____的摩尔质量为分子，_____的摩尔质量为分母；二要使分子与分母相应化合物所含主体元素的原子数目_____。

9-1-34 以 $BaSO_4$ 沉淀法测定 $BaCl_2$ 含量，沉淀时加入 HCl 的目的一是为了_____，二是为了_____。

9-1-35 以 $BaSO_4$ 沉淀法测定 $BaCl_2$ 含量时，陈化作用的条件是_____或_____。

9-1-36 以丁二酮肟镍沉淀法测定硫酸镍中镍的反应式为_____，反应形成的沉淀属于_____沉淀。

9-1-37 为获得较大颗粒的丁二酮肟镍沉淀，应使其_____析出，并于_____℃的水浴上保温 30～40min。

二、选择题

1. 称量分析引言

9-2-1 称量分析中，应用最多的两种分离方法是（   ）。
A. 沉淀法；　　　　　B. 萃取法；　　　　　C. 电解法；
D. 离子交换法；　　　E. 汽化法。

9-2-2 与滴定分析相比，称量分析（   ）。
A. 准确度高；　　　　B. 操作繁杂费时；　　C. 快速；
D. 应用范围广；　　　E. 无须基准试剂。

9-2-3 在称量分析中，对于晶形沉淀，要求称量式的质量一般为（   ）。
A. 0.1～0.2g；　　　　B. 0.2～0.3g；　　　　C. 0.3～0.5g；
D. 0.5～0.6g；　　　　E. 0.8～1g。

9-2-4 在称量分析中，对于无定形沉淀，要求称量式的质量一般为（   ）。
A. 0.1～0.2g；　　　　B. 0.2～0.3g；　　　　C. 0.3～0.5g；
D. 0.5～0.6g；　　　　E. 0.8～1g。

9-2-5 称量分析对沉淀形式的要求包括（   ）。
A. 组成必须与化学式相符；　　　　B. 溶解度必须很小；
C. 有足够的稳定性；　　　　　　　D. 易转化为称量形式；
E. 纯净，且易于过滤、洗涤。

9-2-6 称量分析中，称量形式应具备如下条件（   ）。
A. 摩尔质量大，被测组分在其中所占比率小；
B. 不含结晶水；
C. 不受空气中 O_2、CO_2 及水的影响；
D. 溶解度小；
E. 与沉淀形式组成一致。

2. 影响沉淀完全的因素

9-2-7 在称量分析中，通常要求沉淀的溶解损失量不超过（   ）。

A. 0.0001g； B. 0.0002g； C. 0.0004g；
D. 0.005g； E. 0.01g。

9-2-8　为使被测组分沉淀完全，沉淀剂应按理论量过量（　　）。
A. 50%～100%； B. 100%～200%； C. ＞200%；
D. 20%～30%（沉淀剂不易挥发）；
E. 30%～50%（沉淀剂不易挥发）。

9-2-9　溶液中 H^+ 浓度发生变化时，影响弱酸盐沉淀溶解度的主要效应是（　　）。
A. 盐效应； B. 同离子效应； C. 酸效应；
D. 配位效应； E. 水解效应。

9-2-10　以下有关酸效应对沉淀溶解度的影响叙述错误者为（　　）。
A. 对不同类型沉淀影响情况不同；
B. 弱酸盐沉淀溶解度随酸度的增加而增大；
C. 氢氧化物沉淀应根据其溶度积和金属离子的性质选择适当的酸度进行沉淀；
D. 难溶性弱酸宜在强酸性溶液中沉淀；
E. 强酸盐沉淀溶解度受酸度影响很大。

9-2-11　以下有关沉淀溶解度叙述正确者有（　　）。
A. 沉淀的溶解度一般随温度的升高而加大；
B. 同一种沉淀，其颗粒越小溶解度越小；
C. 无机物沉淀在水中一般比在有机溶剂中的溶解度大；
D. 沉淀剂过量越多，沉淀溶解度越小；
E. 采用有机沉淀剂所得沉淀在水中的溶解度一般较小。

3. 影响沉淀纯度的因素

9-2-12　晶形沉淀具有如下特点（　　）。
A. 结构紧密； B. 离子排列规则；
C. 颗粒直径小于 $0.02\mu m$； D. 沉淀体积大；
E. 易于沉降。

9-2-13　在一般条件下，下述沉淀属于无定形沉淀的是（　　）。
A. $AgCl$； B. $MgNH_4PO_4 \cdot 6H_2O$；
C. $Fe(OH)_3$； D. CaC_2O_4；
E. As_2S_3。

9-2-14　以下有关沉淀的形成叙述错误者为（　　）。
A. 定向速度大于聚集速度，易生成晶形沉淀；
B. 聚集速度的大小与沉淀时溶液的相对过饱和程度有关；
C. 定向速度大小取决于沉淀物质的性质；
D. 定向速度大小取决于溶液中构晶离子的浓度；
E. 无定形沉淀的形成是由于聚集速度大于定向速度。

9-2-15　$BaSO_4$ 沉淀形成时，为降低聚集速度，可增加（　　）。
A. $c(SO_4^{2-})$； B. $c(Ba^{2+})$；

C. 溶液的相对过饱和程度；　　　　　　D. 溶液的温度；
E. $BaSO_4$ 的溶解度。

9-2-16　离子被沉淀表面吸附，一般遵循下列规律（　　）。
A. 沉淀总表面积愈大，吸附杂质量愈大；
B. 杂质离子浓度越大，吸附量一般越少；
C. 温度越高吸附杂质量越少；
D. 粗粒晶形沉淀吸附杂质量大；
E. 无定形沉淀吸附杂质量最少。

9-2-17　下列有关沉淀纯净陈述错误者为（　　）。
A. 洗涤可减免吸留的杂质；　　　　　　B. 洗涤可减少吸附的杂质；
C. 陈化可减少吸留的杂质；　　　　　　D. 沉淀完成后立即过滤可防止后沉淀；
E. 易生成混晶的杂质应事先分离除去。

9-2-18　共沉淀现象引入杂质对以下测定结果导致负误差的是（　　）。
A. 测定 Ba^{2+} 时，$BaSO_4$ 沉淀吸附了 Fe^{3+}；
B. 测定 SO_4^{2-} 时，$BaSO_4$ 沉淀吸附了 $BaCl_2$；
C. 测定 Ba^{2+} 时，$BaSO_4$ 沉淀吸留了 $BaCl_2$；
D. 测定 SO_4^{2-} 时，$BaSO_4$ 沉淀吸附了 NH_4Cl；
E. 测定 Ba^{2+} 时，$BaSO_4$ 沉淀吸留了 H_2SO_4。

9-2-19　为获得较纯净的沉淀，可采取下列措施（　　）。
A. 选择适当的分析程序；　　　　　　　B. 再沉淀；
C. 在较浓溶液中进行沉淀；　　　　　　D. 洗涤沉淀；
E. 选择适当的沉淀条件。

4. 沉淀条件

9-2-20　下列有关晶形沉淀的沉淀条件陈述不正确者为（　　）。
A. 在适当的稀溶液中进行沉淀；　　　　B. 在热溶液中进行沉淀；
C. 迅速加入沉淀剂；　　　　　　　　　D. 沉淀时不断搅拌；
E. 沉淀结束后进行陈化。

9-2-21　无定形沉淀的沉淀条件包括（　　）。
A. 在稀溶液中进行沉淀；　　　　　　　B. 沉淀时加入电解质或适当胶体溶液；
C. 在热溶液中进行沉淀；　　　　　　　D. 沉淀完全后加热水稀释并搅拌；
E. 沉淀结束后进行陈化。

9-2-22　沉淀完成后进行陈化是为了（　　）。
A. 使无定形沉淀转变为晶形沉淀；　　　B. 使沉淀更为纯净；
C. 除去混晶共沉淀带入的杂质；　　　　D. 使沉淀颗粒变大；
E. 加速后沉淀作用。

9-2-23　采取均匀沉淀法所得沉淀（　　）。
A. 颗粒较大；　　　　B. 结构疏松；　　　　C. 吸附水分较多；

D. 吸附杂质较少； E. 易于过滤、洗涤。

9-2-24 称量分析要求所用沉淀剂（　　）。
A. 高温时易挥发或易分解； B. 化学稳定性好；
C. 溶解度小； D. 组成恒定；
E. 选择性高，生成的沉淀溶解度小。

9-2-25 用 $BaSO_4$ 法沉淀 Ba^{2+} 时，应选择的沉淀剂是（　　）。
A. K_2SO_4； B. Na_2SO_4； C. $CuSO_4$；
D. H_2SO_4； E. $MgSO_4$。

5. 称量分析法的应用

9-2-26 以下换算因数表示正确的是（　　）。
A. 称量式 Fe_2O_3，被测组分 $FeSO_4 \cdot 7H_2O$：
$$F = \frac{2M(FeSO_4 \cdot 7H_2O)}{M(Fe_2O_3)}$$

B. 称量式 $(NH_4)_2PtCl_6$，被测组分 NH_3：
$$F = \frac{M[(NH_4)_2PtCl_6]}{2M(NH_3)}$$

C. 称量式 $Mg_2P_2O_7$，被测组分 P_2O_5：
$$F = \frac{M(P_2O_5)}{M(Mg_2P_2O_7)}$$

D. 称量式 $(NH_4)_3PO_4 \cdot 12MoO_3$，被测组分 $Ca_3(PO_4)_2$：
$$F = \frac{M[(NH_4)_3PO_4 \cdot 12MoO_3]}{M[Ca_3(PO_4)_2]}$$

E. 称量式 $Cu(C_2H_3O_2)_2 \cdot 3Cu(AsO_2)_2$，被测组分 CuO：
$$F = \frac{4M(CuO)}{M[Cu(C_2H_3O_2)_2 \cdot 3Cu(AsO_2)_2]}$$

9-2-27 以下换算因数表示错误者为（　　）。
A. 称量式 Fe_2O_3，被测组分 Fe_3O_4：
$$F = \frac{2M(Fe_3O_4)}{3M(Fe_2O_3)}$$

B. 称量式 $PbCrO_4$，被测组分 Cr_2O_3：
$$F = \frac{M(Cr_2O_3)}{2M(PbCrO_4)}$$

C. 称量式 $Mg_2P_2O_7$，被测组分 MgO：
$$F = \frac{M(Mg_2P_2O_7)}{2M(MgO)}$$

D. 称量式 $(NH_4)_3PO_4 \cdot 12MoO_3$，被测组分 P_2O_5：
$$F = \frac{M(P_2O_5)}{2M[(NH_4)_3PO_4 \cdot 12MoO_3]}$$

E. 称量式 $Cu(C_2H_3O_2)_2 \cdot 3Cu(AsO_2)_2$，被测组分 As_2O_3：

$$F=\frac{M(As_2O_3)}{M[Cu(C_2H_3O_2)_2 \cdot 3Cu(AsO_2)_2]}$$

9-2-28 以 H_2SO_4 沉淀 Ba^{2+} 时,易共沉淀的离子是(   )。

A. NO_3^-;   B. Fe^{3+};   C. H^+;   D. ClO_3^-;   E. Na^+。

9-2-29 $BaSO_4$ 沉淀洗涤完毕,最后用 10g/L 的 NH_4NO_3 溶液洗涤是为了(   )。

A. 使沉淀更纯净;
B. 除去残留的 H_2SO_4;
C. 防止滤纸烘干时炭化;
D. 促进滤纸灰化时氧化;
E. 防止 $BaSO_4$ 分解。

9-2-30 以丁二酮肟镍沉淀法测定硫酸镍中镍时,试液调至氨性前,加入酒石酸的目的是(   )。

A. 调节溶液酸度;
B. 与 NH_3 组成缓冲体系;
C. 防止溶液的碱性过强;
D. 防止 Ni^{2+} 形成配合物;
E. 使 Fe^{3+}、Al^{3+}、Cr^{3+} 等干扰离子形成可溶性配合物。

9-2-31 过滤丁二酮肟镍时,使用的微孔玻璃滤器规格为(   )。

A. P_{40};   B. P_{16};   C. P_{10};   D. P_4;   E. $P_{1.6}$。

三、计算题

9-3-1 计算 CaF_2 在纯水与 0.010mol/L 的 $CaCl_2$ 溶液中的溶解度(不考虑盐效应)。

9-3-2 在 400mL CaC_2O_4 饱和溶液中,加入 $0.50g(NH_4)_2C_2O_4$,求 CaC_2O_4 的溶解度(不考虑盐效应)。

9-3-3 在 1000mL AgCl 饱和溶液中,加入多少克 $AgNO_3$,方可使其溶解度降至 0.2mg/L(不考虑盐效应)。

9-3-4 求 $BaCrO_4$ 在 0.010mol/L 的 $MgCl_2$ 溶液中的溶解度。

9-3-5 在 500mL $BaSO_4$ 饱和溶液中加入 3gNaCl,问 $BaSO_4$ 的溶解度增加了几倍?

9-3-6 计算 $CaCO_3$ 在 pH=6.00 的溶液中的溶解度。

9-3-7 计算 CaC_2O_4 在 $[H^+]=1.0\times10^{-3}$ mol/L 的溶液中的溶解度。

9-3-8 求 AgI 在 0.0050mol/L 的 NH_3 溶液中的溶解度,已知 $Ag(NH_3)_2^+$ 的 $\beta_1=2.1\times10^3$,$\beta_2=1.7\times10^7$。

9-3-9 求 $BaSO_4$ 在 pH=10.00 的 0.010mol/L 的 EDTA 溶液中的溶解度。

9-3-10 以 $MgNH_4PO_4 \cdot 6H_2O$ 沉淀称量法测定 $MgSO_4 \cdot 7H_2O$ 的纯度,灼烧后 $MgNH_4PO_4 \cdot 6H_2O$ 转化为 $Mg_2P_2O_7$,问应称取试样多少克?

9-3-11 以 $Fe(OH)_3$ 沉淀称量法测定 $FeNH_4(SO_4)_2 \cdot 12H_2O$ 的纯度,所得称量式为 Fe_2O_3,问应称取试样多少克?

9-3-12 已知煤中硫的含量约为 1%,今称取 5g 煤样,问称量分析法测定时,所得 $BaSO_4$ 的质量是多少?

9-3-13 $BaCrO_4$ 在 400mL 水中的溶解损失量是多少克？如 400mL 水中含有 0.010mol K_2CrO_4，$BaCrO_4$ 的溶解损失量又是多少？

9-3-14 为使 0.8g $w(CaCl_2·6H_2O)$ 约为 98% 的氯化钙试样中的钙沉淀完全，问需用 1mol/L 的 $(NH_4)_2C_2O_4$ 溶液多少毫升（按过量 100% 计）？

9-3-15 含量约 99% 的 $BaCl_2·2H_2O$ 试样 0.50g，沉淀其中 Ba^{2+} 需用 1mol/L H_2SO_4 溶液 3.0mL，问沉淀剂过量的百分数是多少？

9-3-16 合金试样 0.2723g，经处理得 Fe_2O_3 0.1876g，Al_2O_3 0.1198g，计算该样中 Fe、Al 的质量分数。

9-3-17 0.4972g 镍盐试样，在称量分析中得丁二酮肟镍（$NiC_8H_{14}N_4O_4$）0.4681g，求该样中 $Ni(NO_3)_2·6H_2O$ 的质量分数。

9-3-18 磷矿试样 0.4996g，在称量分析中得 $Mg_2P_2O_7$ 0.2667g，求该样中磷的质量分数。

9-3-19 铅矿试样 0.6008g，经处理得 $PbSO_4$ 0.5114g，求该样中 Pb_3O_4 的质量分数。

9-3-20 1.4146g $FeSO_4·(NH_4)_2SO_4·6H_2O$ 试样，在称量分析中得称量式 Fe_2O_3 0.2825g，求该样中 S 的质量分数。

9-3-21 0.5017g 某有机药物试样，经处理得 $KB(C_6H_5)_4$ 0.1848g，计算该样中 K 的质量分数。

9-3-22 $Ca_3(PO_4)_2$ 试样 0.9327g，溶解后于 100mL 容量瓶中定容，吸取此液 25.00mL，以 $(NH_4)_2C_2O_4$ 溶液沉淀其中 Ca^{2+}，最后得 CaC_2O_4 0.2872g，计算该样中 $Ca_3(PO_4)_2$ 的质量分数。

9-3-23 CaI_2 试样 1.2260g，经一系列操作得 0.2330g CaO，求此样中碘的质量分数。

9-3-24 1.2466g 磷肥试样，溶解后定容为 250.00mL，吸取此液 20.00mL，将其中 P 处理为 $(C_9H_7N)_3·H_3[PO_4·12MoO_3]·H_2O$，称得其质量为 0.3486g，计算此样中 P_2O_5 的质量分数。

9-3-25 含铁、铝试样 0.2166g，在称量分析中得 Fe_2O_3 与 Al_2O_3 0.2172g，将氧化物溶解后以配位滴定法测定 Fe^{3+}，消耗 $c(EDTA)=0.05235mol/L$ 的 EDTA 标准溶液 20.67mL，求试样中 Fe、Al 的质量分数。

9-3-26 某硅酸盐试样 1.000g，经一系列操作得 NaCl 与 KCl 0.0722g；将氯化物中 K^+ 沉淀为 $K_2Ag[Co(NO_2)_6]$，称得其质量为 0.0262g，求该样中 K_2O、Na_2O 的质量分数。

9-3-27 某化学试剂，瓶签已损坏，只能判断其化学式为 $KClO_x$。今称取该试剂 0.3000g，经处理得 AgCl 0.3103g，求其化学式。

9-3-28 含杂质的 Ag_3AsO_3 与 Ag_3AsO_4 混合试样 1.000g，经处理得 AgCl 0.7537g，若处理为 AgI，则为 1.2346g，计算此样中 Ag_3AsO_3 与 Ag_3AsO_4 的质量分数。

四、综合题

9-4-1 拟出 HCl、HNO_3、H_3PO_4 混合试样中诸组分含量的测定方法。

9-4-2 拟出 Na_2CO_3 与 $CaCO_3$ 混合试样中两组分含量的测定方法。

9-4-3 拟出 KCl 与 $CaCl_2$ 混合试样中两组分含量的测定方法。

9-4-4 拟出 $CaCO_3$ 测定的四种方法。

9-4-5 拟出 $Al_2(SO_4)_3$ 测定的三种方法。

9-4-6 拟出 $FeCl_3$ 测定的三种方法。

9-4-7 拟出 PbO 测定的两种方法。

9-4-8 拟出 NaCl 与 Na_3PO_4 混合试样中两组分含量的测定方法。

9-4-9 拟出 Na_2SO_3 与 Na_2SO_4 混合试样中两组分含量的测定方法。

9-4-10 拟出 $KBrO_3$ 与 KBr 混合试样中两组分含量的测定方法。

第十章
定量化学分析中常用的分离方法

概　要

　　定量化学分析中的分离任务，一是将待测组分从试液中分离出来（或分离出干扰组分）；二是通过分离使待测组分得以浓缩或富集，以满足测定方法对灵敏度的要求。分离是否完全，可用回收率表示：

$$回收率 = \frac{待测组分分离后测得量}{待测组分初始含量} \times 100\%$$

常用化学分离法见表 10-1。

表 10-1　常用化学分离法

方法名称	分离原理	有关分类	计算公式
沉淀法	沉淀反应	方法分类： 　常量组分分离 　　无机沉淀剂分离法（氢氧化物法、硫化物法）、有机沉淀剂分离法 　微量组分分离 　　无机共沉淀分离法、有机共沉淀分离法	溶度积： $$K_{SP,M_mA_n} = [M]^m[A]^n$$
萃取法	物质在两种互不混溶的溶剂中分配特性不同	萃取体系分类： 　螯合萃取体系 　离子缔合萃取体系 　协同萃取体系	分配系数： $$K_D = \frac{[A]_有}{[A]_水}$$ 分配比： $$D = \frac{c_有}{c_水}$$ 萃取剩余量 (mg, g)： $$m_n = m_0 \left(\frac{V_水}{DV_有 + V_水}\right)^n$$ 萃取效率： $$E = \left[1 - \left(\frac{V_水}{DV_有 + V_水}\right)^n\right] \times 100\%$$

续表

方法名称	分离原理	有 关 分 类	计 算 公 式
离子交换法	离子交换反应	离子交换树脂分类： 阳离子交换树脂 阴离子交换树脂 螯合型离子交换树脂	交换容量(mmol/g)： $Q_m = \dfrac{能交换的离子的物质的量}{干树脂的质量}$
色谱法	物质在不同的两相中分配系数的差异	方法分类： 柱色谱法 纸色谱法 薄层色谱法	比移值： $R_f = \dfrac{原点至斑点中心的距离}{原点至展开剂前沿的距离}$
挥发与蒸馏法	挥发性差异		

例 题

【例 10-1】 在 $[Mg^{2+}] = [Al^{3+}] = 0.010\,mol/L$ 的溶液中，加入 $NH_3 \cdot H_2O$ 与 NH_4Cl，使 $c(NH_3 \cdot H_2O) = 0.100\,mol/L$，$c(NH_4Cl) = 1.00\,mol/L$，问此时 Mg^{2+}、Al^{3+} 能否分离完全？

解 加入 $NH_3 \cdot H_2O$ 与 NH_4Cl 后，溶液即形成缓冲体系，其 $[OH^-]$ 为

$$[OH^-] = K_{NH_3 \cdot H_2O} \dfrac{c(NH_3 \cdot H_2O)}{c(NH_4Cl)}，查附录一，K_{NH_3 \cdot H_2O} = 1.8 \times 10^{-5}$$

$$[OH^-] = 1.8 \times 10^{-5} \times \dfrac{0.100}{1.00} = 1.8 \times 10^{-6}\,mol/L$$

查附录二，$K_{SP,Mg(OH)_2} = 1.8 \times 10^{-11}$

$[Mg^{2+}][OH^-]^2 = 0.010 \times (1.8 \times 10^{-6})^2 = 3.2 \times 10^{-14} < K_{SP,Mg(OH)_2}$，故 Mg^{2+} 不形成沉淀。

查附录二，$K_{SP,Al(OH)_3} = 1.3 \times 10^{-33}$

$[Al^{3+}][OH^-]^3 = 0.010 \times (1.8 \times 10^{-6})^3 = 5.8 \times 10^{-20} > K_{SP,Al(OH)_3}$，故 Al^{3+} 可形成沉淀。

$[OH^-] = 1.8 \times 10^{-6}$ 时，$[Al^{3+}]$ 为

$$[Al^{3+}] = \dfrac{K_{SP,Al(OH)_3}}{[OH^-]^3} = \dfrac{1.3 \times 10^{-33}}{(1.8 \times 10^{-6})^3}$$

$$= 2.2 \times 10^{-16}\,(mol/L) \ll 10^{-6}\,(mol/L)$$

以上计算表明，Mg^{2+}、Al^{3+} 可分离完全。

【例 10-2】 含 La^{3+} 10mg 的水溶液 20.0mL，在 pH = 7.0 时，用 8-羟基喹啉/$CHCl_3$ 溶液按以下两种方式萃取：(1) 用 30mL 一次萃取；(2) 每次用 10mL，分 3 次萃取。已知 $D = 43$，分别求出两种方式萃取水溶液中 La^{3+} 的剩余量与萃取效率。

解 (1) 用 30mL 一次萃取，La^{3+} 的剩余量与萃取效率分别为：

$$m_1 = m_0\left(\frac{V_水}{DV_有+V_水}\right) = 10 \times \frac{20}{43 \times 30 + 20} = 0.15\text{mg}$$

$$E = \left[1-\left(\frac{V_水}{DV_有+V_水}\right)\right] \times 100\% = \left(1-\frac{20}{43 \times 30 + 20}\right) \times 100\% = 98.47\%$$

(2) 每次用10mL，分3次萃取，La^{3+}的剩余量与萃取效率分别为：

$$m_3 = m_0\left(\frac{V_水}{DV_有+V_水}\right)^3 = 10 \times \left(\frac{20}{43 \times 10 + 20}\right)^3$$

$$= 8.8 \times 10^{-4}\text{mg}$$

$$E = \left[1-\left(\frac{V_水}{DV_有+V_水}\right)^3\right] \times 100\%$$

$$= \left[1-\left(\frac{20}{43 \times 10 + 20}\right)^3\right] \times 100\%$$

$$= 99.99\%$$

【例 10-3】 含 OsO_4 的水溶液 50.0mL，用 $CHCl_3$ 进行萃取，每次用量为 5.00mL，问萃取几次方可使萃取效率 E 达 99.8%？已知 $D=19.1$。

解 $E = \left[1-\left(\frac{V_水}{DV_有+V_水}\right)^n\right] \times 100\%$

$$99.8 = \left[1-\left(\frac{50.0}{19.1 \times 5.00 + 50.0}\right)^n\right] \times 100\%$$

$$n = 5.8 \approx 6 \text{ 次}$$

【例 10-4】 称取 1.000g 干燥的 OH^- 型阴离子交换树脂，加入 200.00mL $c(HCl) = 0.1064$mol/L 的 HCl 溶液，摇匀，静置。取上层清液 50.00mL，以 $c(NaOH) = 0.1048$mol/L 的 NaOH 溶液滴定至终点，用去 36.55mL，求此树脂的交换容量 Q_m。

解 $Q_m = \dfrac{\text{交换的离子的物质的量}}{\text{干树脂的质量}}$

$$= \frac{0.1064 \times 200.00 - 4 \times 0.1048 \times 36.55}{1.000}$$

$$= 5.96 \text{ (mmol/L)}$$

【例 10-5】 两种性质相似的元素 A_1 与 A_2 用纸色谱法分离，其比移值 R_f 分别为 0.40 与 0.60，如使分离后两斑点中心之间相距 2.5cm，问滤纸条应截取多长？

解 设原点至斑点中心的距离为 a，原点至展开剂前沿的距离为 b

$$R_{f,A_1} = \frac{a_1}{b} \qquad 0.40 = \frac{a_1}{b}$$

$$R_{f,A_2} = \frac{a_2}{b} \qquad 0.60 = \frac{a_2}{b}$$

$a_2 - a_1 = 0.60b - 0.40b$

$2.5 = 0.20b$

$b = 12.5\text{cm}$

即滤纸条截取的长度应大于 12.5cm。

第十章 定量化学分析中常用的分离方法

习 题

一、填空题

1. 定量分离引言

10-1-1 在分析化学中，定量分离的任务有二，一是_____；二是_____。

10-1-2 常用分离方法可分为_____、_____、_____、_____与蒸馏与挥发分离法等。

10-1-3 一种分离方法的分离效果可通过_____表示，它指的是_____，其计算式为_____。

2. 沉淀分离法

10-1-4 沉淀分离法是利用_____进行分离的方法。常量组分分离有_____分离法与_____分离法；微量组分分离有_____分离法与_____分离法。

10-1-5 在无机沉淀剂分离法中，应用最多的是以生成_____和_____沉淀进行分离；在有机沉淀剂分离法中，常用沉淀剂分为_____的沉淀剂与_____的沉淀剂。

10-1-6 氢氧化物沉淀分离法是利用氢氧化物沉淀_____进行分离的，待测组分与干扰组分能否分离完全，主要取决于_____的相对大小。

10-1-7 氢氧化物与硫化物沉淀均为_____沉淀，_____现象较严重。氢氧化物与硫化物沉淀分离法虽然可以分离多种离子，但方法的_____与_____均不够高。

10-1-8 有机沉淀剂分子中含有的能与金属离子起作用的特征基团称为_____，其结构不同，所表现出的_____和_____也不同。

10-1-9 无机共沉淀分离法是利用_____为载体，利用_____和_____作用进行分离和富集微量组分的方法。

10-1-10 有机共沉淀分离法是利用大分子的有机试剂与易形成胶体的物质_____作用或利用有机试剂与待测组分所生成的难溶物形成_____作用进行共沉淀分离的。

3. 萃取分离法

10-1-11 根据物质在两种_____的溶剂中_____不同进行分离的方法称为萃取分离法。

10-1-12 通常将易溶于_____，难溶于_____的性质称为物质的亲水性；易溶于_____，难溶于_____的性质则称为物质的疏水性。

10-1-13 无机离子大都是_____性的，能将待萃取的无机离子由_____性转化为_____性的试剂，称为萃取剂。

10-1-14 在一定温度下，物质以_____的型体在有机相与水相中分配达平衡时，其浓度比称为_____。其值越大，说明该物质在_____中的溶解度越大，越_____被萃取。

10-1-15 与分配比 D 大小有关的主要因素有_____、_____及物质的_____。

10-1-16 物质在_____称为萃取效率，又称_____。

10-1-17 萃取效率的高低与_____和_____有关。在使用同样量的有机溶剂时，_____萃取比_____萃取的效率要高。

10-1-18 萃取体系主要可分为_____与_____两类，这是根据所形成的_____不同进行划分的。

10-1-19 萃取溶剂对萃取组分应具有_____分配比，密度应与待萃取液有_____，其化学稳定性亦应_____。

4. 离子交换分离法

10-1-20 利用_____进行分离的方法称为离子交换分离法。

10-1-21 离子交换树脂是一类_____的高分子聚合物，根据_____的不同，其可分为_____交换树脂与_____交换树脂以及_____交换树脂。

10-1-22 强酸性阳离子交换树脂和强碱性阴离子交换树脂在_____、_____与_____溶液中均可使用；而弱酸性阳离子交换树脂通常在_____溶液中使用，弱碱性阴离子交换树脂在_____溶液中不宜使用。

10-1-23 离子交换树脂的链状分子是由_____联成网状结构的，树脂中_____称为交联度。

10-1-24 _____称为交换容量，其单位为_____。

10-1-25 离子交换反应是可逆的，在 $R-SO_3H + Na^+ \rightleftharpoons R-SO_3Na + H^+$ 为例的交换反应中，正反应过程叫作_____；逆反应过程叫作_____或_____过程。

10-1-26 _____称为离子交换树脂对离子的亲和能力。溶液浓度增大或温度升高时，在低浓度与常温下的亲和能力顺序会发生_____。

10-1-27 离子交换柱装好后，即可进行柱上操作。柱上操作主要是_____、_____、_____与_____。

10-1-28 制备去离子水时，通常系以_____交换树脂交换除去水中的阳离子，以_____交换树脂交换除去水中的阴离子。制备时多采用_____法进行纯化，如使水的纯度更高，则可采用_____法。

5. 色谱分离法

10-1-29 色谱分离法是_____的方法。

10-1-30　柱色谱法是将固体吸附剂装在_____中，制成色谱柱。固体吸附剂常用者有_____、_____和_____等。

10-1-31　在柱色谱分离中，所用洗脱剂应根据_____与_____进行选择。

10-1-32　纸色谱法是利用_____进行色层分离的方法，该法是以_____为固定相，以在色谱分离过程中沿着滤纸流动的有机溶剂为流动相的，后者又称为_____。

10-1-33　纸色谱法中，各组分在滤纸上移动的位置，常用_____说明，其表示式为_____，此值最大等于_____，最小等于_____。

10-1-34　在一定色谱条件下，各种物质的 R_f 值是_____的，不但可用 R_f 值作为_____的依据，还可用此值判断各组分的_____。

10-1-35　薄层色谱所用薄层板一般有_____板和_____板之分。_____板是直接用吸附剂铺成的板；_____板是在吸附剂中加入了一定量的黏合剂。

10-1-36　薄层色谱中选择展开剂时，一般应先用_____溶剂，如其分离效果不好，则再用_____溶剂。

10-1-37　薄层色谱分离后，如斑点无色，则可用适当的_____使之显色，亦可在_____下观察斑点的位置。

6. 蒸馏与挥发分离法

10-1-38　蒸馏与挥发分离法是_____的一种方法。

10-1-39　测定氮时，应先将含氮化合物中的氮转化为_____，再于浓碱下使之形成_____而将其蒸馏出来。

10-1-40　由于有机物存在着_____上的差异和_____性，因而许多有机物就是利用蒸馏的方式得以分离的。

二、选择题

1. 定量分离引言

10-2-1　定量化学分析中常用的分离方法包括（　　）。
A. 沉淀法；　　　　　B. 萃取法；　　　　C. 离子交换法；
D. 掩蔽法；　　　　　E. 色谱法。

10-2-2　在化学分离法中，一般要求回收率应（　　）。
A. 含量≥1%的组分：≥99.0%；
B. 含量≥1%的组分：≥99.9%；
C. 含量在 0.01%～1%组分：99%；
D. 含量在 0.01%～1%微量组分：98%；
E. 含量＜0.01%组分：≥95%。

2. 沉淀分离法

10-2-3　氢氧化物沉淀分离法控制溶液 pH 的常用方法有（　　）。
A. Na_2CO_3 法；　　　B. NaOH 法；　　　C. HAc 法；

D. 悬浮液法； E. $NH_3 \cdot H_2O$-NH_4Cl 法。

10-2-4 下列离子对中，能用 NaOH 分离的是（   ）。
A. Fe^{3+}、Pb^{2+}； B. Cu^{2+}、Ni^{2+}； C. Al^{3+}、Zn^{2+}；
D. Cr^{3+}、Hg^{2+}； E. Co^{2+}、Mg^{2+}。

10-2-5 下列离子对中，能用 $NH_3 \cdot H_2O$-NH_4Cl 分离的是（   ）。
A. Ba^{2+}、Co^{2+}； B. Hg^{2+}、Mg^{2+}； C. Sn^{4+}、Cd^{2+}；
D. Al^{3+}、Bi^{3+}； E. Fe^{3+}、Ni^{2+}。

10-2-6 下列离子对中，能用 ZnO 悬浮液分离的是（   ）。
A. Mg^{2+}、Co^{2+}； B. Mn^{2+}、Ni^{2+}； C. Sn^{4+}、Cr^{3+}；
D. Cr^{3+}、Ti^{4+}； E. Mn^{2+}、Fe^{3+}。

10-2-7 可使硫化物沉淀性能改善，分离效果较好的沉淀剂为（   ）。
A. Na_2S； B. $(NH_4)_2S$； C. CH_3CSNH_2；
D. H_2S； E. K_2S。

10-2-8 下列有机沉淀剂属于螯合剂的有（   ）。
A. 四苯硼酸钠； B. 8-羟基喹啉； C. 苦杏仁酸；
D. 丁二酮肟； E. 氯化四苯钾。

10-2-9 有机共沉淀剂的优点是（   ）。
A. 可借灼烧而挥发除去； B. 在水中溶解度较小；
C. 选择性高，分离富集效果好； D. 生成的沉淀有些易漂浮在液面上；
E. 生成的沉淀表面吸附作用小。

10-2-10 以下有关有机沉淀剂的优点叙述错误者为（   ）。
A. 生成的沉淀溶解度小； B. 生成的沉淀体积庞大疏松；
C. 生成的沉淀吸附杂质少； D. 生成的沉淀易于过滤；
E. 生成的沉淀易于洗涤。

3. 萃取分离法

10-2-11 萃取过程的本质是（   ）。
A. 使待分离组分由小分子转变为大分子； B. 使待分离组分由疏水性变成亲水性；
C. 使沉淀在有机相转变成可溶物； D. 使待分离组分由亲水性变成疏水性；
E. 使待分离组分由一种价态变成另一种价态。

10-2-12 根据相似相溶的原则，指出以下的叙述正确者为（   ）。
A. 无机盐类易溶于 CCl_4； B. 丁二酮肟镍易溶于 $CHCl_3$；
C. 8-羟基喹啉铝易溶于水； D. 有机盐类易溶于苯；
E. 非极性有机物难溶于乙酸乙酯。

10-2-13 萃取达平衡时，物质在有机相中的总浓度与在水相中的总浓度之比称为（   ）。
A. 分配比； B. 分配系数； C. 溶度比；
D. 配位比； E. 物质量比。

10-2-14 下列关系式表示错误的是（   ）。

A. $K_D = D$; B. $K_D = \dfrac{[A]_有}{[A]_水}$; C. $K_D = \dfrac{[A]_水}{[A]_有}$;

D. $D = \dfrac{c_水}{c_有}$; E. $D = \dfrac{c_有}{c_水}$。

10-2-15 萃取百分率正确的表示式为（　　）。

A. $E = \left[1 - m_0\left(\dfrac{V_水}{DV_有 + V_水}\right)^n\right] \times 100\%$ （连续萃取）；

B. $E = \left[1 - \left(\dfrac{V_水}{DV_有 + V_水}\right)^n\right] \times 100\%$ （连续萃取）；

C. $E = \dfrac{D}{D + V_水/V_有} \times 100\%$ （一次萃取）；

D. $E = \left[1 - \left(\dfrac{V_有}{DV_水 + V_有}\right)^n\right] \times 100\%$ （连续萃取）；

E. $E = \dfrac{c_有 V_有}{c_有 V_有 + c_水 V_水} \times 100\%$ （一次萃取）。

10-2-16 下列萃取体系属于离子缔合萃取体系的有（　　）。
A. 用苯萃取甲基紫染料的阳离子与 $SbCl_6^-$ 作用的产物；
B. 用 $CHCl_3$ 萃取 Hg^{2+} 的双硫腙化合物；
C. 用 $CHCl_4$ 萃取 Al^{3+} 的乙酰丙酮化合物；
D. 用 $CHCl_3$ 萃取氯化四苯钾与 $CdCl_4^{2-}$ 的作用产物；
E. 用乙酸乙酯萃取 Cu^{2+} 与二乙基胺二硫代甲酸钠的作用产物。

10-2-17 以下有关萃取分离叙述错误的是（　　）。
A. 能与被萃取物质作用，其生成物又易溶于有机溶剂的试剂称为萃取剂；
B. 萃取时加入的试剂称为萃取剂；
C. 萃取体系中的有机溶剂、水均可称为萃取溶剂；
D. 用来溶解可萃取物的与水不相溶的有机溶剂称为萃取溶剂；
E. 定量化学分析中应用最广的萃取体系是螯合萃取体系。

10-2-18 以下有机溶剂可作萃取溶剂的有（　　）。
A. 乙醇； B. 四氯化碳； C. 苯；
D. 异戊醇； E. 丙酮。

4. 离子交换分离法

10-2-19 强酸性阳离子交换树脂所含活性基团是（　　）。
A. $-OH$； B. $-SO_3H$； C. $-COOH$；
D. $-PO(OH)_2$； E. $-NH_2$。

10-2-20 强碱性阴离子交换树脂所含活性基团为（　　）。
A. $-NH_2$； B. $-NH(CH_3)$； C. $-N(CH_3)_2$；
D. $-N(CH_3)_3Cl$； E. $-OH$。

10-2-21 以下有关交联度的叙述，表达正确的是（　　）。
A. 交联度越大，树脂孔径越小；

B. 交联度越大，交换反应越快；

C. 交联度大的树脂选择性高；

D. 交联度越大，大体积离子进入树脂越容易；

E. 交联度大的树脂结构紧密，机械强度高。

10-2-22 强酸性阳离子交换树脂对下列离子的亲和能力的大小，排列顺序正确者为（　　）。

A. $H^+>K^+>Na^+>NH_4^+$；
B. $Fe^{3+}>Ca^{2+}>K^+>Li^+$；

C. $Zn^{2+}>Ca^{2+}>Na^+>Ag^+$；
D. $Fe^{3+}>Th^{4+}>Na^+>Li^+$；

E. $Th^{4+}>Ba^{2+}>Ca^{2+}>H^+$。

10-2-23 强碱性阴离子交换树脂对下列离子亲和能力的大小，排列顺序错误者为（　　）。

A. $OH^->Ac^->Cl^->Br^-$；
B. $NO_3^->CN^->Cl^->Ac^-$；

C. $CrO_4^{2-}>SO_4^{2-}>OH^->NO_3^-$；
D. $SO_4^{2-}>I^->NO_3^->F^-$；

E. $I^->Br^->Cl^->OH^-$。

10-2-24 将 Na^+、Li^+、Cs^+ 混合液通过强酸性阳离子交换树脂，HCl 溶液洗脱，离子的流出顺序是（　　）。

A. Cs^+、Li^+、Na^+；
B. Li^+、Cs^+、Na^+；

C. Na^+、Li^+、Cs^+；
D. Cs^+、Na^+、Li^+；

E. Li^+、Na^+、Cs^+。

10-2-25 新购得的离子交换树脂的预处理操作包括（　　）。

A. 过筛；
B. 水洗；
C. 再生；

D. 转型；
E. 洗脱。

10-2-26 以下有关离子交换操作叙述错误的是（　　）。

A. 离子交换柱可用滴定管代替；

B. 装柱时，应防止树脂层中存留气泡；

C. 树脂对洗脱剂离子的亲和力必须小于对已交换离子的亲和力；

D. 进行柱上操作时，树脂层可在液面之上；

E. 交换完毕，洗去树脂上残留的试液可用纯水。

10-2-27 测定氢型阳离子交换树脂交换容量的方法为（　　）。

A. 用 HCl 交换，以 NaOH 标准溶液滴定；

B. 用 NaOH 交换，以 HCl 标准溶液滴定；

C. 用 Na_2SO_4 交换，以 $AgNO_3$ 标准溶液滴定；

D. 用 HCl 交换，以 $AgNO_3$ 标准溶液滴定；

E. 用 NaCl 交换，以 NaOH 标准溶液滴定。

5. 色谱分离法

10-2-28 按操作方式不同，色谱分离法可分作（　　）。

A. 薄层色谱；
B. 气相色谱；
C. 纸色谱；

D. 液相色谱；
E. 柱色谱。

10-2-29 柱色谱分离中，对固定相的要求是（　　）。
A. 组成恒定，且具有较大的摩尔质量；　　B. 粒度适当且均匀；
C. 与待分离组分和洗脱剂能发生化学反应；　D. 不溶于洗脱剂；
E. 具有较大表面积和一定吸附能力。

10-2-30 以下洗脱剂极性大小排列顺序正确者为（　　）。
A. 甲醇＞乙醇＞乙醚＞甲苯；　　B. 苯＞甲苯＞乙酸乙酯＞石油醚；
C. 氯仿＞二氯乙烷＞四氯化碳＞吡啶；　D. 乙醚＞甲苯＞环己烷＞石油醚；
E. 乙酸乙酯＞丙酮＞乙醚＞四氯化碳。

10-2-31 以下关于纸色谱分离原理叙述错误的是（　　）。
A. 试样中各组分在固定相与流动相间的分配系数是不同的；
B. 分配系数大的组分在固定相上升速度较快；
C. 分配系数小的组分在固定相上升速度较快；
D. 纸色谱多用比移值衡量各组分的分离情况；
E. 比移值可作为定量分析的依据。

10-2-32 纸色谱法中比移值 R_f 取决于（　　）。
A. 斑点前沿与溶剂前沿的距离；　　B. 滤纸下缘与溶剂前沿的距离；
C. 斑点中心与原点的距离；　　D. 斑点中心与溶剂前沿的距离；
E. 原点与溶剂前沿的距离。

10-2-33 纸色谱法中，如使两组分相互分离，其比移值 R_f 之差至少应大于（　　）。
A. 2.0；　　B. 1.0；　　C. 0.20；
D. 0.02；　　E. 0.01。

10-2-34 纸色谱分离对所用滤纸的要求为（　　）。
A. 纸面平整，边缘齐整；　　B. 厚度均匀；
C. 灰分含量小于 0.01%；　　D. 强度较小；
E. 适应展开剂与分离对象的性质。

10-2-35 在薄层色谱法中，制备硬板时的错误操作是（　　）。
A. 在吸附剂与黏合剂混合物中加入水或其他液体，将其调成糊状；
B. 将糊状物倒在以水润湿的玻璃板上；
C. 使薄层厚度为 1～5cm；
D. 薄板制好后，在一定温度下进行活化；
E. 活化后的层析板应保存在干燥器中。

10-2-36 待分离组分是非极性的，在薄层色谱法中选用的展开剂和吸附剂应为（　　）。
A. 极性展开剂；　　B. Ⅰ～Ⅱ活度级吸附剂；
C. Ⅱ～Ⅲ活度级吸附剂；　　D. 非极性展开剂；
E. Ⅳ～Ⅴ活度级吸附剂。

6. 蒸馏与挥发分离法

10-2-37 蒸馏与挥发分离法适用于分离出（　　）。

A. 具有可溶解性的物质； B. 具有可燃性的物质；
C. 具有挥发性的物质； D. 可转化为具有挥发性的物质；
E. 可蒸馏出的物质。

10-2-38 以下无机物具有挥发性的为（　　）。

A. SiF_4；　　　　B. NH_3；　　　　C. AsO_3^{3-}；

D. AsH_3；　　　　E. AsO_4^{3-}。

10-2-39 以下无机物不具有挥发性的为（　　）。

A. $SnBr_4$；　　　　B. SO_4^{2-}；　　　　C. CO_2；

D. BF_3；　　　　E. NH_4^+。

三、计算题

10-3-1 溶液中 Cu^{2+}、Bi^{3+} 浓度均为 $0.010mol/L$，计算其开始形成氢氧化物沉淀与沉淀完全时的 pH。

10-3-2 已知 Cu^+、Mn^{2+} 浓度均为 $0.0080mol/L$，求其以 NaOH 分离的酸度条件。

10-3-3 Cd^{2+}、Ti^{3+} 共存时，如 $[Cd^{2+}]=0.005mol/L$，计算 Ti^{3+} 沉淀完全而 Cd^{2+} 不形成沉淀的酸度范围。

10-3-4 在 NH_4^+ 浓度为 $1.0mol/L$ 的溶液中，如使其中 Pb^{2+} 沉淀完全，溶液中 $NH_3 \cdot H_2O$ 的浓度最低应是多少？

10-3-5 Al^{3+}、Cr^{3+} 浓度均为 $0.020mol/L$ 时，如令溶液中 $c(HAc)=0.50mol/L$，$c(NaAc)=0.10mol/L$，问此二离子能否分离？

10-3-6 当溶液中 $[Mg^{2+}]=0.10mol/L$ 时，计算 MgO 悬浮液所能控制的 pH。

10-3-7 $6.00g$ 某有机酸溶于 $100mL$ 水中，用 $30mL$ 以水饱和的乙醚萃取，最后测得水中还剩余有机酸 $0.65g$，求该酸在乙醚与水中的分配比。

10-3-8 溶质 A 在苯与水中的分配比为 18.0，当苯与水的体积比为 $1:2$ 时，加入溶质 A $2.0g$，问萃取平衡后水中溶有 A 多少克？

10-3-9 Br_2 的水溶液 $50.0mL$，用 CCl_4 萃取，如使水中 Br_2 的含量为原来的二十分之一，问需用多少毫升 CCl_4？已知 Br_2 在 CCl_4 与水的分配比为 29.0。

10-3-10 用 $40.0mL$ 乙酸丁酯从 $80.0mL$ 水中萃取某螯合物，萃取效率可达 95.0%，问此螯合物在乙酸丁酯与水中的分配比是多少？

10-3-11 用 $60mL$ 某有机溶剂从 $100mL$ 水中萃取某溶质。已知分配比为 20，问一次和分二次、三次等量萃取，萃取效率各是多少？

10-3-12 含某溶质的一定体积水溶液，用一有机溶剂萃取。萃取时，$V_{有}/V_{水}=1/5$，一共萃取了 4 次。已知 $D=12$，问萃取效率是多少？

10-3-13 含有 $15mg$ Ga^{3+} 的稀 HCl 溶液 $100mL$，以 $30mL$ 乙醚萃取，每次用 $10mL$。已知 $D=18$，计算萃取效率与 HCl 溶液中 Ga^{3+} 的剩余量。

10-3-14 以等体积 $CHCl_3$ 三次萃取 $60mL$ 水溶液中的某溶质时，萃取效率可达 96.3%。如 $D=40.0$，求每次萃取所用 $CHCl_3$ 的体积是多少？

10-3-15 用 $90mL$ CCl_4 均分成三份，三次萃取 $100mL$ 水中的 I_2，萃取后水中 I_2 的

剩余量为 5.4×10^{-5} mg。已知 $D=85$，问水中 I_2 初始量是多少？

10-3-16 以异戊醇萃取某水溶液中的金属离子螯合物，已知 $V_水=80$ mL，$V_有=15$ mL，$D=25.0$，如使 $E=99.5\%$，问应萃取多少次？

10-3-17 用乙酰丙酮萃取 70 mL 水中的 0.200 mg 某金属离子，每次用量 15 mL。如分配比为 15，计算萃取几次方可使水中金属离子的剩余量为 6.34×10^{-4} mg？

10-3-18 以乙醚一次性萃取等体积水溶液中的脂肪酸时，萃取效率为 80.0%。如乙醚的体积增大一倍，问萃取效率是多少？

10-3-19 溶质 A 在醚与水中的分配比为 20.0，今以等体积醚二次萃取溶质 A，萃取效率为 97.2%，问萃取时醚与水的体积比是多少？

10-3-20 40.0 mL $c(I_2)=0.1000$ mol/L 的 I_2 水溶液，用 15 mL 某有机溶剂萃取一次后，有机溶剂中的 I_2 可消耗 $c(Na_2S_2O_3)=0.1000$ mol/L 的 $Na_2S_2O_3$ 溶液 30.00 mL，计算 I_2 在此有机溶剂和水中的分配比。

10-3-21 60.00 mL 0.2000 mol/L 一元有机酸水溶液，用 50.00 mL 乙醚萃取一次后，取 20.00 mL 水溶液，用 NaOH 标准溶液滴定，用去 15.00 mL。已知此有机酸在乙醚与水中的分配比为 20.0，求 NaOH 标准溶液的物质的量浓度。

10-3-22 取 0.9576 g 干燥的 H^+ 型强酸性阳离子交换树脂，于 50 mL 中性 NaCl 溶液中，摇匀，静置 2h 后，以酚酞为指示剂，用 $c(NaOH)=0.1146$ mol/L 的 NaOH 标准溶液滴定，用去 38.79 mL，求此树脂之交换容量。

10-3-23 称取 1.200 g 的 OH^- 型阴离子交换树脂，于 100.00 mL $c(HCl)=0.1092$ mol/L 的 HCl 溶液中，交换反应完全后，取 50.00 mL 清液，以 $c(NaOH)=0.09872$ mol/L 的 NaOH 标准溶液滴定，消耗 33.77 mL。已知该树脂含水量为 1.20%，求其交换容量是多少？

10-3-24 0.5072 g $NaAc\cdot 3H_2O$ 试样制成溶液后，通过强酸性阳离子交换树脂，流出液以 $c(NaOH)=0.1042$ mol/L 的 NaOH 标准溶液滴定，用去 35.46 mL，求此试样中 $NaAc\cdot 3H_2O$ 的质量分数。

10-3-25 含 $AlCl_3$、$ZnCl_2$ 及杂质的试样 0.2000 g，在配位滴定法中可消耗 $c(EDTA)=0.04108$ mol/L 的 EDTA 标准溶液 32.62 mL；同一质量的试样制成溶液后通过强酸性阳离子交换树脂，流出液可消耗 $c(NaOH)=0.1107$ mol/L 的 NaOH 标准溶液 32.34 mL，求此试样中 $AlCl_3$ 与 $ZnCl_2$ 的质量分数。

10-3-26 在某试液的纸色谱分离中，测得 Cu^{2+}、Co^{2+}、Ni^{2+} 斑点中心分别距溶剂前沿 7.5 cm、13.5 cm、20.5 cm，溶剂前沿距原点 25.0 cm，求各离子的比移值。

10-3-27 已知苏氨酸、丝氨酸、谷氨酸在纸色谱分离中的 R_f 值分别为 0.36、0.25、0.22，如溶剂前沿移动了 18 cm，问各组分在纸上移动了多少厘米？

10-3-28 Pb^{2+}、Cu^{2+} 以纸色谱法进行分离，测得 $R_{f,Cu^{2+}}=0.25$，溶剂前沿移动了 25.5 cm，Pb^{2+} 比 Cu^{2+} 斑点多移动了 6.8 cm，求 Pb^{2+} 的比移值。

10-3-29 以纸色谱法分离试样中 A 与 B 两组分，测得溶剂前沿移动距离为 22 cm，$R_{f,A}=0.55$，$R_{f,B}=0.76$，求两斑点中心的距离是多少？

10-3-30 A、B 两组分以纸色谱法分离，测得 $R_{f,A}=0.80$，$R_{f,B}=0.60$，若使两斑点中心相距 4.5 cm，问滤纸条的长度至少应是多少？

第十一章 试样分析的一般步骤

概　要

定量分析要求采集的试样具有代表性,能反映全部物料的平均组成。气体物料因组成较为均匀,可直接采样。液体物料应先搅拌均匀再取样,大量的液体物料,应在其上、中、下三处取样,然后混合均匀。组成均匀的固体物料可从总体中按有关规定随机抽取后混匀;组成不均匀的固体物料应根据其堆放情况和颗粒大小,从不同部位及不同深度分别采样后混合,采样量可据 $Q=Kd^2$ 经验公式确定。组成不均匀的固体试样采集后还需经粉碎、筛分、混匀及缩分等步骤,直至获得分析所用量。

定量分析一般需要将试样分解制成试液。无机试样常用的分解方法有溶解法与熔融法两种,前者包括水溶法、酸溶法和碱溶法,后者包括酸熔法和碱熔法;有机试样常用的分解方法是干式灰化法与湿式消化法。

习　题

一、填空题

1. 分析试样制备

11-1-1　定量分析要求所采集的试样具有_____,能反映全部物料的_____,否则分析结果再准确也毫无意义。

11-1-2　气体物料因组成_____,可直接采样;液体物料应先_____再取样,大容器中的液体物料,应在其_____三处取样,然后混合均匀。

11-1-3　组成不均匀的固体物料应根据_____经验公式确定采样量,物料越不均匀，式中的经验常数值_____。

11-1-4 组成不均匀的固体物料采样后需进一步处理，以得到_____。处理步骤包括_____、_____、_____与_____等。

11-1-5 制好的试样应分装在两个试剂瓶中，贴好标签，一瓶供_____用，另一瓶供_____用。

2. 试样的分解

11-1-6 试样分解过程中，既要防止被测组分的_____，又要避免引入被测组分和_____。

11-1-7 实际工作中分解试样，应根据_____与_____的不同，选择适当的分解方法。

11-1-8 无机试样常用的分解方法有_____法与_____法两种；有机试样常用的分解方法是_____法与_____法。

11-1-9 酸溶法分解试样是利用其_____、_____、_____及_____使试样溶解。

11-1-10 干式灰化法有两种，一是_____法；二是_____法。

3. 分析方法的选择

11-1-11 分析方法种类很多，同一种组分可以采用_____方法进行测定，同一类方法中又包括_____方法，欲获得符合要求的测定结果必须选取适当的分析方法。

11-1-12 分析方法应根据_____、_____、_____、_____以及_____进行选择。

11-1-13 一个理想的分析方法应是_____、_____、_____、_____、_____的方法。

二、选择题

1. 分析试样制备

11-2-1 以下有关试样采集叙述不正确者为（　　）。
A. 定量分析要求采集的试样能反映全部物料的平均组成；
B. 气体物料因组成较为均匀，可直接采样；
C. 液体物料应先搅拌均匀再取样；
D. 组成不均匀的固体物料，应在其上、中、下三处取样；
E. 组成不均匀的固体物料，其采样量可据 $Q=Kd^2$ 经验公式确定。

11-2-2 $Q=Kd^2$ 经验公式中的 K，可由试验求得，一般为（　　）。
A. 0.002～0.15；　　B. 0.002～0.015；　　C. 0.02～1.5；
D. 0.2～0.15；　　E. 0.02～0.15。

11-2-3 对于组成不均匀的固体物料，有关试样制备过程叙述正确者为（　　）。
A. 粉碎是通过规定的方法将大颗粒试样变成小颗粒试样；
B. 对不能过筛的大颗粒试样应弃去；

C. 混匀后的试样用四分法缩分；

D. 四分法要求将分好的四等份试样弃去任意两份；

E. 试样瓶标签上应注明试样名称、来源和采样日期。

2. 试样的分解

11-2-4 试样分解时有关注意事项说明错误的是（   ）。

A. 试样分解过程中，应避免待测组分的分解损失；

B. 试样分解要完全，不得留有未分解的残渣；

C. 溶解法分解试样，应优先用水溶解；

D. 熔融法分解试样，是利用等量固体熔剂在高温下与试样熔融反应；

E. 烧结法是使试样与固体熔剂在低于熔点的温度下进行分解反应。

11-2-5 分解无机试样可采用（   ）。

A. 水溶法；   B. 灰化法；   C. 烧结法；

D. 消化法；   E. 碱熔法。

11-2-6 分解试样常用的溶解法包括（   ）。

A. 氨溶法；   B. 酸溶法；   C. 水溶法；

D. 碱熔法；   E. 酸熔法。

11-2-7 分解试样的碱熔法常用的碱性熔剂不包括（   ）。

A. NaOH；   B. Na_2CO_3；   C. Na_2O_2；

D. $NH_3 \cdot H_2O$；   E. K_2CO_3。

11-2-8 以下关于有机试样的分解叙述错误者为（   ）。

A. 干式灰化法空白值低，适用于微量元素分析中试样的分解；

B. 定温灰化法适用于S、P、N等元素分析中试样的分解；

C. 氧瓶燃烧法适用于有机物中金属元素分析的试样分解；

D. 湿式消化法可使用硝酸、硫酸为溶剂；

E. 克氏定氮法测定蛋白质中的氮含量采用的试样分解法属于湿式消化法。

3. 分析方法的选择

11-2-9 根据测定目的不同，对分析方法的要求有（   ）。

A. 对标准物质分析要求灵敏度高；   B. 对成品分析要求准确度高；

C. 对中间产品分析要求速度快；   D. 对微量成分分析要求准确度高；

E. 对中间产品分析要求灵敏度高。

11-2-10 根据待测组分含量选择分析方法时，选择正确者为（   ）。

A. 常量组分采用滴定分析法；   B. 常量组分采用称量分析法；

C. 常量组分采用分光光度分析法；   D. 微量组分应采用仪器分析法；

E. 微量组分应采用滴定分析法。

11-2-11 根据待测组分性质选择分析方法时，下列组分的适宜测定方法为（   ）。

A. Na_2SO_3采用酸碱滴定法；   B. $K_2Cr_2O_7$采用沉淀滴定法；

C. $CaCl_2$ 采用配位滴定法；   D. HAc 采用氧化还原滴定法；
E. KCl 采用沉淀滴定法。

11-2-12 选择分析方法时如遇到共存离子的干扰，消除方法是（   ）。
A. 选用灵敏度高的分析方法；
B. 分离除去干扰离子；
C. 选用仪器分析方法；
D. 选用其他适当的分析方法；
E. 掩蔽干扰离子。

第十二章
仪器分析基础

概　　要

　　电化学分析是根据物质的电学和电化学性质进行分析的一类分析方法，是仪器分析的重要组成部分。根据测量的参数不同，电化学分析法主要分为电位分析法、库仑分析法、极谱分析法、电导分析法和电解分析法等。其中电位分析法是利用电极电位与溶液中待测离子活度（或浓度）的关系进行定量分析的一种分析方法，主要包括直接电位法和电位滴定法。电导分析法是根据测量溶液的电导率来确定被测物质含量的分析方法，可分为直接电导法和电导滴定法。

　　分光光度分析法又称吸光光度法，它是通过测量溶液中被测组分对一定波长光的吸收程度，以确定被测组分浓度的方法，主要有红外吸收光谱法、紫外吸收光谱法和可见吸收光谱法等。该方法所用分析仪器为分光光度计，其主要由光源、单色器、样品室、检测器和信号处理及显示系统五大部分组成，其测定原理基于朗伯-比尔定律。分光光度分析法的定量方法主要有目视比色法、工作曲线法、直接比较法和标准加入法。

　　气相色谱法是以气体作为流动相，液体或固体作为固定相，使样品中各组分分离，检测器连续响应，同时对各组分进行定性和定量分析的一种分离分析方法。气相色谱仪通常由气路系统、进样系统、分离系统、检测系统、数据处理系统和温度控制系统六大部分组成。色谱柱是分离系统的核心部件，一般可分为填充柱和毛细管柱。气相色谱检测器是色谱仪的"眼睛"，它将经过色谱柱分离后的各组分的信息转化为电信号，然后进行鉴定和测量。根据信息采集方法的不同，检测器可分为质量型检测器和浓度型检测器。根据测定原理的不同，检测器又可分为热导检测器（TCD）、电子捕获检测器（ECD）、氢火焰离子化检测器（FID）和火焰光度检测器（FPD）等。气相色谱定性分析方法主要有保留值定性、保留指数定性、联用技术定性等。定量分析方法有归一化法、标准曲线法、内标法和标准加入法等。

例 题

【例 12-1】 测定样品溶液中氯离子的含量，以银电极为指示电极，饱和甘汞电极为参比电极，用 0.1000mol/L AgNO₃ 标准滴定溶液滴定，所得数据如下表，求所消耗 AgNO₃ 标准滴定溶液的体积为多少毫升？

加入 AgNO₃ 体积 V/mL	工作电池电动势 E/V	加入 AgNO₃ 体积 V/mL	工作电池电动势 E/V
24.10	0.183	24.40	0.316
24.20	0.194	24.50	0.340
24.30	0.233	24.60	0.351

解 $\Delta^2 E/\Delta V^2 = 0$ 处对应的体积即为滴定终点时标准滴定溶液所消耗的体积 V_{ep}。

$$\frac{\Delta^2 E}{\Delta V^2} = \frac{\left(\frac{\Delta E}{\Delta V}\right)_{n+1} - \left(\frac{\Delta E}{\Delta V}\right)_n}{V_{n+1} - V_n}$$

表中，加入 AgNO₃ 体积为 24.30mL 时，

$$\frac{\Delta^2 E}{\Delta V^2} = \frac{\left(\frac{\Delta E}{\Delta V}\right)_{24.35} - \left(\frac{\Delta E}{\Delta V}\right)_{24.25}}{V_{24.35} - V_{24.25}}$$

$$= \frac{\frac{0.316 - 0.233}{24.40 - 24.30} - \frac{0.233 - 0.194}{24.30 - 24.20}}{24.35 - 24.25}$$

$$= \frac{0.830 - 0.390}{24.35 - 24.25} = 4.4$$

加入 AgNO₃ 体积为 24.40mL 时，

$$\frac{\Delta^2 E}{\Delta V^2} = \frac{0.240 - 0.830}{24.45 - 24.35} = -5.9$$

则终点必然在 $\Delta^2 E/\Delta V^2$ 为 4.4 和 −5.9 所对应的体积之间，即在 24.30～24.40mL 之间。可以用内插法计算，即

$$\frac{24.40 - 24.30}{-5.9 - 4.4} = \frac{V_{ep} - 24.30}{0 - 4.4}$$

$$V_{ep} = 24.30 + \frac{0 - 4.4}{-5.9 - 4.4} \times 0.10 = 24.34 \text{(mL)}$$

【例 12-2】 用氟离子选择性电极测定溶液中氟化物含量时，在 100mL 试液中测得电动势为 −26.8mV，加入 1.00mL 0.500mol/L 的 NaF 溶液，测得电动势为 −54.2mV。计算溶液中氟化物浓度。

解
$$\Delta c = \frac{c_s V_s}{V_x}$$

$$\Delta c = \frac{0.500 \times 1.00}{100} = 5.00 \times 10^{-3}$$

利用公式 $c_x = \Delta c \,(10^{\Delta E/S} - 1)^{-1}$

$$c_x = 5.00 \times 10^{-3} \times [10^{\frac{(54.2-26.8)\times 10^{-3}}{0.0592}} - 1]^{-1}$$
$$= 2.63 \times 10^{-3} (\text{mol/L})$$

【例 12-3】 以丁二酮肟光度法测定微量镍，若配合物 $NiDx_2$ 的浓度为 1.70×10^{-5} mol/L，用 2.0 cm 吸收池在 470 nm 波长下测得透光率为 30.0%，计算配合物 $NiDx_2$ 的摩尔吸光系数。

解
$$A = -\lg T = \varepsilon bc, \quad 即$$
$$-\lg 0.300 = \varepsilon \times 2.0 \times 1.70 \times 10^{-5}$$
$$0.5229 = 3.40 \times 10^{-5} \varepsilon$$
$$\varepsilon = 1.54 \times 10^4 [\text{L}/(\text{mol} \cdot \text{cm})]$$

【例 12-4】 以邻二氮菲光度法测定 Fe^{2+}，称取一定质量的样品，经处理后显色，定容至 50.00 mL，用 1.0 cm 的吸收池，在 510 nm 下测得吸光度 $A = 0.430$，如果将样品溶液稀释 1 倍，溶液的透光率将为多少？

解
$$A_1 = -\lg T_1 = 0.430$$
$$\frac{A_2}{A_1} = \frac{-\lg T_2}{-\lg T_1} = \frac{1}{2}$$
$$\lg T_2 = \frac{1}{2}\lg T_1 = -0.215$$
$$T_2 = 61.0\%$$

【例 12-5】 用磺基水杨酸法测定微量铁，$3.60 \mu g/mL$ 的铁标准溶液显色后，测得吸光度 A_s 为 0.320，在同样条件下测定铁样品溶液的吸光度 A_x 为 0.450，求样品溶液中铁的浓度为多少毫升每升？

解
$$\rho_x = \frac{A_x}{A_s} c_s$$
$$= \frac{0.450}{0.320} \times 3.60$$
$$= 5.06 (\mu g/mL)$$

【例 12-6】 在 456 nm 处，用 1 cm 吸收池，测定显色的锌配合物标准溶液及样品溶液的吸光度，数据如下表，试绘制工作曲线，并求出样品溶液中锌离子浓度。

$\rho(Zn)/(\mu g/mL)$	2.00	4.00	6.00	8.00	10.0	样品溶液
吸光度 A	0.105	0.205	0.310	0.415	0.515	0.260

解 以吸光度为纵坐标，以锌离子浓度为横坐标，作图：

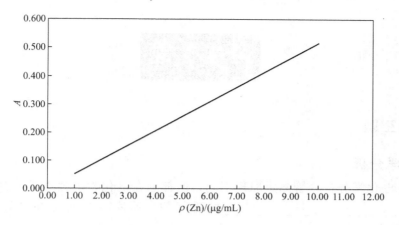

由图查得样品溶液 $A_x=0.260$，对应浓度为 $\rho_x=5.03\mu g/mL$。

【例 12-7】 实验测得某组分的调整保留时间为 310.0s。又测得正庚烷和正辛烷的调整保留时间分别为 174.0s 和 373.4s。计算此组分的保留指数 I_x。

解 已知 $t'_{R(x)}=310.0s$，$t'_{R(Z)}=174.0s$，$t'_{R(Z+n)}=373.4s$
$Z=7$，$n=8-7=1$ 则

$$I_x=100\times\left(7+1\times\frac{\lg 310.0-\lg 174.0}{\lg 373.4-\lg 174.0}\right)$$
$$=775.6$$

【例 12-8】 在某色谱条件下，分析只含有二氯乙烷、二溴乙烷及四乙酸铅三组分的样品，结果如下表，试用归一化法求各组分的含量。

化合物	二氯乙烷	二溴乙烷	四乙酸铅
色谱峰面积 A/cm^2	1.50	1.01	2.82
相对质量校正因子	1.00	1.65	1.75

解 $w_{二氯乙烷}=\dfrac{f'_{(二氯乙烷)}A_{(二氯乙烷)}}{f'_{(二氯乙烷)}A_{(二氯乙烷)}+f'_{(二溴乙烷)}A_{(二溴乙烷)}+f'_{(四乙酸铅)}A_{(四乙酸铅)}}\times 100\%$

$$=\frac{1.00\times 1.50}{1.00\times 1.50+1.65\times 1.01+1.75\times 2.82}\times 100\%$$
$$=18.52\%$$

同理

$w_{二溴乙烷}=20.57\%$，$w_{四乙酸铅}=60.91\%$。

【例 12-9】 用内标法测定燕麦敌的含量。称取 8.12g 试样，加入内标物正十八烷 1.88g，测得样品峰面积 $A_i=68.00cm^2$，内标物峰面积 $A_s=87.00cm^2$，已知燕麦敌对内标物的相对校正因子 $f'_{i/s}=2.40$。求燕麦敌的质量分数。

解
$$w_{燕麦敌}=\frac{f'_{i/s}A_i}{A_s}\times\frac{m_s}{m_{样品}}\times 100\%$$
$$=\frac{2.40\times 68.00}{87.00}\times\frac{1.88}{8.12}\times 100\%$$
$$=43.43\%$$

习　题

一、填空题

1. 电化学分析

12-1-1　电化学分析尽管测定原理不同，但都是在电化学电池中进行的，其中电位分析法是在_____内进行的，而库仑分析法和电导分析法是在_____内进行的。

12-1-2　电位分析法是通过测量_____的变化来测定物质含量的一种电化学分析方法。电位分析法分_____法和_____法两种。

12-1-3　电位分析法是用_____、_____和待测溶液组成工作电池，通过测量和计算得出某一电极的电极电位。

12-1-4　_____电极是提供测量参考恒定电位的电极，与被测物质的浓度_____。对其要求是电极电位_____、_____、可逆性和重现性好等。

12-1-5　常用的参比电极有_____电极和_____电极。

12-1-6　在使用甘汞电极时，加液口和液络部（多孔物质）的橡胶帽应_____，电极内部氯化钾溶液应保持足够的高度和浓度，溶液内_____气泡。

12-1-7　离子选择性电极一般由_____、_____和_____三部分组成。

12-1-8　pH 玻璃电极属于_____电极，适用于 pH 为_____的溶液的测定。

12-1-9　测定溶液 pH 的仪器称为_____，是通过测定原电池的电动势，确定待测溶液中氢离子浓度的仪器，它是根据 pH_x = _____而设计的。

12-1-10　常用来确定电位滴定法滴定终点的方法有三种：①由 E-V 曲线上的_____点确定滴定终点；②由一阶微商曲线的_____点确定滴定终点；③计算二阶微商值，由 $\Delta^2 E/\Delta V^2$ = _____求得滴定终点。

12-1-11　采用电位滴定法测定氧化还原性物质，通常采用_____为指示电极，_____为参比电极。

12-1-12　电导分析法是根据测量溶液的_____来确定被测物质含量的分析方法。可分为_____和_____法两种。

12-1-13　测量待测溶液电导率时，当显示值为"1---"时，说明测量值

_____，应选择_____；当显示值为"0"时，说明测量值 _____，应选择_____。

2. 分光光度分析

12-1-14　分光光度法是依据物质对光的_____而建立起来的分析方法，主要包括_____、_____、_____等。

12-1-15　_____是描述物质对不同波长光的吸收能力的关系曲线，曲线上吸收峰最高处（末端吸收除外）对应的波长称为_____，用_____表示。在此波长下测定吸光度，灵敏度最高。

12-1-16　不同物质溶液的吸收曲线在形状、吸收峰的位置和强度等方面是不同的，吸收曲线的形状和吸收峰的位置对各物质具有特征性，可作为_____的依据；而吸收峰的强度大小与物质的浓度有关，可作为_____的依据。

12-1-17　朗伯-比尔定律 $A=abc$，其中符号 c 代表_____，b 代表_____，a 称为_____。当 c 等于_____，b 等于_____，则符号 a 以符号_____表示，并称为_____。

12-1-18　按照朗伯-比尔定律，浓度 c 与吸光度 A 之间的关系应是一条通过原点的直线，事实上容易发生线性偏离，导致偏离的原因有_____和_____两大因素。

12-1-19　摩尔吸光系数 ε 是吸光物质的特性常数，ε 越大，表明该物质对某波长光的吸收能力_____，测定灵敏度_____。

12-1-20　有色化合物在溶液中受到_____、_____和_____等的影响，可能发生水解、沉淀、缔合等现象，从而影响有色化合物对光的吸收。

12-1-21　将无色的被测组分转变成有色物质的化学处理过程中，所用的化学试剂称为_____，所发生的化学反应称为_____。

12-1-22　选择显色剂时主要考虑：显色的_____要高；显色剂的_____要高；显色剂的颜色与生成物颜色之间要_____。

12-1-23　用分光光度计测量有色物质溶液的浓度时，吸光度在_____时，测量的相对误差较小，当吸光度等于_____时，测量的相对误差最小。

12-1-24　分光光度计的种类、型号繁多，但都是由_____、_____、_____、_____和_____五部分组成。

12-1-25　朗伯-比尔定律表明：当入射光的波长一定，_____固定，其溶液的吸光度与_____成正比。

12-1-26　某溶液的吸光度 $A=0.500$，其透光率为_____。

12-1-27　某溶液的浓度为 $c(\text{g/L})$，测得透光率为 80%，当其浓度变为 $2c(\text{g/L})$

时，则透光率为_____。

12-1-28 分光光度法测定铁含量，以邻二氮菲为显色剂，2cm 比色皿，在 510nm 处测得吸光度 0.480，则 Fe^{2+} 浓度是_____ mol/L ［已知 ε_{510} = 1.1×10^4 L/(mol·cm)］。

12-1-29 苯酚在水溶液中摩尔吸光系数 ε 为 6.17×10^3 L/(mol·cm)，若要求使用 1cm 吸收池时的吸光度为 0.2～0.8，则苯酚浓度控制在_____。

12-1-30 有 A、B 两份不同浓度的同一有色物质溶液，A 溶液用 1.00cm 吸收池，B 溶液用 2.00cm 吸收池，在同一波长下测得的吸光度值相等。则 B 溶液浓度与 A 溶液浓度的比值是_____。

3. 气相色谱分析

12-1-31 气相色谱法是用_____作流动相，以试样组分在固定相和流动相之间的_____、_____等作用的差异建立起来的分离分析方法。

12-1-32 根据固定相的状态不同，气相色谱法分为_____色谱法和_____色谱法。

12-1-33 气相色谱法具有_____，_____和_____以及分离和测定同时完成，易于实现自动化等优点。

12-1-34 气相色谱仪的型号种类很多，但它们的基本结构是一致的，都由_____、_____、_____、_____和数据处理系统、温度控制系统六大部分组成。

12-1-35 气相色谱分析法中常用的载气有_____和_____。

12-1-36 气相色谱法中，色谱柱有_____和_____两类；色谱柱的温度控制方式有_____和_____两种。

12-1-37 气相色谱仪中常用的检测器有_____、_____、_____和电子捕获检测器等。

12-1-38 相对保留时间只与_____和_____有关，与柱径、柱长、填装密度及气体流速无关。

12-1-39 色谱峰之间的距离与色谱过程的热力学因素有关，可以用_____理论来描述；色谱峰的宽度与动力学因素有关，可以用_____理论来描述。

12-1-40 理论塔板数（n）与保留时间（t_R）和半峰宽（$W_{h/2}$）的关系为_____。

12-1-41 根据速率理论，为了提高柱效，降低理论塔板高度，应注意以下条件的选择：载体颗粒直径要适当，颗粒要_____，填装要_____；固定液配比要_____，液膜要_____；固定液黏度要_____，柱温不能_____；此外要选择最佳载气流速。

12-1-42 分离度是指_____。

12-1-43 分离度 R = _____可作为相邻两峰已经完全分开的标志。

12-1-44 在气相色谱分析理论中，为了减小纵向分子扩散使色谱峰展宽程度，一般应采用_____为流动相，适当增加_____和控制较低的_____等措施。

第十二章 仪器分析基础

12-1-45　气相色谱法中常用的定量方法有＿＿＿＿＿＿、＿＿＿＿＿＿、＿＿＿＿＿＿和校正曲线法。

二、选择题

1. 电化学分析

12-2-1　电位法的依据是（　　）。
A. 朗伯-比尔定律；　　　　　　　　　　B. 能斯特方程；
C. 法拉第第一定律；　　　　　　　　　　D. 法拉第第二定律。

12-2-2　在一定条件下，电极电位恒定的电极称为（　　）。
A. 指示电极；　　B. 参比电极；　　C. 膜电极；　　D. 惰性电极。

12-2-3　pH 标准缓冲溶液应贮存于（　　）中密封保存。
A. 玻璃瓶；　　B. 塑料瓶；　　C. 烧杯；　　D. 容量瓶。

12-2-4　玻璃电极在使用前一定要在水中浸泡几小时，目的在于（　　）。
A. 清洗电极；　　B. 活化电极；　　C. 校正电极；　　D. 检查电极好坏。

12-2-5　测定 pH 的指示电极为（　　）。
A. 标准氢电极；　　B. pH 玻璃电极；　　C. 甘汞电极；　　D. 银-氯化银电极。

12-2-6　pH 玻璃电极和 SCE 组成工作电池，25℃时测得 pH＝6.18 的标液电动势是 0.220V，而未知试液电动势 E_x＝0.186V，则未知试液 pH 为（　　）。
A. 7.6；　　B. 4.6；　　C. 5.6；　　D. 6.6。

12-2-7　玻璃电极的内参比电极是（　　）。
A. 银电极；　　B. 氯化银电极；　　C. 铂电极；　　D. 银-氯化银电极。

12-2-8　用酸度计以浓度直读法测试液的 pH，先用与试液 pH 相近的标准溶液（　　）。
A. 调零；　　B. 消除干扰离子；　　C. 定位；　　D. 减免迟滞效应。

12-2-9　氟离子选择电极属于（　　）。
A. 参比电极；　　　　　　　　　　　　　B. 均相膜电极；
C. 金属-金属难熔盐电极；　　　　　　　　D. 标准电极。

12-2-10　电位滴定中，用氢氧化钠标准溶液滴定 HAc，宜选用（　　）作指示电极。
A. pH 玻璃电极；　　B. 银电极；　　C. 铂电极；　　D. 氟电极。

12-2-11　电位滴定法是根据（　　）来确定滴定终点的。
A. 指示剂颜色变化；　　B. 电极电位；　　C. 电位突跃；　　D. 电位大小。

12-2-12　在电位滴定中，以 E-V（E 为电位，V 为滴定剂体积）作图绘制滴定曲线，滴定终点为（　　）。
A. 曲线突跃的转折点；　　　　　　　　　B. 曲线的最小斜率点；
C. 曲线的最大斜率点；　　　　　　　　　D. 曲线的斜率为零时的点。

12-2-13　电位滴定与容量滴定的根本区别在于（　　）。
A. 滴定仪器不同；　　　　　　　　　　　B. 指示终点的方法不同；

C. 滴定手续不同； D. 标准溶液不同。

12-2-14 氟化镧单晶氟离子选择电极膜电位的产生是由于（   ）。

A. 氟离子在膜表面的氧化层传递电子；

B. 氟离子进入晶体膜表面的晶格缺陷而形成双电层结构；

C. 氟离子穿越膜而使膜内外溶液产生浓度差而形成双电层结构；

D. 氟离子在膜表面进行离子交换和扩散而形成双电层结构。

12-2-15 当pH玻璃电极测量超出使用的pH范围的溶液时，测量值将发生"酸差"和"碱差"。"酸差"和"碱差"使得测量pH值（   ）。

A. 偏高和偏高； B. 偏低和偏低； C. 偏高和偏低； D. 偏低和偏高。

2. 分光光度分析

12-2-16 分光光度法中，一般选用最大吸收波长的光为入射光，其原因是（   ）。

A. 提高分析的灵敏度； B. 最大吸收波长不随浓度而变化；

C. 最大吸收波长光程长； D. 最大吸收波长是物质的特征常数。

12-2-17 人眼能看见的光称为可见光，其波长范围为（   ）nm。

A. 10～200； B. 400～560； C. 400～750； D. 500～840。

12-2-18 在可见分光光度计中常用的检测器是（   ）。

A. 光电管； B. 测辐射热器； C. 硒光电池； D. 光电倍增管。

12-2-19 可见分光光度计的光源是（   ）。

A. 钨丝灯； B. 低压氢灯； C. 碘钨灯； D. 氖灯。

12-2-20 分析有机物时，常用紫外分光光度计，应选用的光源和比色皿是（   ）。

A. 钨灯光源和石英比色皿； B. 氖灯光源和玻璃比色皿；

C. 氖灯光源和石英比色皿； D. 钨灯光源和玻璃比色皿。

12-2-21 在分光光度法中，宜选用的吸光度读数范围为（   ）。

A. 0～0.2； B. 0.1～0.3； C. 0.3～1.0； D. 0.2～0.8。

12-2-22 用分光光度计测量有色物质的浓度，相对误差最小时吸光度为（   ）。

A. 0.343； B. 0.334； C. 0.443； D. 0.434。

12-2-23 在符合朗伯-比尔定律的范围内，有色物质的浓度、最大吸收波长、吸光度三者的关系是（   ）。

A. 增加，增加，增加； B. 减小，不变，减小；

C. 减小，增加，增加； D. 增加，不变，减小。

12-2-24 下列说法正确的是（   ）。

A. 吸光度与透光率成正比； B. 吸光度与透光率成反比；

C. 吸光度与透光率的对数成正比； D. 吸光度与透光率的负对数成正比。

12-2-25 有色配合物的摩尔吸光系数，与下列因素中有关系的是（   ）。

A. 比色皿的厚度； B. 有色配合物浓度；

C. 吸收池材料； D. 入射光波长。

12-2-26　某物质的摩尔吸光系数 ε 较大，说明（　　）。
A. 光通过该物质溶液的厚度厚；　　　B. 该物质溶液的浓度大；
C. 该物质对某波长的光吸收能力很强；　D. 测定该物质的灵敏度高。

12-2-27　符合朗伯-比尔定律的有色溶液稀释时，其最大吸收峰的波长位置（　　）。
A. 向长波方向移动；　　　　　　　B. 向短波方向移动；
C. 不移动，但高峰值降低；　　　　D. 不移动，但高峰值增大。

12-2-28　摩尔吸光系数的单位是（　　）。
A. mol/(L·cm)；　　　　　　　　B. L/(mol·cm)；
C. L/(g·cm)；　　　　　　　　　D. g/(L·cm)。

12-2-29　当某有色溶液用 1cm 吸收池测得其透光率为 T，若改用 2cm 吸收池，则透光率应为（　　）。
A. $2T$；　　　B. $2\lg T$；　　　C. $T^{1/2}$；　　　D. T^2。

12-2-30　进行光度分析时，误将标准系列的某溶液作为参比溶液调透光率 100%，在此条件下，测得有色溶液的透光率为 85%。已知此标准溶液对空白参比溶液的透光率为 85%，则该有色溶液的正确透光率是（　　）。
A. 50.0%；　　　B. 72.1%；　　　C. 41.2%；　　　D. 29.7%。

12-2-31　用新亚铜灵光度法测定试样中铜含量时，50.00mL 溶液中含 25.5μg Cu^{2+}。在一定波长下用 2.00cm 比色皿测得透光率为 50.5%。已知 $M(Cu)=63.55$g/mol。那么，铜配合物的摩尔吸光系数 [L/(mol·cm)] 为（　　）。
A. $2.9×10^4$；　　　B. $1.8×10^4$；　　　C. $9.5×10^4$；　　　D. $1.09×10^4$。

12-2-32　用偶氮氨膦光度法测定 La^{3+}（原子量 138.9）浓度为 25mL 中含 La^{3+} 10μg，用 1cm 比色皿在波长 665nm 处测得透光率为 50%，则该有色物的摩尔吸光系数 ε 为（　　）L/(mol·cm)。
A. $1.05×10^2$；　　　B. $1.5×10^9$；　　　C. $4.2×10^3$；　　　D. $1.05×10^5$。

12-2-33　溴百里酚蓝水溶液在某波长下摩尔吸光系数为 $ε=1.0×10^4$ L/(mol·cm)，若测量溴百里酚蓝水溶液的吸光度时，使用 2cm 比色皿、要求吸光度落在 0.2~0.8 之间，那么，应使溴百里酚蓝的浓度范围为（　　）。
A. $1.0×10^{-5}$~$4.0×10^{-5}$ mol/L；　　　B. $3.0×10^{-6}$~$6.0×10^{-6}$ mol/L；
C. $2.0×10^{-5}$~$4.0×10^{-5}$ mol/L；　　　D. $1.0×10^{-6}$~$3.0×10^{-6}$ mol/L。

12-2-34　按一般光度法用空白溶液作参比溶液，测得某试液的透光率为 10%，如果更改参比溶液，用一般分光光度法测得透光率为 20% 的标准溶液作参比溶液，则试液的透光率应等于（　　）。
A. 8%；　　　B. 40%；　　　C. 50%；　　　D. 80%。

12-2-35　分光光度分析中所作的工作曲线是指（　　）。
A. 吸光度对入射波长的变化曲线；
B. 透光率对标准溶液浓度的变化曲线；
C. 标准溶液的浓度对入射波长的变化曲线；
D. 吸光度对标准溶液浓度的变化曲线。

3. 气相色谱分析

12-2-36　下列不是气相色谱的特点的是（　　）。
A. 选择性好；　　　　　　　　　　　　B. 分离效率高；
C. 可用来直接分析未知物；　　　　　　D. 分析速度快。

12-2-37　在气-液色谱分析中，组分与固定相间的相互作用主要表现为（　　）。
A. 吸附-脱附；　　B. 溶解-挥发；　　C. 离子交换；　　D. 空间排阻。

12-2-38　良好的气-液色谱固定液为（　　）。
A. 蒸气压低、稳定性好；　　　　　　　B. 化学性质稳定；
C. 溶解度大，对相邻两组分有一定的分离能力；　D. A、B 和 C 均正确。

12-2-39　使用热导池检测器时，应选用（　　）作载气，其效果最好。
A. H_2；　　　　B. O_2；　　　　C. Ar；　　　　D. N_2。

12-2-40　试指出下列气体中，（　　）不是气相色谱法常用的载气。
A. 氢气；　　　　B. 氮气；　　　　C. 氧气；　　　　D. 氦气。

12-2-41　热导池检测器是一种（　　）。
A. 浓度型检测器；
B. 质量型检测器；
C. 只对含碳、氢的有机化合物有响应的检测器；
D. 只对含硫、磷化合物有响应的检测器。

12-2-42　下列气相色谱仪的检测器中，属于质量型检测器的是（　　）。
A. 热导池和氢焰离子化检测器；　　　　B. 火焰光度和氢焰离子化检测器；
C. 热导池和电子捕获检测器；　　　　　D. 火焰光度和电子捕获检测器。

12-2-43　测定有机溶剂中的微量水，下列四种检测器宜采用（　　）。
A. 热导池检测器；　　　　　　　　　　B. 氢火焰离子化检测器；
C. 电子捕获检测器；　　　　　　　　　D. 火焰离子化检测器。

12-2-44　应用 GC 方法来测定痕量硝基化合物，宜选用的检测器为（　　）。
A. 热导池检测器；　　　　　　　　　　B. 氢火焰离子化检测器；
C. 电子捕获检测器；　　　　　　　　　D. 火焰光度检测器。

12-2-45　在气-液色谱法中，首先流出色谱柱的组分（　　）。
A. 溶解能力小；　　B. 吸附能力小；　　C. 溶解能力大；　　D. 吸附能力大。

12-2-46　当载气线速越小，范第姆特方程式中，分子扩散项 B 越大，所以选下列气体中（　　）作载气最有利。
A. H_2；　　　　B. He；　　　　C. Ar；　　　　D. N_2。

12-2-47　根据范弟姆特方程式，下面说法（　　）是正确的。
A. 最佳流速时，塔板高度最小；　　　　B. 最佳流速时，塔板高度最大；
C. 最佳塔板高度时，流速最小；　　　　D. 最佳塔板高度时，流速最大。

12-2-48　只要柱温、固定相性质不变，即使柱径、柱长、填充情况及流动相流速有所变化，衡量色谱柱对被分离组分保留能力的参数保持不变的是（　　）。
A. 保留值；　　　　　　　　　　　　　B. 调整保留值；
C. 相对保留值；　　　　　　　　　　　D. 分配比（或分配容量）。

12-2-49 色谱法分离混合物的可能性决定于试样混合物在固定相中（　　）的差别。
A. 沸点；　　　　　　B. 温度；　　　　　　C. 吸光度；　　　　　　D. 分配系数。

12-2-50 在气相色谱分析中，用于定性分析的参数是（　　）。
A. 保留值；　　　　　B. 峰面积；　　　　　B. 分离度；　　　　　B. 半峰宽。

12-2-51 在气相色谱分析中，用于定量分析的参数是（　　）。
A. 保留时间；　　　　B. 保留体积；　　　　C. 半峰宽；　　　　　D. 峰面积。

12-2-52 气-液色谱中，色谱柱使用的上限温度取决于（　　）。
A. 试样中沸点最高组分的沸点；　　　　B. 固定液的最高使用温度；
C. 试样中各组分沸点的平均值；　　　　D. 固定液的沸点。

12-2-53 在气相色谱分析中，影响组分之间分离程度的最大因素是（　　）。
A. 进样量；　　　　　B. 柱温；　　　　　　C. 载体粒度；　　　　　D. 汽化室温度。

12-2-54 常用于评价色谱分离条件选择是否适宜的参数是（　　）。
A. 理论塔板数；　　　B. 塔板高度；　　　　C. 分离度；　　　　　　D. 死时间。

12-2-55 试指出下述说法中（　　）是错误的。
A. 根据色谱峰的保留时间可以进行定性分析；
B. 根据色谱峰的面积可以进行定量分析；
C. 色谱图上峰的个数一定等于试样中的组分数；
D. 色谱峰的区域宽度体现了组分在柱中的运动情况。

12-2-56 对于一对较难分离的组分现分离不理想，为了提高它们的色谱分离效率，最好采用的措施为（　　）。
A. 改变载气速度；　　　　　　　　　　B. 改变固定液；
C. 改变载体；　　　　　　　　　　　　D. 改变载气性质。

12-2-57 为测定某组分的保留指数，气相色谱法一般采取的基准物是（　　）。
A. 苯；　　　　　　　B. 正庚烷；　　　　　C. 正构烷烃；　　　　　D. 正丁烷和丁二烯。

12-2-58 在气相色谱分析中，柱长从 1m 增加到 4m，其他条件不变，则分离度增加（　　）。
A. 4 倍；　　　　　　B. 1 倍；　　　　　　C. 2 倍；　　　　　　　D. 10 倍。

12-2-59 物质 A 和 B 在长 2m 的柱上，保留时间为 16.40min 和 17.63min，不保留物质通过该柱的时间为 1.30min，峰底宽度是 1.11min 和 1.21min，该柱的分离度为（　　）。
A. 0.265；　　　　　B. 0.53；　　　　　　C. 1.03；　　　　　　　D. 1.06。

12-2-60 将纯苯与组分 i 配成混合液，进行气相色谱分析，测得当纯苯注入量为 $0.435\mu g$ 时的峰面积为 $4.00cm^2$，组分 i 注入量为 $0.653\mu g$ 时的峰面积为 $6.50cm^2$，当组分 i 以纯苯为标准时，相对定量校正因子是（　　）。
A. 2.44；　　　　　　B. 1.08；　　　　　　C. 0.924；　　　　　　D. 0.462。

三、计算题

12-3-1 取 100mL 含氯离子水样，插入氯离子电极和参比电极，测得电动势为 200mV，加 1.00mL 0.1000mol/L 的 NaCl 标准溶液后电动势为 185mV。求水样中氯离子含量。

12-3-2　Ca^{2+} 选择电极为负极与另一参比电极组成电池，测得 0.010mol/L 的 Ca^{2+} 溶液的电动势为 0.250V，同样情况下，测得未知钙离子溶液电动势为 0.271V。两种溶液的离子强度相同，计算求未知 Ca^{2+} 溶液的浓度。

12-3-3　称取硫酸试样 1.1969g，以玻璃电极作指示电极，饱和甘汞电极作参比电极，用 $c(NaOH)=0.5001$mol/L 的氢氧化钠标准滴定溶液滴定，记录标准滴定溶液体积与相应的电动势值如下：

滴定体积/mL	电动势/mV	滴定体积/mL	电动势/mV
23.70	183	24.00	316
23.80	194	24.10	340
23.90	233	24.20	351

（1）用二阶微商计算法确定滴定终点消耗标准滴定溶液体积；
（2）计算试样中硫酸的质量分数（硫酸的摩尔质量为 98.08g/mol）。

12-3-4　某一有色溶液在一定波长下用 2cm 比色皿测得其透光率为 60%，若在相同条件下改用 1cm 比色皿测定时，透光率为多少？若用 3cm 比色皿测定时，吸光度为多少？

12-3-5　用邻二氮菲光度法测定铁含量时，测得其 c 浓度时的透光率为 T。当铁浓度由 c 变为 $1.5c$ 时，在相同测量条件下的透光率为多少？

12-3-6　某一溶液，每升含 47.0mg 铁，吸取此溶液 5.0mL 于 100mL 容量瓶中，以邻二氮菲光度法测定铁，用 1.0cm 吸收池于 508nm 处测得吸光度为 0.467。计算吸光系数 a、摩尔吸光系数 ε（已知铁的原子量 55.85）。

12-3-7　有一标准 Fe^{2+} 溶液，浓度为 6μg/mL，测得吸光度为 0.306，有一 Fe^{2+} 的待测液体试样，在同一条件下测得吸光度为 0.510，求试样中铁的含量（mg/L）。

12-3-8　已知苦味酸铵溶液在 380nm 波长下的摩尔吸光系数值为 $\lg\varepsilon=4.13$。准确称取纯苦味酸铵试剂 0.02500g，溶解稀释成 1L 准确体积的溶液，在 380nm 波长下，用 1cm 比色皿，测得吸光度为 0.760，求苦味酸铵的摩尔质量为多少？

12-3-9　试样中微量锰含量的测定常用 $KMnO_4$ 比色法。已知锰原子的原子量为 54.94。称取锰合金 0.5000g，经溶解后用 KIO_4 将锰氧化为 MnO_4^-，稀释至 500.00mL，在 525nm 下测得吸光度为 0.400。另取相近含量的锰浓度为 1.0×10^{-4} mol/L 的 $KMnO_4$ 标准溶液，在相同条件下测得吸光度为 0.585。已知它们的测量符合光吸收定律，计算合金中锰的含量是多少？

12-3-10　维生素 D_2 在 264nm 处有最大吸收，$\varepsilon_{264}=1.82\times10^4$ L/(mol·cm)，$M=397$g/mol。称取维生素 D_2 粗品 0.0081g，配成 1L 溶液，在 264nm 紫外光下用 1.50cm 比色皿测得该溶液透光率为 35%，计算粗品中维生素 D_2 的含量。

12-3-11　根据下列实验结果求试样中各组分的质量分数，试样中只含下列四组分。

化合物	乙苯	对二甲苯	间二甲苯	邻二甲苯
色谱峰面积 A/cm^2	120	75	140	105
相对质量校正因子 f'_i	0.97	1.00	0.96	0.98

12-3-12 在一定色谱条件下，测得死时间为 2.374min，正己烷、乙酸乙酯、正庚烷保留时间分别为 2.437min、2.885min、3.994min，计算乙酸乙酯的保留指数 I_x。

12-3-13 在一根长 3m 的色谱柱上，分析某试样时，得两个组分的调整保留时间分别为 13min 和 16min，后者的峰底宽度为 1min。计算：（1）该色谱柱的有效塔板数；（2）两组分的相对保留值；（3）如欲使两组分的分离度 $R=1.5$，需要有效塔板数为多少？此时应使用多长的色谱柱？

12-3-14 应用气相色谱法测定某混合试样中组分 i 的含量。称取 1.800g 混合样，加入 0.360g 内标物 s，混合均匀后进样。从色谱图上测得 $A_i = 26.88 \text{cm}^2$，$A_s = 25.00 \text{cm}^2$，已知 $f'_i = 0.930$、$f'_s = 1.00$，求组分 i 的质量分数。

12-3-15 有一试样含甲酸、乙酸、丙酸及水、苯等物质，称取此试样 1.055g。以环己酮作内标，称取环己酮 0.1907g，加到试样中，混合均匀后，吸取此试液 3mL 进样，得到色谱图。从色谱图上测得各组分峰面积及已知的 s' 值如下表所示：

求甲酸、乙酸、丙酸的质量分数。

化合物	甲酸	乙酸	环己酮	丙酸
色谱峰面积 A/cm^2	14.8	72.6	133	42.4
相对响应值 s'	0.261	0.562	1.00	0.938

第十三章
综合练习题

综合练习题一（A）

一、填空题（34 分，每空 1 分）

1. 滴定管是用来 _____ 的量器，按用途不同，它可分为 _____ 滴定管与 _____ 滴定管。
2. 使用吸管时，应 _____ 手执洗耳球；_____ 手执管颈 _____ 部位，_____ 指控制管口。
3. 对于使用挥发性、易燃性试剂的实验，应远离 _____，易燃性溶剂加热避免使用 _____。
4. 各种试剂和溶液用后立即盖上盖，防止 _____ 或吸收 _____ 和 _____ 等，也防止溶剂蒸发。
5. 按约束性分类，标准可分为 _____ 和 _____。
6. 准确度是指 _____，以 _____ 表示。
7. 选择的基本单元不同时，同一物质的 _____ 不同；同一质量的物质 _____ 不同；同一溶液的 _____ 也不同。
8. 有效数字是指所有 _____ 的数再加上一位含有 _____ 数字，在分析工作中亦即实际上能 _____ 的数字。
9. 甲基橙、甲基红与酚酞三种指示剂的实际变色范围分别为 _____、_____ 与 _____。
10. 以 HCl 滴定 Na_2CO_3 时，如用酚酞为指示剂则滴至 _____ 计量点；如用甲基橙为指示剂则可滴至 _____ 计量点。
11. 由于 $NH_3 \cdot H_2O$ _____，故不宜采用直接滴定法测其纯度，一般系采用 _____ 法测定。
12. 拉平效应是 _____ 的效应；区分效应是 _____ 的效应。
13. 采用电位滴定法测定氧化还原性物质，通常采用 _____ 为指示电极。

14. 朗伯-比尔定律表明：当入射光的波长一定，_____固定，其溶液的吸光度与_____成正比。

15. 相对保留时间只与_____和固定相的性质有关，与柱径、柱长、填装密度及气体流速无关。

二、选择题（18分，每小题2分）

1. 放出移液管中的溶液时，当液面降至管尖后，应等待（   ）。
   A. 5s；   B. 10s；   C. 15s；
   D. 20s；   E. 30s。

2. 滴定分析操作中出现下列情况，导致系统误差的有（   ）。
   A. 滴定管未经校准；   B. 滴定时有溶液溅出；
   C. 指示剂选择不当；   D. 试剂中含有干扰离子；
   E. 试样未经充分混匀。

3. 以下物质必须用间接法制备标准溶液的是（   ）。
   A. NaOH；   B. $Na_2S_2O_3$；   C. $K_2Cr_2O_7$；
   D. Na_2CO_3；   E. ZnO。

4. $KHC_2O_4 \cdot H_2C_2O_4 \cdot 2H_2O$ 与 NaOH 反应生成 $KNaC_2O_4 + Na_2C_2O_4$，若以特定组合为基本单元，以下基本单元选取正确的为（   ）。
   A. $\frac{1}{3}KHC_2O_4 \cdot H_2C_2O_4 \cdot 2H_2O$；   B. $\frac{1}{2}KHC_2O_4 \cdot H_2C_2O_4 \cdot 2H_2O$；
   C. $KHC_2O_4 \cdot H_2C_2O_4 \cdot 2H_2O$；   D. $\frac{1}{4}KHC_2O_4 \cdot H_2C_2O_4 \cdot 2H_2O$；
   E. $\frac{1}{6}KHC_2O_4 \cdot H_2C_2O_4 \cdot 2H_2O$。

5. 欲用 NaOH 溶液滴定 H_3PO_4 达第三计量点，采取的措施是（   ）。
   A. 加入过量 NaCl 溶液；   B. 加入过量 $CaCl_2$ 溶液；
   C. 加入 8～10 滴 $CaCl_2$ 溶液；   D. 加入过量 NH_4Cl 溶液；
   E. 采用百里酚蓝为指示剂。

6. 称量氨水试样采用的适宜称量器皿为（   ）。
   A. 高型称量瓶；   B. 安瓿；   C. 小锥形瓶；
   D. 小烧杯；   E. 扁型称量瓶。

7. pH 玻璃电极和 SCE 组成工作电池，25℃时测得 pH = 6.18 的标液电动势是 0.220V，而未知试液电动势 E_x = 0.186V，则未知试液 pH 为（   ）。
   A. 7.6；   B. 4.6；   C. 5.6；   D. 6.6。

8. 用偶氮氨膦光度法测定 La^{3+}（原子量 138.9）浓度为 25mL 中含 La^{3+} 10μg，用 1cm 比色皿在波长 665nm 处测得透光率为 50%，则该有色物的摩尔吸光系数 ε 为（   ）L/(mol·cm)。
   A. 1.05×10^2；   B. 1.5×10^9；   C. 4.2×10^3；   D. 1.05×10^5。

9. 将纯苯与组分 i 配成混合液，进行气相色谱分析，测得当纯苯注入量为 0.435μg

时的峰面积为 4.00cm², 组分 i 注入量为 $0.653\mu g$ 时的峰面积为 6.50cm², 当组分 i 以纯苯为标准时, 相对定量校正因子是(   )。

A. 2.44;   B. 1.08;   C. 0.924;   D. 0.462。

三、简答题（16分，每小题4分）

1. 化工生产企业化验室的功能有哪些？

2. 何谓天平的灵敏性，它如何进行表示？

3. 有效数字指的是什么，它有何意义？

4. 酸碱指示剂的选择依据是什么？

四、计算题（32分，每小题8分）

1. 分析碱灰试样，五次测定结果为 50.14%、50.06%、50.18%、50.21%、50.10%。计算：（1）平均偏差；（2）相对平均偏差；（3）标准偏差；（4）相对标准偏差。

2. 将 250mL $c\left(\frac{1}{2}Na_2CO_3\right)=0.1500mol/L$ 的 Na_2CO_3 溶液与 750mL 未知浓度 Na_2CO_3 溶液混合后，所得溶液的浓度为 $c\left(\frac{1}{2}Na_2CO_3\right)=0.2038mol/L$，求该未知浓度 Na_2CO_3 溶液之物质的量浓度。

3. 铵盐试样 2.000g，加入过量 NaOH 溶液，加热，蒸出的 NH_3 用 50.00mL HCl 标准溶液 $[c(HCl)=0.5000mol/L]$ 吸收。剩余酸用 NaOH 标准溶液 $[c(NaOH)=0.5000mol/L]$ 反滴定时去 1.56mL，计算该样中 NH_3 的质量分数。

4. 混合钠碱试样 1.097g，用甲基橙为指示剂滴定，用去 HCl 标准溶液 31.44mL；如用酚酞为指示剂滴定，则用去同一 HCl 标准溶液 13.32mL。已知此 HCl 标准溶液 $T_{CaO/HCl}=0.01400g/mL$，计算此试样中各组分的质量分数。

综合练习题一（B）

一、填空题（32分，每空1分）

1. 氨羧配位剂因含有_____与_____两种配位能力很强的配位基团，因而能与许多金属离子形成稳定的螯合物。

2. 在配位滴定中，配合物的_____越大，滴定突跃范围越大；溶液的_____越大，突跃范围也就越大。

3. 在配位滴定中，干扰离子的掩蔽方法常用者为_____法、_____法与_____法。

4. 以置换滴定法测定铝盐中铝含量时，第一次加热煮沸溶液的目的是_____，第二次加热煮沸溶液的目的是_____。

5. 莫尔法滴定中，终点出现的早晚与溶液中_____的浓度有关。若其浓度过大，则终点_____出现，浓度过小则终点_____出现。

6. 用返滴定法测定 Br^- 或 I^- 时，由于_____的溶解度均比_____小，所以_____沉淀的转化。

7. 在常用指示剂中，$KMnO_4$ 属于_____指示剂；可溶性淀粉属于_____指示剂；二苯胺磺酸钠、邻二氮菲亚铁等属于_____指示剂。

8. 基准试剂 $Na_2C_2O_4$ 标定 $KMnO_4$ 溶液浓度时，滴定适宜温度为_____，不能高于_____，低于_____；滴定开始时溶液酸度为_____，滴定终了时酸度不低于_____。

9. 含碘盐系添加了 KIO_3 的食盐，间接碘量法测定食盐中的碘是基于 IO_3^- 与_____作用析出 I_2，再用_____标准溶液滴定。

10. 溶液中存在能与构晶离子形成可溶性配合物的配位剂，使沉淀溶解度_____的现象，称为_____效应。

11. 生成的沉淀属于何种类型，一是取决于沉淀的_____，二是取决于沉淀形成的_____。

12. 以 $BaSO_4$ 沉淀法测定 $BaCl_2$ 含量时，陈化作用的条件是_____或_____。

13. 利用_____进行分离的方法称为离子交换分离法。

二、选择题（20分，每小题2分）

1. 影响配位滴定突跃范围的因素包括（　　）。
   A. 滴定速度；　　　　　　　　B. 配合物稳定常数；
   C. 掩蔽剂的存在；　　　　　　D. 溶液的酸度；
   E. 指示剂用量。

2. 以置换滴定法测定铝盐中铝含量时，如用量筒量取加入的 EDTA 溶液的体积，则其对分析结果的影响是（　　）。
   A. 偏高；　　　B. 无影响；　　　C. 偏低；
   D. 无法判断；　　　E. 高低不一。

3. 用法扬司法测定 I^-，以下叙述正确者为（　　）。
   A. 控制溶液酸度使用 1mol/L 的乙酸；
   B. 控制溶液酸度使用 1mol/L 的盐酸；
   C. 控制溶液酸度使用 1mol/L 的硫酸；
   D. 滴定采用二甲基二碘荧光黄为指示剂；
   E. 滴定采用曙红为指示剂。

4. $K_2Cr_2O_7$ 法测定铁矿石中铁含量时,加入 H_2SO_4-H_3PO_4 混酸的作用是(　　)。
　A. 增加溶液酸度;　　　　　　　　　　B. 避免 $Cr_2O_7^{2-}$ 被还原为其他产物;
　C. 增大滴定突跃范围;　　　　　　　　D. 消除 Fe^{3+} 黄色对终点观察的影响;
　E. 降低 Fe^{3+}/Fe^{2+} 电对的电位。

5. 碘量法中为防止 I_2 的挥发,应(　　)。
　A. 加入过量 KI;　　　　　　　　　　　B. 滴定时勿剧烈摇动;
　C. 室温下反应;　　　　　　　　　　　D. 使用碘量瓶;
　E. 降低溶液酸度。

6. 为获得较纯净的沉淀,可采取下列措施(　　)。
　A. 选择适当的分析程序;　　　　　　　B. 再沉淀;
　C. 在较浓溶液中进行沉淀;　　　　　　D. 洗涤沉淀;
　E. 选择适当的沉淀条件。

7. $BaSO_4$ 沉淀洗涤完毕,最后用 10g/L 的 NH_4NO_3 溶液洗涤是为了(　　)。
　A. 使沉淀更纯净;　　　　　　　　　　B. 除去残留的 H_2SO_4;
　C. 防止滤纸烘干时炭化;　　　　　　　D. 促进滤纸灰化时氧化;
　E. 防止 $BaSO_4$ 分解。

8. 萃取过程的本质是(　　)。
　A. 使待分离组分由小分子转变为大分子;
　B. 使待分离组分由疏水性变成亲水性;
　C. 使沉淀在有机相转变成可溶物;
　D. 使待分离组分由亲水性变成疏水性;
　E. 使待分离组分由一种价态变成另一种价态。

9. 纸色谱法中比移值 R_f 取决于(　　)。
　A. 斑点前沿与溶剂前沿的距离;　　　　B. 滤纸下缘与溶剂前沿的距离;
　C. 斑点中心与原点的距离;　　　　　　D. 斑点中心与溶剂前沿的距离;
　E. 原点与溶剂前沿的距离。

10. 选择分析方法时如遇到共存离子的干扰,消除方法是(　　)。
　A. 选用灵敏度高的分析方法;　　　　　B. 分离除去干扰离子;
　C. 选用仪器分析方法;　　　　　　　　D. 选用其他适当的分析方法;
　E. 掩蔽干扰离子。

三、简答题 (16分,每小题4分)

1. EDTA 与金属离子配位的主要特点是什么?

2. 莫尔法中指示剂的实际用量是多少,其为何低于理论量?

3. 氧化还原指示剂的选择依据是什么?

4. 晶形沉淀的沉淀条件是什么?

四、计算题（32分，每小题8分）

1. 称取纯 ZnO 0.4012g，制成 250.00mL 溶液，从中吸取 25.00mL，以 EDTA 溶液滴定，用去 23.98mL，计算 EDTA 溶液的物质的量浓度。

2. 氯化钙试样 1.580g，溶解后定容于 250mL 容量瓶，从中吸取 25.00mL，加入 K_2CrO_4 指示剂，用 $c(AgNO_3)=0.1021mol/L$ $AgNO_3$ 标准溶液滴定，用去 27.64mL，计算试样中 $CaCl_2$ 的质量分数。

3. 0.2154g Na_2SO_3 试样，溶解后加入 I_2 标准溶液 $\left[c\left(\dfrac{1}{2}I_2\right)=0.1090mol/L\right]$ 50.00mL 与之作用，剩余 I_2 消耗 $Na_2S_2O_3$ 标准溶液 $[c(Na_2S_2O_3)=0.1006mol/L]$ 20.37mL，求试样中的 Na_2SO_3 质量分数。

$$SO_3^{2-}+I_2+H_2O = SO_4^{2-}+2HI$$

4. 铅矿试样 0.6008g，经处理得 $PbSO_4$ 0.5114g，求该样中 Pb_3O_4 的质量分数。

综合练习题二（A）

一、填空题（34分，每空1分）

1. 碱式滴定管的胶管不能_____，玻璃珠应_____，以便能灵活控制滴定。
2. 在容量瓶中定容，当加水至其容量的 3/4 时，应将容量瓶拿起_____次；当加水至距标线约_____ mm 处，应等_____ min 再加水至标线。无论无色、浅色或深色溶液，均应使弯月面_____与标线相切。
3. 使用有毒化学试剂时，必须采取适当的_____，其废弃物也不应随意_____。
4. 分析检验人员必须精通本岗位的分析业务，懂得分析原理、仪器结构、性能和操作方法，熟悉_____和_____，并严格执行。
5. 用标准溶液直接滴定试液的方法称为_____滴定法，它是_____的滴定方式。
6. 精密度是指_____，以_____表示。
7. 选择的基本单元不同时，同一物质的_____不同；同一质量的物质_____不同；同一溶液的_____也不同。
8. 有效数字不仅表示_____，还反映出测定的_____。
9. 甲基橙、甲基红与酚酞三种指示剂的实际变色范围分别为_____、_____与_____。
10. 用强碱滴定多元酸时，前一计量点附近形成突跃的条件是_____；用强酸滴定多元碱时，前一计量点附近形成突跃的条件是_____。
11. 以甲醛法测定 NH_4NO_3 纯度时，进行滴定时采用的指示剂是_____，这是因为反应产物（CH_2）$_6N_4$ 系_____（限用甲基红、酚酞两种指示剂）。

12. 在非水滴定中，利用溶剂的_____效应可以测定混酸或混碱的总量；利用_____效应可以分别测定混酸或混碱中各组分的含量。

13. 电位分析法是用_____、_____和待测溶液组成工作电池，通过测量和计算得出某一电极的电极电位。

14. 分光光度计的种类、型号繁多，但都是由_____、_____和_____、_____、_____五部分组成。

15. 分离度 $R=$_____可作为相邻两峰已经完全分开的标志。

二、选择题（18分，每小题2分）

1. 欲量取 9mL HCl 配制标准溶液，选用的量器是（　　）。
   A. 容量瓶；　　　　B. 滴定管；　　　　C. 移液管；
   D. 量筒；　　　　　E. 吸量管。

2. 测定过程中出现下列情况，导致偶然误差的是（　　）。
   A. 砝码未经校正；　　　　　　　　B. 滴定管的读数读错；
   C. 几次读取滴定管的读数不能取得一致；　D. 读取滴定管读数时总是略偏高；
   E. 待称试样潮解。

3. 需贮于棕色具磨口塞试剂瓶中的标准溶液为（　　）。
   A. I_2；　　　　　　B. $Na_2S_2O_3$；　　　C. HCl；
   D. NaOH；　　　　　E. $AgNO_3$。

4. 用下列反应测定 As_2O_3，以特定组合为基本单元时，其应取的基本单元是（　　）。

$$As_2O_3+6NaOH = 2Na_3AsO_3+3H_2O$$
$$AsO_3^{3-}+I_2+H_2O = AsO_4^{3-}+2I^-+2H^+$$

   A. $\frac{1}{4}As_2O_3$；　　B. $\frac{1}{2}As_2O_3$；　　C. As_2O_3；
   D. $\frac{1}{3}As_2O_3$；　　E. $2As_2O_3$。

5. 用 HCl 滴定 Na_2CO_3 达第一计量点时，为提高滴定的准确度，可（　　）。
   A. 采用甲酚红-百里酚蓝混合指示剂；　　B. 适当增加指示剂用量；
   C. 增大 HCl 标准溶液浓度；　　　　　　D. 适当加热溶液；
   E. 用 $NaHCO_3$ 参比溶液对照。

6. 下列物质对不能在溶液中共存的是（　　）。
   A. $Na_2CO_3+NaHCO_3$；　　　　B. $NaOH+Na_2CO_3$；
   C. $NaOH+NaHCO_3$；　　　　　　D. $Na_3PO_4+NaH_2PO_4$；
   E. $Na_2HPO_4+NaH_2PO_4$。

7. 电位滴定中，用氢氧化钠标准溶液滴定 HAc，宜选用（　　）作指示电极。
   A. pH玻璃电极；　　B. 银电极；　　C. 铂电极；　　D. 氟电极。

8. 用新亚铜灵光度法测定试样中铜含量时，50.00mL 溶液中含 25.5μg Cu^{2+}。在一定波长下用 2.00cm 比色皿测得透光率为 50.5%。已知 $M(Cu)=63.55g/mol$。那么，铜配合物的摩尔吸光系数为（　　）L/(mol·cm)。
   A. 2.9×10^4； B. 1.8×10^4； C. 9.5×10^4； D. 1.09×10^4。

9. 在气相色谱分析中，柱长从 1m 增加到 4m，其他条件不变，则分离度增加（　　）。
   A. 4 倍； B. 1 倍； C. 2 倍； D. 10 倍。

三、简答题（16 分，每小题 4 分）

1. 用移液管量取无色溶液如何读数，量取深色溶液又如何读数？

2. 何谓化学计量点，它与滴定终点有何区别？

3. 用盐酸标准溶液滴定氨水溶液能否采用酚酞作指示剂，为什么？

4. 气相色谱仪是由哪几部分组成的，各部分有什么作用？

四、计算题（32 分，每小题 8 分）

1. 测定 $KAl(SO_4)_2·12H_2O$ 试样六次，结果以 Al_2O_3 表示为 10.76%、10.81%、10.82%、10.93%、10.86%、10.90%。试计算分析结果的平均偏差及标准偏差。

2. 欲将 800.00mL $c(HCl)=0.1000mol/L$ 的 HCl 溶液，调成 $c(HCl)=0.5000mol/L$，问需加入 $c(HCl)=1.000mol/L$ 的 HCl 溶液多少毫升？

3. H_3PO_4 试液 25.00mL，稀释至 250.00mL 后，从中再吸出 25.00mL，用甲基橙为指示剂，以 $c(NaOH)=0.1048mol/L$ 的 NaOH 标准溶液滴定，用去 19.66mL，求该试液中 H_3PO_4 的质量浓度。

4. 混合钠碱试样 0.6839g，溶于水后以酚酞为指示剂滴定消耗 $c(HCl)=0.2000mol/L$ 的 HCl 标准溶液 23.10mL；再加入甲基橙指示剂继续滴定，又消耗同一 HCl 标准溶液 26.81mL，求该试样中各组分的质量分数。

综合练习题二（B）

一、填空题（32 分，每空 1 分）

1. EDTA 与不同价态的金属离子配位，一般均形成＿＿＿＿型配合物，故计算时多以_____为基本单元。

2. 由于_____的现象称为酸效应，它可用_____定量表述。

3. 由于EDTA与金属离子反应时有_____释出，故配位滴定多以_____将溶液的pH控制在一定范围内。

4. 以配位滴定法连续滴定溶液中Pb^{2+}、Bi^{3+}时，因_____，故EDTA与_____先反应，与_____后反应。

5. 莫尔法测Cl^-达化学计量点时，稍过量的_____生成_____沉淀，使溶液呈现_____色，指示滴定终点到达。

6. 返滴定法测Cl^-时，终点出现红色经摇动后又消失，是因为_____的溶解度小于_____的溶解度，在化学计量点时发生了_____。

7. 选择氧化还原指示剂时，应该使其_____电位在滴定_____范围内，且尽量接近_____。

8. 以$KMnO_4$法测定氯化钙中钙含量时，为使得到$Ca_2C_2O_4$沉淀完全、纯净，应严格控制好沉淀条件。沉淀的适宜温度为_____℃，酸度为_____，沉淀生成后还需水浴加热陈化_____min。

9. 维生素C中的_____具有还原性，可被I_2氧化，因而可在_____介质中以I_2标准溶液直接滴定。

10. 实际工作中，可加入过量沉淀剂，利用同离子效应使待测组分沉淀_____，但沉淀剂过量太多会导致其他效应，反而使沉淀溶解度_____。

11. 在沉淀过程中，_____称为聚集速度；_____称为定向速度。

12. 为获得较大颗粒的丁二酮肟镍沉淀，应使其_____析出，并于_____℃的水浴上保温30～40min。

13. 无机离子大都是_____性的，能将待萃取的无机离子由_____性转化为_____性的试剂，称为萃取剂。

二、选择题（20分，每小题2分）

1. 准确滴定金属离子的条件一般是（　　）。
A. $\lg c K'_{MY} \geq 8$；　　B. $\lg K'_{MY} \geq 6$；　　C. $\lg c K_{MY} \geq 6$；
D. $\lg c K'_{MY} \geq 7$；　　E. $\lg c K'_{MY} \geq 6$。

2. 以下有关掩蔽剂的应用，错误的是（　　）。
A. 测定Mg^{2+}时，用NaOH掩蔽Ca^{2+}；
B. 测定水中钙、镁时，用三乙醇胺掩蔽少量Fe^{3+}、Al^{3+}；
C. 测定Th^{4+}时，用维生素C掩蔽Fe^{3+}；
D. 测定Zn^{2+}时，用NH_4F掩蔽Al^{3+}；
E. 测定Bi^{3+}时，用H_2SO_4掩蔽Pb^{2+}。

3. 法扬司法测Cl^-时，下列操作中错误的是（　　）。
A. 选择曙红为指示剂；　　　　　　　B. 在氨性溶液中滴定；

C. 加入淀粉溶液； D. 在中性溶液中滴定；
E. 在日光照射下滴定。

4. 在 $SnCl_2$-$TiCl_3$-$K_2Cr_2O_7$ 法测定铁矿石中铁含量的叙述中正确者为（　　）。
   A. $SnCl_2$ 应趁热滴加，直至溶液黄色褪尽；
   B. 滴加 $TiCl_3$ 至溶液刚好出现钨蓝；
   C. $K_2Cr_2O_7$ 滴至钨蓝褪色，应准确记录消耗体积；
   D. H_2SO_4-H_3PO_4 混酸可用稀 H_2SO_4 代替；
   E. 为保证滴定反应进行完全，终点的蓝紫色可稍深一些。

5. 碘量法中为防止空气氧化 I^-，应（　　）。
   A. 在碱性条件下反应； B. 滴定速度适当快些；
   C. 避免阳光直射； D. 在强酸性条件下反应；
   E. I_2 完全析出后立即滴定。

6. 下列有关沉淀纯净陈述错误者为（　　）。
   A. 洗涤可减免吸留的杂质； B. 洗涤可减少吸附的杂质；
   C. 陈化可减少吸留的杂质； D. 沉淀完成后立即过滤可防止后沉淀；
   E. 易生成混晶的杂质应事先分离除去。

7. 采取均匀沉淀法所得沉淀（　　）。
   A. 颗粒较大； B. 结构疏松； C. 吸附水分较多；
   D. 吸附杂质较少； E. 易于过滤、洗涤。

8. 根据相似相溶的原则，指出以下的叙述正确者（　　）。
   A. 无机盐类易溶于 CCl_4； B. 丁二酮肟镍易溶于 $CHCl_3$；
   C. 8-羟基喹啉铝易溶于水； D. 有机盐类易溶于苯；
   E. 非极性有机物难溶于乙酸乙酯。

9. 柱色谱分离中，对固定相的要求是（　　）。
   A. 组成恒定，且具有较大的摩尔质量；
   B. 粒度适当且均匀；
   C. 与待分离组分和洗脱剂能发生化学反应；
   D. 不溶于洗脱剂；
   E. 具有较大表面积和一定吸附能力。

10. 分解试样的常用的溶解法包括（　　）。
    A. 氨溶法； B. 酸溶法； C. 水溶法；
    D. 碱熔法； E. 酸熔法。

三、简答题（16分，每小题4分）

1. 对金属指示剂的稳定性有何要求？

2. 法扬司法中，吸附指示剂选择规则是什么？

3. 以 $K_2Cr_2O_7$ 基准试剂标定 $Na_2S_2O_3$ 溶液，滴定终点附近溶液颜色如何变化，为何有此变化？

4. 称量分析中，对沉淀称量式的要求有哪些？

四、计算题（32分，每小题8分）

1. 50.00mL 水样，在 pH=10 时用 $c(\text{EDTA})=0.1013\text{mol/L}$ 的 EDTA 标准溶液滴定，用去 28.36mL；另取同一体积水样在 pH=12~13 时滴定，用去 EDTA 标准溶液 17.45mL，分别计算该样中 Ca^{2+}、Mg^{2+} 的质量浓度（g/L）。

2. 称取 0.8110g NaCl 试样，溶解后定容于 250mL 容量瓶，从中吸取 25.00mL，加入 K_2CrO_4 指示剂，用 $c(AgNO_3)=0.05312\text{mol/L}$ 的 $AgNO_3$ 溶液滴定，用去 24.90mL，计算 NaCl 的质量分数。

3. H_2O_2 试液 2.00mL，稀释为 25.00mL，用 $c\left(\dfrac{1}{5}KMnO_4\right)=0.09022\text{mol/L}$ 的 $KMnO_4$ 标准溶液滴定，用去 21.49mL，计算试液中 H_2O_2 的质量浓度（g/L）。
$$2MnO_4^- + 5H_2O_2 + 6H^+ =\!=\!= 2Mn^{2+} + 5O_2 + 8H_2O$$

4. $Ca_3(PO_4)_2$ 试样 0.9327g，溶解后于 100mL 容量瓶中定容，吸取此液 25.00mL，以 $(NH_4)_2C_2O_4$ 溶液沉淀其中 Ca^{2+}，最后得 CaC_2O_4 0.2872g，计算该样中 $Ca_3(PO_4)_2$ 的质量分数。

综合练习题三（A）

一、填空题（34分，每空1分）

1. 酸式滴定管常用来装_____溶液，不宜装_____溶液；碱式滴定管常用来装_____溶液，不能装_____溶液。
2. 无机酸废液可在不断搅拌下缓慢倒入过量_____溶液中；无机碱废液可在不断搅拌下缓慢倒入过量_____溶液中，然后各用大量水冲洗排放。
3. 精密仪器应放置于精密室，并且具有_____、_____、_____、防尘、防腐蚀性气体、避光等功能。仪器上应套上防尘罩。
4. 酸灼伤时，应用碱性稀溶液，如_____或_____冲洗。
5. 我国基本形成了以_____为主，_____、_____衔接配套的标准体系。
6. 精密度可以表示测定结果的_____性，准确度表示测定结果的_____性。
7. 选择的基本单元不同时，同一物质的_____不同；同一质量的物质_____不同；同一溶液的_____也不同。
8. 25000 若有二个无效零，则为_____位有效数字，应写为_____；若有三个无效零,则为_____位有效数字,应写为_____。

9. 甲基橙、甲基红与酚酞三种指示剂的实际变色范围分别为_____、_____与_____。

10. 用 NaOH 滴定 H_3PO_4 时,如用_____为指示剂则滴定至第一计量点;如用_____为指示剂则滴定至第二计量点;而由于_____,则不能直接滴定至第三计量点(限用甲基橙、酚酞两种指示剂)。

11. 在非水溶液滴定中,常用的酸标准溶液是_____;常用的碱标准溶液是_____。

12. 常用的参比电极有_____电极和_____电极。

13. 理论塔板数 (n) 与保留时间 (t_R) 和半峰宽 ($W_{h/2}$) 的关系为_____。

二、选择题(18分,每小题2分)

1. 欲移取 25mL HCl 标准溶液标定 NaOH 溶液浓度,选用的量器为(   )。
   A. 容量瓶;   B. 移液管;   C. 量筒;
   D. 吸量管;   E. 量杯。

2. 在下列所述情况中,属于操作错误者为(   )。
   A. 称量时,分析天平零点稍有变动;   B. 仪器未洗涤干净;
   C. 称量易挥发样品时没有采取密封措施; D. 操作时有溶液溅出;
   E. 读取滴定管读数时经常略偏低。

3. 用于直接法制备标准溶液的试剂是(   )。
   A. 高纯试剂;   B. 专用试剂;   C. 分析纯试剂;
   D. 基准试剂;   E. 化学纯试剂。

4. 以特定组合为基本单元时,以下列反应测定 NH_4NO_3 中的 N,N 应取的基本单元是(   )。

$$4NH_4NO_3 + 6HCHO = (CH_2)_6N_4^+HNO_3^- + 3HNO_3 + 6H_2O$$
$$(CH_2)_6N_4^+HNO_3^- + 3HNO_3 + 4NaOH = (CH_2)_6N_4 + 4NaNO_3 + 4H_2O$$

   A. $\frac{1}{4}N$;   B. $2N$;   C. $\frac{1}{2}N$;
   D. $\frac{1}{6}N$;   E. N。

5. 用 HCl 滴定 Na_2CO_3 达第二计量点时,为防止终点提前,可(   )。
   A. 采用混合指示剂;
   B. 在近终点时剧烈摇动溶液;
   C. 加入水溶性有机溶剂;
   D. 在近终点时煮沸溶液,冷却后继续滴定;
   E. 在近终点时缓缓滴定。

6. 某碱性试液,以酚酞为指示剂滴定,用去 HCl 溶液的体积为 V_1;继续以甲基橙为指示剂滴定,用去同一 HCl 溶液的体积为 V_2。如 $V_1 > V_2$,则该试液的组成为

(　　)。
　A. CO_3^{2-}；　　　　　B. HCO_3^-；　　　　　C. OH^-；
　D. $CO_3^{2-}+OH^-$；　　E. $HCO_3^-+CO_3^{2-}$。

7. 用分光光度计测量有色物质的浓度，相对误差最小时吸光度为（　　）。
　A. 0.343；　　　　B. 0.334；　　　　C. 0.443；　　　　D. 0.434。

8. 在气-液色谱分析中，组分与固定相间的相互作用主要表现为（　　）。
　A. 吸附-脱附；　　B. 溶解-挥发；　　C. 离子交换；　　D. 空间排阻。

9. 在气-液色谱法中，首先流出色谱柱的组分（　　）。
　A. 溶解能力小；　　B. 吸附能力小；　　C. 溶解能力大；　　D. 吸附能力大。

三、简答题（16分，每小题4分）

1. 玻璃仪器洗净的标志是什么？

2. 何谓物质的量浓度，其表示单位是什么？

3. 用NaOH溶液滴定HAc溶液能否采用酚酞作指示剂，为什么？

4. 确定电位滴定终点的方法有哪几种？

四、计算题（32分，每小题8分）

1. 分析某试样含铝量，以 Al_2O_3 表示分析结果为 16.68%、16.63%、16.59%、16.64%、16.55%。计算分析结果的平均偏差和相对平均偏差。

2. 需将多少毫升 $\rho=1.399$，含量50%的 H_2SO_4 溶液，加入到 1000mL $c\left(\frac{1}{2}H_2SO_4\right)=0.2000\text{mol/L}$ 的 H_2SO_4 溶液中，才能得到 $c\left(\frac{1}{2}H_2SO_4\right)=0.5000\text{mol/L}$ 的 H_2SO_4 溶液？

3. 用安瓿称取 HNO_3 试样 2.2131g，于 50.00mL NaOH 溶液 [$c(NaOH)=1.025\text{mol/L}$] 中，剧烈振荡使安瓿破裂。待反应完全后，以甲基橙为指示剂，用 HCl 标准溶液 [$c(HCl)=1.069\text{mol/L}$] 回滴，用去 16.67mL，求该试样中 HNO_3 的质量分数。

4. 试样中微量锰含量的测定常用 $KMnO_4$ 比色法。已知锰原子的原子量为 54.94。称取锰合金 0.5000g，经溶解后用 KIO_4 将锰氧化为 MnO_4^-，稀释至 500.00mL，在 525nm 下测得吸光度为 0.400。另取相近含量的锰浓度为 1.0×10^{-4} mol/L 的 $KMnO_4$ 标准溶液，在相同条件下测得吸光度为 0.585。已知它们的测量符合光吸收定律，计算合金中锰的含量是多少？

综合练习题三（B）

一、填空题（32分，每空1分）

1. 配位滴定法是以_____为基础的滴定分析法。本法中应用最广泛的配位剂是以_____为代表的氨羧配位剂。

2. 由于_____的现象称为配位效应，它可用_____定量表述。

3. 对金属指示剂与金属离子生成的配合物稳定性的要求是：$\lg K'_{MIn}$_____；$\lg K'_{MY} - \lg K'_{MIn}$_____。

4. 以配位滴定法连续滴定溶液中 Pb^{2+}、Bi^{3+}，系在 pH=_____时用 EDTA 标准溶液滴定 Pb^{2+}；在 pH=_____时用 EDTA 标准溶液滴定 Bi^{3+}，二者均以_____为指示剂。

5. 莫尔法测 Cl^- 时，由于_____沉淀溶解度小于_____沉淀的溶解度，所以当用 $AgNO_3$ 溶液滴定时，首先析出_____沉淀。

6. 返滴定法测定 I^- 时，指示剂必须在加入_____溶液后才能加入，否则将氧化_____而造成误差。

7. 选择氧化还原指示剂时，应该使其_____电位在滴定_____范围内，且尽量接近_____。

8. 以高锰酸钾法测定钢中铬含量时，用过二硫酸铵作为氧化剂氧化 Cr^{3+}，溶液中同时存在的_____也被氧化，但_____首先被氧化，其氧化完全的标志是出现_____。

9. 以 $K_2Cr_2O_7$ 基准试剂标定 $Na_2S_2O_3$ 溶液时，为使 $Cr_2O_7^{2-}$ 与 I^- 反应完全，一般应保持_____mol/L 酸度，加入理论量_____倍的 KI，并于暗处放置_____min。

10. 当沉淀反应达平衡时，向溶液中加入含有_____的试剂或溶液，使沉淀溶解度_____的现象称为同离子效应。

11. 沉淀形成过程中如定向速度_____聚集速度，则形成晶形沉淀；反之，如定向速度_____聚集速度，则形成无定形沉淀。

12. 以 $BaSO_4$ 沉淀法测定 $BaCl_2$ 含量，沉淀时加入 HCl 的目的一是为了_____，二是为了_____。

13. 在一定色谱条件下，各种物质的 R_f 值是_____的，不但可用 R_f 值作为_____的依据，还可用此值判断各组分的_____。

二、选择题（20分，每小题2分）

1. 与配位滴定所需控制的酸度无关的因素为（　　）。

A. 酸效应； B. 羟基化效应； C. 指示剂的变色；
D. 金属离子的颜色； E. 共存离子效应。

2. 金属指示剂应具备的条件有（　　）。
A. In 与 MIn 的颜色要相近； B. MIn 的稳定性要适当；
C. 显色反应灵敏、迅速； D. MIn 应不溶于水；
E. 具有良好的变色可逆性。

3. 以法扬司法测 Cl^- 时，应选用的指示剂是（　　）。
A. K_2CrO_4； B. $NH_4Fe(SO_4)_2$； C. $K_2Cr_2O_7$；
D. 荧光黄； E. 曙红。

4. 与 $KMnO_4$ 法相比，$K_2Cr_2O_7$ 法的主要优点是（　　）。
A. 可用直接法制备标准溶液； B. 氧化能力稍弱，与有些还原剂作用慢；
C. 室温下 Cl^- 不干扰测定； D. 需采用二苯胺磺酸钠指示剂；
E. $K_2Cr_2O_7$ 溶液非常稳定，便于长期保存。

5. 以 $K_2Cr_2O_7$ 标定 $Na_2S_2O_3$ 溶液时，滴定前加水稀释是为了（　　）。
A. 便于滴定操作； B. 保持溶液的微酸性；
C. 减少 Cr^{3+} 的绿色对终点的影响； D. 防止淀粉凝聚；
E. 防止 I_2 的挥发。

6. 在一般条件下，下述沉淀属于无定形沉淀的是（　　）。
A. AgCl； B. $MgNH_4PO_4 \cdot 6H_2O$；
C. $Fe(OH)_3$； D. CaC_2O_4；
E. As_2S_3。

7. 沉淀完成后进行陈化是为了（　　）。
A. 使无定形沉淀转变为晶形沉淀； B. 使沉淀更为纯净；
C. 除去混晶共沉淀带入的杂质； D. 使沉淀颗粒变大；
E. 加速后沉淀作用。

8. 萃取达平衡时，物质在有机相中的总浓度与在水相中的总浓度之比称为（　　）。
A. 分配比； B. 分配系数； C. 溶度比；
D. 配位比； E. 物质量比。

9. 纸色谱法中，如使两组分相互分离，其比移值 R_f 之差至少应大于（　　）。
A. 2.0； B. 1.0； C. 0.20；
D. 0.02； E. 0.01。

10. 分解无机试样可采用（　　）。
A. 水溶法； B. 灰化法； C. 烧结法；
D. 消化法； E. 碱熔法。

三、简答题（16分，每小题4分）

1. 影响配位滴定突跃大小的主要因素有哪些？

2. 佛尔哈德法测定 Cl^- 时，如何防止沉淀转化作用的发生？

3. 碘量法中，防止 I_2 挥发的主要措施有哪些？

4. 为得到符合称量分析要求的沉淀，应采取哪些措施？

四、计算题（32 分，每小题 8 分）

1. ZnO 基准试剂 0.2208g，溶解后以 EDTA 溶液滴定，消耗 39.60mL，计算 EDTA 溶液的物质的量浓度。

2. 称取氯化镁试样 1.280g，溶解后定容于 250mL 容量瓶，从中吸取 25.00mL，加入荧光黄指示剂，用 $c(AgNO_3)=0.1027mol/L$ $AgNO_3$ 标准溶液滴定，用去 23.72mL，计算试样中 $MgCl_2$ 的质量分数。

3. 以碘量法测定软锰矿试样，称样 1.138g，溶于浓 HCl 中，产生的 Cl_2 与 KI 反应析出 I_2。将 I_2 稀释至 250.00mL，吸取 25.00mL，以 $c(Na_2S_2O_3)=0.1034mol/L$ 的 $Na_2S_2O_3$ 溶液滴定，用去 21.56mL，计算软锰矿中 MnO_2 质量分数。

$$MnO_2 + 4HCl = MnCl_2 + Cl_2 + 2H_2O$$
$$Cl_2 + 2I^- = 2Cl^- + I_2$$
$$I_2 + 2S_2O_3^{2-} = 2I^- + S_4O_6^{2-}$$

4. 1.2466g 磷肥试样，溶解后定容为 250.00mL，吸取此液 20.00mL，将其中 P 处理为 $(C_9H_7N)_3 \cdot H_3[PO_4 \cdot 12MoO_3] \cdot H_2O$，称得其质量为 0.3486g，计算此样中 P_2O_5 的质量分数。

答　案

第二章　定量分析基本操作

一、填空题

1. 分析天平的使用

2-1-1　杠杆式；扭力；电子；十；一。

2-1-2　零点；平衡点。

2-1-3　灵敏度；感量；载荷改变 1mg 所引起指针偏移的格数（程度）；使指针偏移一格（一个分度）所需增加的质量；倒数。

2-1-4　稳定；重心。

2-1-5　专人；说明书；零部件；清洁。

2-1-6　感量恒定；无不等臂性误差；操作简便，称量迅速。

2-1-7　校准；0.5。

2-1-8　清洁；水平；正常；零点。

2-1-9　指定；直接；减量。

2-1-10　不能；干燥器；秤盘。

2-1-11　"由大至小，中间截取，逐级试验"；同一组合。

2. 滴定分析基本操作

2-1-12　器壁被水均匀润湿而不挂水珠。

2-1-13　准确测量滴定时放出的标准溶液体积；酸式；碱式。

2-1-14　灵活；无纹路；均匀透明；没有。

2-1-15　老化，变质；大小合适。

2-1-16　酸性或氧化性；碱性；碱性和非氧化性；氧化性；酸式。

2-1-17　逐滴连续滴加；只加一滴；使液滴悬而不落。

2-1-18　2~3；1。

2-1-19　左；右；圆周；滴落点周围溶液颜色的变化；夹在右手的中指与无名指之间。

2-1-20　1~2；0.5~1；0.01。

2-1-21　下缘最低点；两侧最高点；同一。

2-1-22　容纳液体；标称。

2-1-23　平摇；10；1～2；下缘最低点。

2-1-24　晾干；冷风吹干。

2-1-25　准确移取；移液管；吸量管。

2-1-26　完全流出式；不完全流出式；吹出式。

2-1-27　左；右；标线以上；食。

2-1-28　尖端内外；三；下口。

2-1-29　绝对校准；相对校准；绝对校准；相对校准。

2-1-30　在不同温度下玻璃容器中1mL水于空气中以黄铜砝码称得的质量。

3. 称量分析基本操作

2-1-31　定量滤纸与长颈漏斗；微孔玻璃坩埚或漏斗。

2-1-32　无定形；粗粒晶形；细粒晶形。

2-1-33　凡士林；推移。

2-1-34　溶样；沉淀；过滤和洗涤；烘干和灼烧；恒重。

2-1-35　使沉淀从溶液中分离出来；除去混杂在沉淀中的母液和吸附在沉淀表面上的杂质。

2-1-36　含共同离子的挥发性物质溶液；水；含少量电解质的热溶液。

2-1-37　四折；按紧一半；不要按紧；紧密贴合。

2-1-38　倾泻；少量多次，尽量沥干。

2-1-39　定性方法；代表性。

2-1-40　250；除去沉淀与滤纸中的水分；250～1200；烧去滤纸除去沉淀沾有的洗涤液，使沉淀式变成称量式。

2-1-41　不能太高；着火燃烧；浓硝酸或硝酸铵饱和溶液。

二、选择题

1. 分析天平的使用

2-2-1	C、D	2-2-2	B、C、D、E
2-2-3	A、D、E	2-2-4	A、B、D
2-2-5	B、C、D	2-2-6	A、B、D
2-2-7	A、C、E	2-2-8	B
2-2-9	B、C、D	2-2-10	E
2-2-11	B、C、E		

2. 滴定分析基本操作

2-2-12	A、C	2-2-13	A、E
2-2-14	C、E	2-2-15	B、D
2-2-16	C	2-2-17	A、C
2-2-18	B、C、E	2-2-19	A、D、E
2-2-20	C、D	2-2-21	C
2-2-22	D	2-2-23	B
2-2-24	A、C	2-2-25	C

2-2-26　E   2-2-27　A、B、D、E
2-2-28　D   2-2-29　B
2-2-30　A、C、D

3. 称量分析基本操作

2-2-31　D   2-2-32　B
2-2-33　C、E   2-2-34　C
2-2-35　A、B、C   2-2-36　C
2-2-37　D   2-2-38　A、B、D
2-2-39　A、C、D   2-2-40　B、C
2-2-41　B

三、计算题

2-3-1　10 格/mg；0.099mg/格   2-3-2　0.098mg/格
2-3-3　5mg   2-3-4　10 格/mg
2-3-5　0.10mg/格   2-3-6　0.10mg/格
2-3-7　0.2mg   2-3-8　0.3mg
2-3-9　21.3250g   2-3-10　12.2559g
2-3-11　0.2552g   2-3-12　100.38mL；+0.38mL
2-3-13　−0.18mL   2-3-14　+0.03mL
2-3-15　249.38g   2-3-16　49.91g
2-3-17　32℃   2-3-18　35℃
2-3-19　36.25mL   2-3-20　26.74mL

第三章　实验室管理与标准化

一、填空题

1. 实验室管理

3-1-1　化学分析；仪器分析；中控；中心。

3-1-2　规章制度。

3-1-3　技术水平；工作能力；文化程度；分析规程；安全技术规程。

3-1-4　有关的规程；标准。

3-1-5　防震；防热；防潮；防尘；防尘罩。

3-1-6　防火；防雷；防爆；专人。

3-1-7　药品柜；避光；避热；棕色瓶；用黑纸将瓶包好。

3-1-8　名称；浓度；配制日期。

3-1-9　灰尘落入；二氧化碳；水蒸气。

3-1-10　通风；照明；能源。

2. 实验室安全防护

3-1-11　饮食；吸烟；食物。

3-1-12　试剂和样品；不相符；

3-1-13 火源；明火。

3-1-14 防护措施；排放。

3-1-15 干燥；切断。

3-1-16 2‰ $NaHCO_3$ 溶液；稀氨水。

3-1-17 $NaHCO_3$ 溶液；酒精；新鲜空气。

3-1-18 爆炸；中毒；触电；割伤、烫伤、冻伤。

3-1-19 1211；干粉。

3-1-20 碱；酸。

3. 标准与标准化

3-1-21 科学；技术；经验。

3-1-22 国际标准；区域标准；国家标准；行业标准。

3-1-23 强制性标准；推荐性标准。

3-1-24 试验。

3-1-25 国际标准化组织。

3-1-26 强制性国家标准；标准发行顺序号；标准发行年代号。

3-1-27 最佳秩序；共同；重复。

3-1-28 国际标准；国外先进标准。

3-1-29 统一；简化；协调；最优化。

3-1-30 国家标准；行业标准；地方标准。

二、选择题

1. 实验室管理

3-2-1　A　　　3-2-2　A
3-2-3　C　　　3-2-4　C
3-2-5　D　　　3-2-6　D
3-2-7　D　　　3-2-8　A
3-2-9　D　　　3-2-10　A

2. 实验室安全防护

3-2-11　A、C　　3-2-12　B、D、E
3-2-13　C、E　　3-2-14　A、E
3-2-15　C　　　3-2-16　B、D
3-2-17　A、E　　3-2-18　B、C、D、E
3-2-19　C、E　　3-2-20　A

3. 标准与标准化

3-2-21　B　　　3-2-22　A
3-2-23　D　　　3-2-24　C
3-2-25　D　　　3-2-26　B
3-2-27　A　　　3-2-28　D
3-2-29　B　　　3-2-30　C

第四章　定量分析概论

一、填空题

1. 滴定分析引言

4-1-1　标准溶液；滴定终点；标准溶液。

4-1-2　转折点；滴定终点。

4-1-3　反应必须按反应式定量进行完全；反应速率要快；有确定化学计量点的适当方法。

4-1-4　酸碱滴定法；配位滴定法；氧化还原滴定法；沉淀滴定法。

4-1-5　直接；最常用、最基本。

4-1-6　一定量过量；剩余的第一种标准溶液；两种标准溶液用量之差。

4-1-7　适当；一定量；标准溶液。

4-1-8　另外的化学反应。

2. 误差与偏差

4-1-9　测定结果与真实值相接近的程度；误差；在相同条件下，多次测定结果相符合的程度；偏差。

4-1-10　再现；正确。

4-1-11　不一定高；精密度高；精密度。

4-1-12　$\bar{d}=\dfrac{\sum|d_i|}{n}$；$\bar{d}\%=\dfrac{\bar{d}}{\bar{x}}\times 100\%$；$S=\sqrt{\dfrac{\sum d_i^2}{n-1}}$；$S\%=\dfrac{S}{\bar{x}}\times 100\%$。

4-1-13　方法误差；仪器误差；试剂误差；操作误差。

4-1-14　恒定的；重复出现；校正的。

4-1-15　偶然因素；不可测；必然。

4-1-16　大小相近的正负误差；小误差；大误差；特别大的误差。

4-1-17　系统。

4-1-18　对照试验；空白试验；校准仪器；校正方法；偶然。

4-1-19　标准样品；标准方法；回收试验。

4-1-20　试剂；蒸馏水；实验器皿。

3. 标准溶液

4-1-21　物质 B 之物质的量除以混合物的体积；mol/L。

4-1-22　原子、分子、离子；特定组合；客观需要。

4-1-23　摩尔质量；物质的量；物质的量浓度。

4-1-24　1mL 标准溶液相当于被测物质的质量；$T_{B/A}$；g/mL。

4-1-25　基准试剂；第一基准；工作基准。

4-1-26　基准试剂；普通试剂。

4-1-27　一定量的基准试剂；一定体积；基准试剂的质量和溶液的体积。

4-1-28　近似所需浓度；基准试剂或其他标准溶液。

4-1-29　加塞密封；棕色具磨口塞瓶；塑料瓶；两个月。

4-1-30　煮沸并冷却的蒸馏水；重新标定。

4. 滴定分析中的计算

4-1-31　$c_B = \dfrac{n_B}{V}$；$n_B = \dfrac{m_B}{M_B}$。

4-1-32　$c_A V_A = c_B V_B$；$c_浓 V_浓 = c_稀 V_稀$。

4-1-33　$c_A V_A = \dfrac{m_B}{M_B}$；$c_B V_B = \dfrac{m_B}{M_B}$。

4-1-34　$w_B = \dfrac{m_B}{\sum m}$；$w_B = \dfrac{c_A V_A M_B}{m_S}$；$w_B = \dfrac{(c_{A_1} V_{A_1} - c_{A_2} V_{A_2}) M_B}{m_S}$。

4-1-35　$\rho_B = \dfrac{m_B}{V_S}$；$\rho_B = \dfrac{c_A V_A M_B}{V_S}$。

4-1-36　特定组合；转移的质子数；转移的电子数。

4-1-37　$Mg(OH)_2$；$\dfrac{1}{2} CaCO_3$；$\dfrac{1}{6} KBrO_3$；KI。

4-1-38　$NaHC_2O_4$；$\dfrac{1}{2} KHC_2O_4$；$\dfrac{1}{4} KHC_2O_4 \cdot H_2C_2O_4 \cdot 2H_2O$；$Na_2C_2O_4$。

4-1-39　$\dfrac{1}{2} P_2O_5$。

4-1-40　$\dfrac{1}{6} Cr_2O_3$。

4-1-41　$\dfrac{1}{4} FeS_2$。

4-1-42　$\dfrac{1}{2} CaCl_2$。

5. 分析数据的处理

4-1-43　确定；不确定性；测量到。

4-1-44　非零的；最后；一位可疑。

4-1-45　数值的大小；准确程度。

4-1-46　前面；定位；中间；后面。

4-1-47　小数点后位数；有效数字位数。

4-1-48　1.28×10^4；12800。

4-1-49　三；2.50×10^4；二；2.5×10^4。

4-1-50　25.00；25；3.0。

4-1-51　一次；连续。

4-1-52　可疑值；舍弃可疑值；保留。

4-1-53　$\dfrac{x_{可疑} - x_{邻近}}{x_{最大} - x_{最小}}$；$Q_计 \geqslant Q_{0.90}$。

4-1-54　平均值；$\mu \pm t \dfrac{S}{\sqrt{n}}$；估计的把握。

4-1-55　平均值；真实值；平均值。

4-1-56　测定；极限；修约值；全数值。

4-1-57　修约；全部数字；极限数值。

4-1-58　修约；修约；极限数值；修约后；极限。

4-1-59　四。

4-1-60　2.1%。

二、选择题

1. 滴定分析引言

4-2-1　E　　　　　　　　　　4-2-2　B、D

4-2-3　A　　　　　　　　　　4-2-4　B

4-2-5　B、D　　　　　　　　4-2-6　C、E

2. 误差与偏差

4-2-7　B、C、E　　　　　　　4-2-8　A

4-2-9　C　　　　　　　　　　4-2-10　D

4-2-11　E　　　　　　　　　　4-2-12　A、D

4-2-13　C、E　　　　　　　　4-2-14　B、E

4-2-15　A、C、D　　　　　　4-2-16　C

4-2-17　B、C、D　　　　　　4-2-18　C、D、E

4-2-19　D　　　　　　　　　　4-2-20　B

3. 标准溶液

4-2-21　A、C　　　　　　　　4-2-22　E

4-2-23　B、D　　　　　　　　4-2-24　A

4-2-25　A、B、C　　　　　　4-2-26　E

4-2-27　D　　　　　　　　　　4-2-28　A、B

4-2-29　A、B、E　　　　　　4-2-30　B

4-2-31　C

4. 滴定分析中的计算

4-2-32　C、D　　　　　　　　4-2-33　C、E

4-2-34　B　　　　　　　　　　4-2-35　A、C、E

4-2-36　B　　　　　　　　　　4-2-37　A

4-2-38　E　　　　　　　　　　4-2-39　C

4-2-40　A　　　　　　　　　　4-2-41　E

4-2-42　B　　　　　　　　　　4-2-43　D

5. 分析数据处理

4-2-44　B、C　　　　　　　　4-2-45　B、E

4-2-46　B、C　　　　　　　　4-2-47　A、D

4-2-48　A　　　　　　　　　　4-2-49　C

4-2-50　B　　　　　　　　　　4-2-51　C

4-2-52　C　　　　　　　　　　4-2-53　A、C、E

4-2-54　D　　　　　　　　　　4-2-55　A、E

4-2-56　D　　　　　　　　　　4-2-57　C

三、计算题

4-3-1　-0.28%；-0.86%

4-3-2　0.18%，$6.0‰$；-0.06%，$-23‰$

4-3-3　甲：0.57%，$3.1‰$，-0.57%，$-0.70‰$；乙：-0.31%，$-1.7‰$；0.25%，$0.31‰$

4-3-4　0.038%；0.23%

4-3-5　0.050%；$1.0‰$；0.064%；$1.3‰$

4-3-6　0.045%；0.060

4-3-7　A. 0.073%，0.10；　　　B. 0.013%，0.02

4-3-8　$0.2g$；$20mL$

4-3-9　$\pm0.8\%$；$\pm0.08\%$

4-3-10　(1) 二位；(2) 四位；(3) 四位相当于五位；(4) 三位；(5) 二位；(6) 六位；(7) 五位；(8) 四位；(9) 四位；(10) 一位；(11) 二位；(12) 二位

4-3-11　(1) 5.7；(2) 11；(3) 1.2；(4) 21；(5) 9.6

4-3-12　(1) 10.05；(2) 1.18×10^{-5}；(3) 23.66；(4) 5.8×10^{-8}

4-3-13　(1) $2.0g$，$\pm5‰$；(2) $0.2000g$，$\pm0.05\%$；(3) $25.00mL$，$\pm0.04\%$；(4) $25.00mL$，$\pm0.08\%$

4-3-14　(1) 四位，$0.5‰$；(2) 四位，$0.2‰$；(3) 视为六位，$0.01‰$；(4) 三位，$6‰$；(5) 视为四位，$1‰$

4-3-15　0.093%；0.12；$(9.55\pm0.19)\%$

4-3-16　$(25.27\pm0.10)\%$

4-3-17　$(61.37\pm0.27)\%$；$(61.37\pm0.14)\%$

4-3-18　应舍弃

4-3-19　应舍弃；应保留

4-3-20　应舍弃

4-3-21　无该舍弃的可疑值；0.047%；$(26.52\pm0.055)\%$

4-3-22　均应舍弃；0.043%；$(29.03\pm0.05)\%$

4-3-23　称量分析法：$(53.08\pm0.02)\%$，$(53.08\pm0.03)\%$；滴定分析法：$(53.07\pm0.12)\%$，$(53.07\pm0.18)\%$

4-3-24　$88.99\%\sim89.49\%$

4-3-25　甲 0.058%

4-3-26　不正确；平均值 6.14%；平均偏差 0.043%

4-3-27　不合理

4-3-28　(1) $3.1mol/L$；(2) $4.000mol/L$；(3) $0.2040mol/L$；(4) $0.0682mol/L$

4-3-29　$10.60g$

4-3-30　$18mL$

4-3-31　$0.43mol/L$

4-3-32　$1.2g$

4-3-33　$19mL$

4-3-34　303.8mL

4-3-35　187.3mL

4-3-36　2.170g

4-3-37　640.0mL

4-3-38　1504mL

4-3-39　0.2217mol/L

4-3-40　0.1041mol/L

4-3-41　0.09311mol/L

4-3-42　5.608×10^{-3}g/mL；7.410×10^{-3}g/mL；1.001×10^{-2}g/mL

4-3-43　99.23%

4-3-44　73.97%

4-3-45　29.68g/mL

4-3-46　97.42%

4-3-47　95.04%

4-3-48　50.00%

4-3-49　98.03%

4-3-50　293.1g/mL

4-3-51　35.48%

4-3-52　0.64%

4-3-53　97.26%

4-3-54　96.48%

4-3-55　40.93%

4-3-56　38.78%

4-3-57　58.07%

第五章　酸碱滴定法

一、填空题

1. 酸碱滴定引言

5-1-1　质子传递。

5-1-2　反应速度快；过程简单；副反应少。

5-1-3　质子传递反应。

2. 酸碱缓冲溶液

5-1-4　共轭碱；强酸与强碱；两性物质。

5-1-5　缓冲容量；越大；越大。

5-1-6　缓冲范围；$pH = pK_a \pm 1$。

3. 酸碱指示剂

5-1-7　颜色；pH；溶液颜色。

5-1-8　变色范围；$pH = pK_{HIn} \pm 1$。

5-1-9　pH3.1～4.4；pH4.4～6.2；pH8.0～10.0。

5-1-10　混合指示剂；一定比例；变色范围窄；颜色变化敏锐。

4. 滴定曲线与指示剂选择

5-1-11　滴定曲线；突跃范围；一。

5-1-12　无法；减小。

5-1-13　大；大。

5-1-14　甲基橙；酚酞；K_{a_3} 过小。

5-1-15　$cK_{a_1} \geqslant 10^{-8}$，$K_{a_1}/K_{a_2} \geqslant 10^5$；$cK_{b_1} \geqslant 10^{-8}$，$K_{b_1}/K_{b_2} \geqslant 10^5$。

5-1-16　第一；第二。

5. 标准溶液的制备

5-1-17　间接；Na_2CO_3；甲基橙；酚酞。

5-1-18　溴甲酚绿-甲基红；暗红色。

5-1-19　间接；邻苯二甲酸氢钾；酚酞；甲基橙。

5-1-20　Na_2CO_3；上层清液；CO_3^{2-}。

6. 酸碱滴定法的应用

5-1-21　滴瓶；甲基红-亚甲基蓝。

5-1-22　$OH^- + CO_3^{2-}$；$CO_3^{2-} + HCO_3^-$；CO_3^{2-}；OH^-；HCO_3^-。

5-1-23　OH^-；CO_3^{2-}；$CO_3^{2-} + HCO_3^-$；$OH^- + CO_3^{2-}$；HCO_3^-。

5-1-24　容易挥发；反滴定。

5-1-25　甲基红；弱酸；酚酞；弱碱。

5-1-26　酸；酚酞。

7. 非水溶液中的酸碱滴定

5-1-27　能给出质子；能接受质子；共轭酸碱对。

5-1-28　质子转移；共轭酸碱。

5-1-29　酸碱的本质；溶剂的性质；弱碱；弱酸。

5-1-30　将各种不同强度的酸（或碱），拉平到溶剂合质子（或溶剂阴离子）水平；能区分酸碱强度。

5-1-31　拉平；区分。

5-1-32　两性；酸性；碱性；惰性；两性、酸性、碱性。

5-1-33　酸碱；试样及滴定产物；副反应。

5-1-34　高氯酸/冰醋酸；甲醇钠（或甲醇钾）/苯-甲醇。

5-1-35　酸性；碱性。

二、选择题

1. 酸碱滴定引言

5-2-1　B、D　　　　　　　5-2-2　C、E

5-2-3　A、C

2. 酸碱缓冲溶液

5-2-4　A、D　　　　　　　5-2-5　A、C、E

5-2-6　B、C、D　　　　　5-2-7　E

3. 酸碱指示剂

5-2-8　B、C	5-2-9　C、D、E
5-2-10　B	5-2-11　C、E
5-2-12　A、E	5-2-13　C

4. 滴定曲线与指示剂选择

5-2-14　C	5-2-15　B、C、E
5-2-16　C	5-2-17　C、E
5-2-18　B	5-2-19　A、E
5-2-20　B、D	

5. 标准溶液的制备

5-2-21　D	5-2-22　C
5-2-23　B	5-2-24　A
5-2-25　A、C、E	

6. 酸碱滴定法的应用

5-2-26　B、C、E	5-2-27　A
5-2-28　D	5-2-29　E
5-2-30　C、D	5-2-31　B
5-2-32　A、C、D	5-2-33　B、D
5-2-34　C	5-2-35　B
5-2-36　E	

7. 非水溶液中的酸碱滴定

5-2-37　C	5-2-38　E
5-2-39　D	5-2-40　A
5-2-41　B	5-2-42　D、E
5-2-43　B、D	5-2-44　A、B、E
5-2-45　B、D、E	5-2-46　A
5-2-47　C、E	

三、计算题

5-3-1　(1) $pH=3.0$、$pOH=11.0$；(2) $pH=11.60$、$pOH=2.40$；(3) $pH=12.00$、$pOH=2.00$；(4) $pH=2.30$、$pOH=11.70$

5-3-2　2.11

5-3-3　5.28

5-3-4　9.94

5-3-5　1.62

5-3-6　8.60

5-3-7　4.18

5-3-8　6.50

5-3-9　9.08

5-3-10　4.83

5-3-11　3.00

5-3-12　1.1g

5-3-13　61g

5-3-14　350mL

5-3-15　800mL

5-3-16　pH=8.22；pH=6.7~9.7

5-3-17　9.78；4.66

5-3-18　8.96

5-3-19　0.5023mol/L

5-3-20　0.2084mol/L

5-3-21　$c(HCl)=0.4323mol/L$；$c(NaOH)=0.4330mol/L$

5-3-22　1.000mol/L

5-3-23　20.62%

5-3-24　80.77g/L

5-3-25　95.18%

5-3-26　97.99%

5-3-27　87.95%

5-3-28　$w(NaOH)=41.68\%$；$w(Na_2CO_3)=22.08\%$

5-3-29　$w(Na_2CO_3)=71.60\%$；$w(NaHCO_3)=9.11\%$

5-3-30　$w(Na_2CO_3)=64.26\%$；$w(NaHCO_3)=18.3\%$

5-3-31　$w(Na_3PO_4)=87.75\%$；$w(Na_2HPO_4)=6.24\%$

5-3-32　$\rho(H_2SO_4)=30.2g/L$；$\rho(H_3PO_4)=80.75g/L$

5-3-33　49.47%

5-3-34　99.49%

第六章　配位滴定法

一、填空题

1. 配位滴定引言

6-1-1　配位反应；EDTA。

6-1-2　不高；分级配位。

6-1-3　氨基；羧基。

2. EDTA 及其配合物

6-1-4　微；易；乙二胺四乙酸二钠。

6-1-5　七；Y^{4-}；

6-1-6　1+1；一个金属离子或含有一个金属离子的特定组合。

3. 配合物的离解平衡

6-1-7　稳定；不稳定；同种类型。

6-1-8　H^+存在，使配位体参加主反应能力降低；酸效应系数。

6-1-9　其他配位剂存在，使金属离子参加主反应能力降低；配位效应系数。

6-1-10
$$\alpha_{Y(H)} = 1 + \frac{[H^+]}{K_{a_6}} + \frac{[H^+]^2}{K_{a_6}K_{a_5}} + \frac{[H^+]^3}{K_{a_6}K_{a_5}K_{a_4}} + \frac{[H^+]^4}{K_{a_6}K_{a_5}K_{a_4}K_{a_3}} + \frac{[H^+]^5}{K_{a_6}K_{a_5}K_{a_4}K_{a_3}K_{a_2}} + \frac{[H^+]^6}{K_{a_6}K_{a_5}K_{a_4}K_{a_3}K_{a_2}K_{a_1}}$$

6-1-11 $\alpha_{M(L)} = 1 + \beta_1[L] + \beta_2[L]^2 + \beta_3[L]^3 + \cdots + \beta_n[L]^n$

6-1-12 大；小；弱。

6-1-13 条件稳定常数；在一定条件下的实际。

4. 配位滴定基本原理

6-1-14 滴定剂；pM

6-1-15 条件稳定常数；浓度；0.2~0.4。

6-1-16 $\lg\alpha_{Y(H)} \leq \lg K_{MY} - 8$；最高允许；酸效应曲线。

6-1-17 H^+；缓冲溶液。

5. 金属指示剂

6-1-18 有色；不同；金属离子。

6-1-19 >4；>2。

6-1-20 滴定到达化学计量点后，过量 EDTA 不能夺取 MIn 中的金属离子，使计量点附近没有颜色变化。

6-1-21 EDTA 与 MIn 的置换反应缓慢，使终点拖长。

6-1-22 pH=9~11.0；pH>12；pH<6.3。

6. 提高配位滴定选择方法

6-1-23 干扰离子与 EDTA 配合物的稳定性；干扰离子浓度；控制溶液酸度；掩蔽及解蔽。

6-1-24 $\lg K_{MY}$ 与 $\lg K_{NY}$。

6-1-25 配位掩蔽；沉淀掩蔽；氧化还原掩蔽。

6-1-26 利用其他配位剂与干扰离子形成稳定的配合物；利用沉淀剂与干扰离子形成沉淀；利用氧化还原剂改变干扰离子价态。

6-1-27 解蔽剂；金属离子；配位剂。

6-1-28 大量；少量。

7. 配位滴定的方式与应用

6-1-29 用 EDTA 标准溶液直接滴定被测离子试液的方法；简单、快速、准确度较高。

6-1-30 不能；置换。

6-1-31 利用置换反应，置换出一定物质的量的另一种金属离子或 EDTA，然后进行滴定的方法；使被测离子形成固定组成的沉淀与溶液分离，再用 EDTA 标准溶液滴定沉淀溶出的另一种金属离子或剩余沉淀剂离子的方法。

6-1-32 NH_3-NH_4Cl；铬黑 T；紫；纯蓝。

6-1-33 水中碱金属以外全部金属离子浓度；Ca^{2+}、Mg^{2+}。

6-1-34 $\lg K_{CaY}$；$\lg K_{MgY}$；Mg^{2+}、Ca^{2+}。

6-1-35 反应速率缓慢；EDTA 标准溶液；$CuSO_4$ 标准溶液。

答 案

6-1-36　加速 Ni^{2+} 与 EDTA 的反应；促进 Cu^{2+} 与 EDTA 的反应。

6-1-37　与 EDTA 反应缓慢；对二甲酚橙等有封闭作用；pH 不高时易水解；置换滴定。

6-1-38　使 Al^{3+} 与 EDTA 配合完全；促进 AlY^- 与 F^- 的反应。

6-1-39　$lgK_{BiY} > lgK_{PbY}$；Bi^{3+}；Pb^{2+}。

6-1-40　1；5～6；二甲酚橙。

二、选择题

1. 配位滴定引言

6-2-1　A、C、D　　　　　6-2-2　C

6-2-3　A、E

2. EDTA 及其配合物

6-2-4　B　　　　　　　　6-2-5　D

6-2-6　C、E

3. 配合物的离解平衡

6-2-7　A、D、E　　　　　6-2-8　B、D

6-2-9　E　　　　　　　　6-2-10　C

6-2-11　B　　　　　　　6-2-12　A、D

4. 配位滴定基本原理

6-2-13　B、C、D　　　　6-2-14　E

6-2-15　D　　　　　　　6-2-16　A

5. 金属指示剂

6-2-17　B、D、E　　　　6-2-18　B、C、E

6-2-19　A、C　　　　　　6-2-20　B、D、E

6-2-21　C、D

6. 提高配位滴定选择方法

6-2-22　C　　　　　　　6-2-23　B

6-2-24　A、C、D　　　　6-2-25　B、D

6-2-26　A　　　　　　　6-2-27　E

7. 配位滴定的方式与应用

6-2-28　B、C　　　　　　6-2-29　A

6-2-30　E　　　　　　　6-2-31　D

6-2-32　B、C　　　　　　6-2-33　A、C

6-2-34　E　　　　　　　6-2-35　B、C、D

6-2-36　C　　　　　　　6-2-37　B

6-2-38　A、D　　　　　　6-2-39　E

三、计算题

6-3-1　$K_{不稳1} = 7.4 \times 10^{-3}$；$K_{不稳2} = 1.3 \times 10^{-3}$；$K_{不稳3} = 3.2 \times 10^{-4}$；$K_{不稳4} = 7.1 \times 10^{-5}$；$\beta_1 = 1.4 \times 10^4$；$\beta_2 = 4.3 \times 10^7$；$\beta_3 = 3.4 \times 10^{10}$；$\beta_4 = 4.7 \times 10^{12}$

6-3-2　$K_{稳} = 6.9 \times 10^{19}$；$K_{不稳} = 1.4 \times 10^{-20}$

6-3-3　$\alpha_{Y(H)} = 1.1 \times 10^8 (pH = 4.0)$；$\alpha_{Y(H)} = 182 (pH = 8.0)$

6-3-4　$\alpha_{Y(H)}=4.5\times10^4$；$2.2\times10^{-3}\%$

6-3-5　$\lg K'_{MgY}=2.25(pH=5.0)$；$\lg K'_{MgY}=7.41(pH=9.0)$

6-3-6　$\alpha_{[Ag(NH_3)_2^+]}=7.0\times10^{-5}$；$[Ag^+]=1.4\times10^{-8}$ mol/L

6-3-7　6.2×10^{-40} mol/L

6-3-8　8.93

6-3-9　$5.3(Mn^{2+})$；$3.0(Ni^{2+})$

6-3-10　$5.0(Fe^{2+})$；$1.0(Fe^{3+})$

6-3-11　pH=3.1～5.6

6-3-12　pH=1.5～2.3

6-3-13　pCd=5.0～7.0

6-3-14　2.6(18.00mL)；3.6(19.80mL)；4.6(19.98mL)；9.9(20.00mL)；15.2(20.02mL)；16.2(20.20mL)

6-3-15　$c(EDTA)=0.04204$ mol/L、$T_{CaCO_3/EDTA}=4.208\times10^{-3}$ g/mL。

6-3-16　$c(EDTA)=0.1489$ mol/L；$T_{Fe_2O_3/EDTA}=0.01189$ g/mL。

6-3-17　$c(EDTA)=0.01000$ mol/L；$T_{CaO/EDTA}=5.608\times10^{-4}$ g/mL。

6-3-18　0.03030 mol/L。

6-3-19　$c(Ca^{2+}、Mg^{2+})=1.240$ mmol/L；$c(Ca^{2+})=1.047$ mmol/L；$c(Mg^{2+})=0.193$ mmol/L

6-3-20　359.5 mg/L

6-3-21　$\rho(Ca^{2+})=0.2864$ g/L；$\rho(Mg^{2+})=0.1776$ g/L

6-3-22　94.92%

6-3-23　73.80%

6-3-24　95.88%

6-3-25　24.44%

6-3-26　40.92%

6-3-27　9.74%

6-3-28　0.93%

6-3-29　30.31%

6-3-30　97.00%

6-3-31　95.98%

6-3-32　$w(ZnSO_4\cdot7H_2O)=47.3\%$；$w(NiSO_4\cdot7H_2O)=41.9\%$

6-3-33　$w_{Cu}=34.24\%$；$w_{Pb}=29.8\%$；$w_{Zn}=32.86\%$

6-3-34　97.14%

6-3-35　$w(CaCO_3)=45.19\%$；$w(CaCl_2)=31.45\%$

第七章　沉淀滴定法

一、填空题

1. 沉淀滴定法引言

7-1-1　沉淀反应；生成难溶银盐；银量。

答案

7-1-2　选用指示剂；莫尔法；佛尔哈德法；法扬司法。

2. 莫尔法

7-1-3　K_2CrO_4；$AgNO_3$。

7-1-4　$AgCl$；Ag_2CrO_4；$AgCl$。

7-1-5　Ag^+；Ag_2CrO_4；砖红。

7-1-6　CrO_4^{2-}；提前；推迟。

7-1-7　困难；小；0005。

7-1-8　Ag_2CrO_4；Ag_2O。

7-1-9　缓慢；难以；返滴定。

3. 佛尔哈德法

7-1-10　铁铵矾；直接滴定；返滴定；直接滴定。

7-1-11　$AgNO_3$；铁铵矾；NH_4SCN；$AgNO_3$。

7-1-12　棕黄；0.015。

7-1-13　$AgSCN$；$AgCl$；沉淀的转化；NH_4SCN。

7-1-14　$AgBr$、AgI；$AgSCN$；不发生。

7-1-15　过量 $AgNO_3$；Fe^{3+}；I^-。

7-1-16　剧烈；$AgSCN$；Ag^+；轻微。

7-1-17　可以在酸性溶液中进行滴定；选择性。

4. 法扬司法

7-1-18　吸附；颜色。

7-1-19　Cl^-；FI^-；黄绿；Ag^+；$AgCl \cdot Ag^+$；FI^-；粉红。

7-1-20　强；敏锐。

7-1-21　指示剂；被测离子；指示剂离子；被测离子；提前出现。

7-1-22　太稀；困难。

7-1-23　I^-＞二甲基二碘荧光黄＞Br^-＞曙红＞Cl^-＞荧光黄。

7-1-24　离解常数；强些。

5. 沉淀滴定法的应用

7-1-25　直接；间接；$NaCl$。

7-1-26　间接；$AgNO_3$。

7-1-27　$NaHCO_3$；稀 HNO_3。

7-1-28　HNO_3；凝聚。

7-1-29　黄色；玫瑰红。

二、选择题

1. 沉淀滴定法引言

7-2-1　A、B、C、D　　　7-2-2　B、C、D

2. 莫尔法

7-2-3　D　　　7-2-4　E

7-2-5　B　　　7-2-6　C、E

7-2-7　A　　　7-2-8　A、B、D、E

7-2-9　C、D　　　　　　　7-2-10　B、D、E

3. 佛尔哈德法

7-2-11　D　　　　　　　　7-2-12　A、B、D、E

7-2-13　B　　　　　　　　7-2-14　A、D、E

7-2-15　C　　　　　　　　7-2-16　A

7-2-17　A、B、D　　　　　7-2-18　A、C、D

4. 法扬司法

7-2-19　B、C、D　　　　　7-2-20　A、C

7-2-21　D　　　　　　　　7-2-22　C、E

7-2-23　C　　　　　　　　7-2-24　A、B、E

7-2-25　B　　　　　　　　7-2-26　C

7-2-27　D、E　　　　　　 7-2-28　B、D

7-2-29　B、E

5. 沉淀滴定法的应用

7-2-30　E　　　　　　　　7-2-31　A、C

7-2-32　D　　　　　　　　7-2-33　B

7-2-34　A、D、E

三、计算题

7-3-1　4g

7-3-2　1.4g

7-3-3　1.6g

7-3-4　0.50g

7-3-5　0.05043mol/L；2.799×10^{-3} g/mL

7-3-6　0.0992mol/L；0.1005mol/L；0.01084g/mL

7-3-7　0.5064mol/L；0.001795g/mL

7-3-8　58.63%

7-3-9　94.11%

7-3-10　7.022g/L

7-3-11　99.12%

7-3-12　60.04%

7-3-13　97.55%

7-3-14　50.41%

7-3-15　5.00%

7-3-16　0.68%

7-3-17　29.96%

7-3-18　30.89%

7-3-19　65.01%

7-3-20　8.759g/L

7-3-21　56.55%；43.45%

7-3-22　22.00%
7-3-23　291.1mg
7-3-24　98.82%
7-3-25　0.96%
7-3-26　96.91%；0.74%

第八章　氧化还原滴定法

一、填空题

1. 氧化还原滴定引言

8-1-1　氧化还原；反应速率。

8-1-2　氧化还原性；非氧化还原性。

2. 氧化还原滴定曲线与指示剂

8-1-3　滴定过程中；电极电位；大。

8-1-4　0.4；0.2～0.4。

8-1-5　改变颜色；滴定终点；自身指示剂；专属指示剂；氧化还原指示剂。

8-1-6　自身；专属；氧化还原。

8-1-7　$\varphi_{In}^{\ominus\prime} \pm \dfrac{0.059}{z}$；$\varphi_{In}^{\ominus\prime}$。

8-1-8　变色点；电位突跃；计量点电位。

3. 高锰酸钾法

8-1-9　$KMnO_4$；强酸；自身。

8-1-10　H_2SO_4；HCl、HNO_3。

8-1-11　75～85℃；95℃；65℃；0.5～1mol/L；0.5mol/L。

8-1-12　直接滴定法；不可以。

8-1-13　0.2；30；反应速率慢，甚至反应不完全。

8-1-14　75～80；pH4.5～5.5；30。

8-1-15　Mn^{2+}；Cr^{3+}；MnO_4^- 的紫红色。

8-1-16　MnO_4^-；Ag^+；太多；多消耗。

4. 重铬酸钾法

8-1-17　$K_2Cr_2O_7$；酸。

8-1-18　$Na_2S_2O_3$；二苯胺磺酸钠。

8-1-19　$HgCl_2$ 是剧毒物质，实验废液会对环境造成污染。

8-1-20　适当过量而不能过量太多；白色丝光状。

8-1-21　$TiCl_3$；四价钛盐。

8-1-22　Na_2WO_4；蓝。

5. 碘量法

8-1-23　I_2；I^-；直接碘量法；间接碘量法。

8-1-24　淀粉；无；蓝；蓝；无；近终点。

8-1-25　缓缓煮沸10min；二周；过滤。

8-1-26　I_2、Cr^{3+}；I_2-淀粉；Cr^{3+}。

8-1-27　0.2~0.4；2~3；5~10。

8-1-28　KI的浓溶液；As_2O_3；$Na_2S_2O_3$。

8-1-29　烯二醇基；HAc。

8-1-30　溶解度很小的；Cu^+；Cu^{2+}/Cu^+。

8-1-31　I^-；I_2；NH_4HF_2。

8-1-32　I^-；$Na_2S_2O_3$。

8-1-33　H_2O_2；浅粉。

6. 其他氧化还原滴定法

8-1-34　$KBrO_3$；甲基橙或甲基红；酸。

8-1-35　$KBrO_3$-KBr；Br_2；Br_2；KI；I_2；淀粉溶液；$Na_2S_2O_3$。

8-1-36　直接；间接；空白试验。

8-1-37　室温或低于室温；三溴苯酚；I_2。

8-1-38　$Ce(SO_4)_2$；邻二氮菲亚铁。

二、选择题

1. 氧化还原滴定引言

8-2-1　D　　　　　　　　　8-2-2　E

2. 氧化还原滴定曲线与指示剂

8-2-3　E　　　　　　　　　8-2-4　C

8-2-5　D、E　　　　　　　 8-2-6　D

3. 高锰酸钾法

8-2-7　B、D　　　　　　　 8-2-8　B、E

8-2-9　B　　　　　　　　　8-2-10　C

8-2-11　B、C、E　　　　　 8-2-12　A、C、D

8-2-13　E　　　　　　　　 8-2-14　B、C

4. 重铬酸钾法

8-2-15　D　　　　　　　　 8-2-16　A、C、E

8-2-17　B　　　　　　　　 8-2-18　A、C、D、E

8-2-19　A、C　　　　　　　8-2-20　B

5. 碘量法

8-2-21　B、C　　　　　　　8-2-22　A、B、E

8-2-23　A、B、C、D　　　　8-2-24　B、C、E

8-2-25　B、C、D、E　　　　8-2-26　B、C

8-2-27　E　　　　　　　　 8-2-28　C、D、E

8-2-29　B、C、D　　　　　 8-2-30　C、E

8-2-31　C、D　　　　　　　8-2-32　B、C

6. 其他氧化还原滴定法

8-2-33　D　　　　　　　　 8-2-34　B、E

8-2-35　A、B、D　　　　　 8-2-36　B、C

8-2-37　B

三、计算题

8-3-1　(1) 0.65V；(2) 1.26V；(3) 1.24V

8-3-2　9.5g；3.4g

8-3-3　0.1014mol/L；0.006392g/mL

8-3-4　23.64mL

8-3-5　0.1063mol/L

8-3-6　7.330g/L

8-3-7　34.28mL

8-3-8　(1) 0.1037mol/L；(2) 0.005794g/mL；(3) 0.005129g/mL

8-3-9　95.70%

8-3-10　79.57%

8-3-11　96.54%

8-3-12　2.452g；0.002793g/mL；0.003992g/mL

8-3-13　27.47mL

8-3-14　98.20%

8-3-15　16.12%

8-3-16　0.05179mol/L；0.01285g/mL

8-3-17　0.009830mol/L；0.001248g/mL

8-3-18　0.14g

8-3-19　0.1061mol/L；0.001701g/mL

8-3-20　95.81%

8-3-21　6.57%

8-3-22　94.79%

8-3-23　0.050%

8-3-24　85.16%

8-3-25　79.64%

8-3-26　80.77%

8-3-27　29.08%

8-3-28　79.45%

8-3-29　21.11g/L

8-3-30　91.20%

第九章　称量分析法

一、填空题

1. 称量分析引言

9-1-1　被测组分；分离；沉淀；汽化。

9-1-2　沉淀；沉淀反应；组成固定的化合物。

9-1-3　汽化；加热；挥发性被测组分；减轻；增加。

9-1-4　沉淀的类型；晶形沉淀；无定形沉淀。
9-1-5　被测组分的沉淀；沉淀的过滤和洗涤；沉淀的烘干及灼烧。
9-1-6　沉淀形式；称量形式。

2. 影响沉淀完全的因素

9-1-7　构晶离子；降低。
9-1-8　完全；增大。
9-1-9　增大；很小；不予；需要。
9-1-10　溶液酸度对难溶化合物溶解度的影响；弱酸盐和多元酸盐；强酸盐。
9-1-11　增大；配位。
9-1-12　大；大；稳定；大。
9-1-13　同离子；盐；配位。
9-1-14　同离子；盐；酸；配位。

3. 影响沉淀纯度的因素

9-1-15　晶形沉淀；无定形沉淀；凝乳状沉淀；沉淀颗粒。
9-1-16　结构紧密，极易沉降，结构疏松，不易沉降。
9-1-17　性质；条件。
9-1-18　均相成核；异相成核；构晶离子在过饱和溶液中，通过缔合作用自发形成晶核；构晶离子聚集在混入溶液中的固体微粒表面形成晶核。
9-1-19　构晶离子聚集成晶核的速度；构晶离子按一定晶格定向排列的速度。
9-1-20　大于；小于。
9-1-21　$v = k \dfrac{Q-S}{S}$；相对过饱和程度。
9-1-22　共沉淀；表面吸附；吸留和包藏；生成混晶。
9-1-23　表面吸附；生成混晶；吸留和包藏。
9-1-24　静电力场；选择。
9-1-25　后沉淀；陈化。
9-1-26　"少量多次"，每次使洗涤液沥尽。

4. 沉淀条件

9-1-27　完全；纯净；易于过滤和洗涤。
9-1-28　相对过饱和程度；较大；凝聚；胶体溶液。
9-1-29　沉淀连同母液一起放置；较大的晶粒；纯净的沉淀。
9-1-30　某一化学反应，在溶液内部缓慢、均匀地产生沉淀剂，使沉淀在整个溶液中缓慢而均匀析出。
9-1-31　完全；分析手续；准确度。

5. 称量分析法的应用

9-1-32　$w_B = \dfrac{m_{被}}{m_S}$；$w_B = \dfrac{m_{称} F}{m_S}$
9-1-33　被测组分表示形式；称量形式；相等。
9-1-34　防止 $BaCO_3$、$Fe(OH)_3$、$Ba_3(PO_4)_2$ 等共沉淀；使 $BaSO_4$ 的溶解度略有增

大，以利于获得颗粒较大的晶形沉淀。

9-1-35　室温放置12h以上；水浴加热搅拌1h。

9-1-36　$Ni^{2+} + 2C_4H_6N_2(OH)_2 + 2NH_3 \cdot H_2O \Longrightarrow$
$[C_4H_6N_2(OH)O]_2Ni\downarrow + 2NH_4^+ + 2H_2O$；晶形。

9-1-37　缓慢；70～80。

二、选择题

1. 称量分析引言

9-2-1　A、E　　　　　　　　9-2-2　B、E

9-2-3　C　　　　　　　　　9-2-4　A

9-2-5　B、D、E　　　　　　9-2-6　A、C

2. 影响沉淀完全的因素

9-2-7　B　　　　　　　　　9-2-8　A、D

9-2-9　C　　　　　　　　　9-2-10　E

9-2-11　A、C、E

3. 影响沉淀纯度的因素

9-2-12　A、B、E　　　　　9-2-13　C、E

9-2-14　D　　　　　　　　9-2-15　D、E

9-2-16　A、C　　　　　　9-2-17　A

9-2-18　C　　　　　　　　9-2-19　A、B、D、E

4. 沉淀条件

9-2-20　C　　　　　　　　9-2-21　B、C、D

9-2-22　B、D　　　　　　9-2-23　A、D、E

9-2-24　A、B、E　　　　　9-2-25　D

5. 称量分析法的应用

9-2-26　A、C、E　　　　　9-2-27　C、E

9-2-28　A、B、D　　　　　9-2-29　B、C、D

9-2-30　E　　　　　　　　9-2-31　B

三、计算题

9-3-1　1.9×10^{-4} mol/L（水中）；2.6×10^{-5} mol/L（$CaCl_2$ 中）

9-3-2　2.0×10^{-7} mol/L

9-3-3　0.022g

9-3-4　2.1×10^{-5} mol/L

9-3-5　2倍

9-3-6　1.3×10^{-2} mol/L

9-3-7　1.8×10^{-4} mol/L

9-3-8　2.0×10^{-7} mol/L

9-3-9　390倍

9-3-10　0.7～1.1g

9-3-11　0.6～1.2g

9-3-12　0.4g

9-3-13　$1.11×10^{-3}$g(水中)；$1.2×10^{-6}$g(含 K_2CrO_4)

9-3-14　6mL

9-3-15　50%

9-3-16　$w(Fe)=48.19\%$；$w(Al)=23.28\%$

9-3-17　94.76%

9-3-18　14.86%

9-3-19　64.15%

9-3-20　16.04%

9-3-21　4.02%

9-3-22　99.41%

9-3-23　86.01%

9-3-24　21.11%

9-3-25　$w(Fe)=27.90\%$；$w(Al)=31.96\%$

9-3-26　$w(K_2O)=0.47\%$；$w(Na_2O)=3.43\%$

9-3-27　$KClO_4$

9-3-28　$w(Ag_3AsO_3)=30.00\%$；$w(Ag_3AsO_4)=50.00\%$

第十章　定量化学分析中常用的分离方法

一、填空题

1. 定量分离引言

10-1-1　分离待测组分或干扰组分；浓缩或富集痕量待测组分。

10-1-2　沉淀分离法；溶剂萃取分离法；离子交换分离法；色谱分离法。

10-1-3　回收率；试样中待测组分经分离后测得量与待测组分初始含量的比值；回收率＝$\dfrac{待测组分分离后测得量}{待测组分初始含量}×100\%$

2. 沉淀分离法

10-1-4　沉淀反应；无机沉淀剂；有机沉淀剂；无机共沉淀；有机共沉淀。

10-1-5　氢氧化物；硫化物；生成螯合物；生成离子缔合物。

10-1-6　溶解度的差异；溶液酸度。

10-1-7　无定形；共沉淀；选择性；灵敏度。

10-1-8　分析功能团；灵敏性；专属性。

10-1-9　无机化合物；表面吸附；生成混晶。

10-1-10　共沉淀；固溶体。

3. 萃取分离法

10-1-11　互不混溶；分配特性。

10-1-12　水；非极性或弱极性的有机溶剂；非极性或弱极性的有机溶剂；水。

10-1-13　亲水；亲水；疏水。

10-1-14　相同；分配系数；有机相；容易。

10-1-15　萃取条件；萃取体系；性质。

10-1-16　有机相中的总物质量占两相中的总物质量的百分率；萃取百分率。

10-1-17　分配比；两相体积比；少量多次；一次。

10-1-18　螯合萃取体系；离子缔合萃取体系；可萃取物质。

10-1-19　较大的；较大的差别；较强。

4. 离子交换分离法

10-1-20　离子交换树脂与溶液中离子发生交换反应。

10-1-21　具有网状结构、带有活性基团；活性基团；阳离子；阴离子；螯合型。

10-1-22　酸性；碱性；中性；弱碱性；碱性。

10-1-23　交联剂，所含交联剂的质量分数。

10-1-24　每克干树脂所能交换的离子的物质的量；mmol/g。

10-1-25　交换过程；洗脱；再生。

10-1-26　离子在离子交换树脂上的交换能力；变化。

10-1-27　交换；洗涤；洗脱；再生。

10-1-28　H^+ 型强酸性阳离子；OH^- 型强碱性阴离子；复柱；混合柱。

5. 色谱分离法

10-1-29　利用物质在两相中分配系数的差异进行分离。

10-1-30　管柱；氧化铝；硅胶；聚酰胺。

10-1-31　待分离组分的极性；吸附剂的活性。

10-1-32　滤纸作载体；滤纸吸附的水分；展开剂。

10-1-33　比移值；$R_f = \dfrac{\text{原点至斑点中心的距离}}{\text{原点至展开剂前沿的距离}}$；1；0。

10-1-34　恒定；定性分析；分离效果。

10-1-35　软；硬；软；硬。

10-1-36　单一；混合。

10-1-37　显色剂；紫外灯。

6. 蒸馏与挥发分离法

10-1-38　利用物质挥发性的差异进行分离。

10-1-39　NH_4^+；NH_3。

10-1-40　沸点；易挥发。

二、选择题

1. 定量分离引言

10-2-1　A、B、C、E　　　　10-2-2　B、C

2. 沉淀分离法

10-2-3　B、D、E　　　　10-2-4　A、D

10-2-5　B、C、E　　　　10-2-6　E

10-2-7　C　　　　　　　10-2-8　B、D

10-2-9　A、C、E　　　　10-2-10　B

3. 萃取分离法

10-2-11　D　　　　　　　　10-2-12　B
10-2-13　A　　　　　　　　10-2-14　A、C、D
10-2-15　B、C、E　　　　　10-2-16　A、D
10-2-17　B、C　　　　　　 10-2-18　B、C、D

4. 离子交换分离法

10-2-19　B　　　　　　　　10-2-20　D
10-2-21　A、C、E　　　　　10-2-22　B、E
10-2-23　A、C　　　　　　 10-2-24　E
10-2-25　A、B、D　　　　　10-2-26　C、D
10-2-27　B、E

5. 色谱分离法

10-2-28　A、C、E　　　　　10-2-29　B、D、E
10-2-30　A、D　　　　　　 10-2-31　B、E
10-2-32　C、E　　　　　　 10-2-33　D
10-2-34　A、B、E　　　　　10-2-35　B、C
10-2-36　B、D

6. 蒸馏与挥发分离法

10-2-37　C、D、E　　　　　10-2-38　A、B、D
10-2-39　B、E

三、计算题

10-3-1　Cu^{2+}：开始沉淀 pH5.17，沉淀完全 pH7.17；Bi^{3+}：开始沉淀 pH4.53，沉淀完全 pH5.87

10-3-2　pH6.0～8.7

10-3-3　pH2.7～8.4

10-3-4　1.9mol/L

10-3-5　不能

10-3-6　pH≈9

10-3-7　$D=27$

10-3-8　0.2g

10-3-9　33mL

10-3-10　$D=38$

10-3-11　$E_1=92.3\%$；$E_2=98.0\%$；$E_3=99.2\%$

10-3-12　$E=99.25\%$

10-3-13　$E=95.44\%$；0.68mg

10-3-14　3mL

10-3-15　1.0mg

10-3-16　3次

10-3-17　4次

答 案

10-3-18 $E=88.9\%$

10-3-19 $V_{醚}:V_{水}=1:4$

10-3-20 $D=55$

10-3-21 $c(NaOH)=0.1000 mol/L$

10-3-22 $4.642 mmol/g$

10-3-23 $3.587 mmol/g$

10-3-24 99.13%

10-3-25 $w(AlCl_3)=60.00\%$；$w(ZnCl_2)=30.00\%$

10-3-26 $R_{f,Cu^{2+}}=0.70$；$R_{f,Co^{2+}}=0.46$；$R_{f,Ni^{2+}}=0.18$

10-3-27 苏氨酸：$6.5 cm$；丝氨酸：$4.5 cm$；谷氨酸：$4.0 cm$

10-3-28 $R_{f,Pb^{2+}}=0.52$

10-3-29 $4.6 cm$

10-3-30 $22.5 cm$

第十一章 试样分析的一般步骤

一、填空题

1. 分析试样制备

11-1-1 代表性；平均组成。

11-1-2 较为均匀；搅拌均匀；上、中、下。

11-1-3 $Q=Kd^2$；越大。

11-1-4 分析试样；粉碎；筛分；混匀；缩分。

11-1-5 分析；备查。

2. 试样的分解

11-1-6 挥发损失；干扰杂质。

11-1-7 试样的性质；测定方法。

11-1-8 溶解；熔融；干式灰化；湿式消化。

11-1-9 酸性；氧化性；还原性；配位性。

11-1-10 定温灰化；氧瓶燃烧。

3. 分析方法的选择

11-1-11 多种；多种。

11-1-12 测定的目的与要求；待测组分的含量；待测组分的性质；共存组分的影响；实验室条件。

11-1-13 选择性高；检出限低；灵敏度高；准确度高；操作简便。

二、选择题

1. 分析试样制备

11-2-1 D   11-2-2 E

11-2-3 A、C、E

2. 试样的分解

11-2-4 D   11-2-5 A、C、E

11-2-6　B、C				11-2-7　D
11-2-8　B、C

3. 分析方法的选择
11-2-9　B、C				11-2-10　A、B、D
11-2-11　C、E				11-2-12　B、D、E

第十二章　仪器分析基础

一、填空题
1. 电化学分析
12-1-1　原电池；电解池。

12-1-2　电池电动势；直接电位；电位滴定。

12-1-3　指示电极；参比电极。

12-1-4　参比；无关；已知；稳定。

12-1-5　甘汞；银-氯化银。

12-1-6　打开；不能有。

12-1-7　内参比电极；内参比液；敏感膜。

12-1-8　离子选择性；1~10。

12-1-9　酸度计（或 pH 计）；$pH_s + (E_x - E_s)/0.059$。

12-1-10　拐；最高；0。

12-1-11　铂电极；饱和甘汞电极（或钨电极）。

12-1-12　电导值，直接电导法；电导滴定法。

12-1-13　超出量程范围；大一挡量程；小于量程范围；大一挡量程。

2. 分光光度分析
12-1-14　选择性吸收；红外吸收光谱法；紫外吸收光谱法；可见吸收光谱法。

12-1-15　吸收曲线（或吸收光谱）；最大吸收波长；λ_{max}。

12-1-16　定性鉴定；定量分析。

12-1-17　溶液中吸光物质的浓度；液层厚度；吸光系数；1mol/L；1cm；ε；摩尔吸光系数。

12-1-18　单色光不纯；吸光物质分子间凝聚或缔合。

12-1-19　越强；越高

12-1-20　酸度；温度；溶剂。

12-1-21　显色剂；显色反应。

12-1-22　灵敏度；选择性；有足够大的差别。

12-1-23　0.2~0.8；0.434。

12-1-24　光源；单色器；样品室；检测器；显示器。

12-1-25　液层厚度；吸光物质的浓度。

12-1-26　31.6%

12-1-27　64%

12-1-28　2.18×10^{-5}。

12-1-29　$3.24\times10^{-5}\sim1.30\times10^{-4}$。

12-1-30　1/2。

3. 气相色谱分析

12-1-31　气体；溶解；吸附。

12-1-32　气-固；气-液。

12-1-33　分离效率高；灵敏度高；分析速度快。

12-1-34　气路系统；进样系统；分离系统；检测系统；

12-1-35　氮气；氢气。

12-1-36　填充柱；毛细管柱；恒温；程序升温。

12-1-37　热导检测器；氢火焰离子化检测器；火焰光度检测器。

12-1-38　柱温；固定相的性质。

12-1-39　塔板；速率。

12-1-40　$n=5.54(t_R/W_{h/2})^2$。

12-1-41　一致；均匀；小；薄；小；过低。

12-1-42　相邻两组分色谱峰保留值之差与两个组分色谱峰峰底宽度平均值之比。

12-1-43　1.5。

12-1-44　分子量较大的气体；流动相的平均线速度；柱温。

12-1-45　归一化法；内标法；外标法。

二、选择题

1. 电化学分析

12-2-1	B	12-2-2	B
12-2-3	B	12-2-4	B
12-2-5	B	12-2-6	C
12-2-7	D	12-2-8	C
12-2-9	B	12-2-10	A
12-2-11	C	12-2-12	C
12-2-13	B	12-2-14	D
12-2-15	C		

2. 分光光度分析

12-2-16	A	12-2-17	C
12-2-18	D	12-2-19	A
12-2-20	C	12-2-21	D
12-2-22	D	12-2-23	B
12-2-24	D	12-2-25	D
12-2-26	D	12-2-27	C
12-2-28	B	12-2-29	D
12-2-30	B	12-2-31	B
12-2-32	D	12-2-33	A
12-2-34	C	12-2-35	D

3. 气相色谱分析

12-2-36	C	12-2-37	B
12-2-38	D	12-2-39	A
12-2-40	C	12-2-41	A
12-2-42	B	12-2-43	A
12-2-44	C	12-2-45	A
12-2-46	D	12-2-47	A
12-2-48	C	12-2-49	D
12-2-50	A	12-2-51	D
12-2-52	B	12-2-53	B
12-2-54	C	12-2-55	C
12-2-56	A	12-2-57	C
12-2-58	C	12-2-59	D
12-2-60	B		

三、计算题

12-3-1　1.26×10^{-3} mol/L

12-3-2　0.05123 mol/L

12-3-3　23.94 mL；49.05%

12-3-4　77%；0.333

12-3-5　$T^{1.5}$

12-3-6　199 L/(g·cm)；1.11×10^4 L/(mol·cm)

12-3-7　10 mg/L

12-3-8　443.74 g/mol

12-3-9　0.38%

12-3-10　81.85%

12-3-11　乙苯、对二甲苯、间二甲苯、邻二甲苯的质量分数分别为：27.15%、17.49%、31.35%、24.00%

12-3-12　664.5

12-3-13　4096；$r_{2,1} = 1.23$；1029；0.75 m

12-3-14　20.00%

12-3-15　甲酸、乙酸、丙酸的质量分数分别为 7.71%、17.56%、6.14%

附 录

一、弱酸和弱碱在水中的离解常数（25℃）

弱酸	K_a	弱酸	K_a
H_3AsO_3	6.0×10^{-10}	H_2SiO_3	$6.3 \times 10^{-8}(K_{a_1})$
H_3AsO_4	$6.3 \times 10^{-3}(K_{a_1})$		$1.7 \times 10^{-10}(K_{a_2})$
	$1.0 \times 10^{-7}(K_{a_2})$		$1.6 \times 10^{-12}(K_{a_3})$
	$3.2 \times 10^{-12}(K_{a_3})$	甲酸	1.8×10^{-4}
H_3BO_3	$5.8 \times 10^{-10}(K_{a_1})$	乙酸	1.8×10^{-5}
	$1.8 \times 10^{-13}(K_{a_2})$	一氯乙酸	1.4×10^{-3}
	$1.6 \times 10^{-14}(K_{a_3})$	二氯乙酸	5.0×10^{2}
H_2CO_3	$4.2 \times 10^{-7}(K_{a_1})$	三氯乙酸	0.23
	$5.6 \times 10^{11}(K_{a_2})$	抗坏血酸	$5.0 \times 10^{-5}(K_{a_1})$
H_2CrO_4	$3.2 \times 10^{-7}(K_{a_2})$		$1.5 \times 10^{-10}(K_{a_2})$
HCN	7.2×10^{-10}	乳酸	1.4×10^{-4}
HF	6.6×10^{-4}	苯甲酸	6.2×10^{-5}
HNO_2	5.1×10^{-4}	草酸	$5.9 \times 10^{-2}(K_{a_1})$
H_3PO_4	$7.6 \times 10^{-3}(K_{a_1})$		$6.4 \times 10^{-5}(K_{a_2})$
	$6.3 \times 10^{-8}(K_{a_2})$	d-酒石酸	$9.1 \times 10^{-4}(K_{a_1})$
	$4.4 \times 10^{-13}(K_{a_3})$		$4.3 \times 10^{-5}(K_{a_2})$
H_3PO_3	$5.0 \times 10^{-2}(K_{a_1})$	柠檬酸	$7.4 \times 10^{-4}(K_{a_1})$
	$2.5 \times 10^{-7}(K_{a_2})$		$1.7 \times 10^{-5}(K_{a_2})$
H_2S	$1.3 \times 10^{-7}(K_{a_1})$		$4.0 \times 10^{-7}(K_{a_3})$
	$7.1 \times 10^{-15}(K_{a_2})$	苯酚	1.1×10^{-10}
H_2SO_4	$1.0 \times 10^{-2}(K_{a_2})$	邻苯二甲酸	$1.1 \times 10^{-3}(K_{a_1})$
H_2SO_3	$1.3 \times 10^{-2}(K_{a_1})$		$3.9 \times 10^{-6}(K_{a_2})$

弱碱	K_b	弱碱	K_b
$NH_3 \cdot H_2O$	1.8×10^{-5}	乙醇胺	3.2×10^{-5}
羟胺	9.1×10^{-9}	三乙醇胺	5.8×10^{-7}
甲胺	4.2×10^{-4}	六亚甲基四胺	1.4×10^{-9}
乙胺	5.6×10^{-4}	乙二胺	8.5×10^{-5}
二甲胺	1.2×10^{-4}		7.1×10^{-8}
二乙胺	1.3×10^{-3}	吡啶	1.7×10^{-9}

二、难溶化合物的溶度积（18～25℃）

难溶化合物	K_{SP}	难溶化合物	K_{SP}
$Al(OH)_3$	1.3×10^{-33}	Cu_2S	2×10^{-48}
Ag_3AsO_4	1.0×10^{-22}	$CuSCN$	4.8×10^{-15}
$AgBr$	5.0×10^{-13}	$CuCO_3$	1.4×10^{-10}
Ag_2CO_3	8.1×10^{-12}	$Cu(OH)_2$	2.2×10^{-20}
$AgCl$	1.8×10^{-10}	CuS	6×10^{-36}
Ag_2CrO_4	2.0×10^{-12}	$FeCO_3$	3.2×10^{-11}
$AgCN$	1.2×10^{-16}	$Fe(OH)_2$	8.0×10^{-16}
$AgOH$	2.0×10^{-8}	FeS	6×10^{-18}
AgI	9.3×10^{-17}	$Fe(OH)_3$	4×10^{-38}
$Ag_2C_2O_4$	3.5×10^{-11}	$FePO_4$	1.3×10^{-22}
Ag_3PO_4	1.4×10^{-16}	Hg_2CO_3	8.9×10^{-17}
Ag_2SO_4	1.4×10^{-5}	Hg_2Cl_2	1.3×10^{-18}
Ag_2S	2.0×10^{-49}	Hg_2I_2	4.5×10^{-29}
$AgSCN$	1.0×10^{-12}	$Hg_2(OH)_2$	2.0×10^{-24}
As_2S_3	2.1×10^{-22}	Hg_2SO_4	7.4×10^{-7}
$BaCO_3$	5.1×10^{-9}	Hg_2S	1.0×10^{-47}
$BaCrO_4$	1.2×10^{-10}	$Hg(OH)_2$	3.0×10^{-26}
$BaC_2O_4\cdot H_2O$	2.3×10^{-8}	HgS(黑色)	2×10^{-52}
$BaSO_4$	1.1×10^{-10}	$MgNH_4PO_4$	2×10^{-13}
$Bi(OH)_3$	4.0×10^{-31}	$MgCO_3$	3.5×10^{-8}
Bi_2S_3	1.0×10^{-97}	$Mg(OH)_2$	1.8×10^{-11}
$CaCO_3$	2.9×10^{-9}	$MnCO_3$	1.8×10^{-11}
CaF_2	2.7×10^{-11}	$Mn(OH)_2$	1.9×10^{-13}
$CaC_2O_4\cdot H_2O$	2.0×10^{-9}	MnS(无定形)	2×10^{-10}
$Ca_3(PO_4)_2$	2.0×10^{-29}	$NiCO_3$	6.6×10^{-9}
$CaSO_4$	9.1×10^{-6}	$Ni(OH)_2$(新析出)	2.0×10^{-15}
$CdCO_3$	5.2×10^{-12}	$Ni_3(PO_4)_2$	5×10^{-31}
CdS	8.0×10^{-27}	β-NiS	1×10^{-24}
$Co(OH)_2$(新析出)	2×10^{-15}	$PbCO_3$	7.4×10^{-14}
$Co(OH)_3$	2×10^{-44}	$PbCl_2$	1.6×10^{-5}
β-CoS	2.0×10^{-25}	$PbCrO_4$	2.8×10^{-13}
$Cr(OH)_3$	6×10^{-31}	$Pb(OH)_2$	1.2×10^{-15}
$CuBr$	5.2×10^{-9}	PbI_2	7.1×10^{-9}
$CuCl$	1.2×10^{-6}	$Pb_3(PO_4)_2$	8.0×10^{-43}
CuI	1.1×10^{-12}	$PbSO_4$	1.6×10^{-8}
$CuOH$	1×10^{-14}	PbS	1×10^{-28}

续表

难溶化合物	K_{SP}	难溶化合物	K_{SP}
$Pb(OH)_4$	3×10^{-66}	$SrC_2O_4\cdot H_2O$	1.6×10^{-7}
$Sb(OH)_3$	4×10^{-42}	$SrSO_4$	3.2×10^{-7}
Sb_2S_3	2×10^{-93}	$Ti(OH)_3$	1×10^{-40}
$Sn(OH)_2$	1.4×10^{-28}	$TiO(OH)_2$	1×10^{-29}
SnS	1×10^{-25}	$ZnCO_3$	1.4×10^{-11}
$Sn(OH)_4$	1×10^{-56}	ZnC_2O_4	1.4×10^{-9}
SnS_2	2×10^{-27}	$Zn(OH)_2$	1.2×10^{-17}
$SrCO_3$	1.1×10^{-10}	$Zn_3(PO_4)_2$	9.1×10^{-33}
$SrCrO_4$	2.2×10^{-5}	$\beta\text{-}ZnS$	2×10^{-22}
SrF_2	2.4×10^{-9}	$Zn[Hg(SCN)_4]$	2.2×10^{-7}

三、置信因数 t 值

n \ 置信度	90%	95%	99%	99.5%
2	6.314	12.706	63.657	127.32
3	2.920	4.303	9.925	14.09
4	2.353	3.182	5.841	7.453
5	2.132	2.776	4.604	5.598
6	2.015	2.571	4.032	4.773
7	1.943	2.447	3.707	4.317
8	1.895	2.365	3.500	4.029
9	1.860	2.306	3.355	3.832
10	1.833	2.262	3.250	3.690
∞	1.645	1.960	2.576	2.807

四、取舍可疑数据的 Q 值

n \ 置信度	90%	96%	99%
3	0.94	0.98	0.99
4	0.76	0.85	0.93
5	0.64	0.73	0.82
6	0.56	0.64	0.74
7	0.51	0.59	0.68
8	0.47	0.54	0.63
9	0.44	0.51	0.60
10	0.41	0.48	0.57

五、常见酸碱溶液的相对密度与浓度

试剂名称	相对密度	$w_B/\%$	$c/(mol/L)$
盐酸	1.18~1.19	36~38	11.6~12.4
硝酸	1.39~1.40	65~68	14.4~15.2
硫酸	1.83~1.84	95~98	17.8~18.4
磷酸	1.69	85	14.6
高氯酸	1.68	70.0~72.0	11.7~12.0
冰醋酸	1.05	99.8(优级纯) 99.0(分析纯)	17.4
氢氟酸	1.13	40	22.5
氢溴酸	1.49	47.0	8.6
氨水	0.88~0.90	25.0~28.0	13.3~14.8

六、不同温度下水的 r 值

温度/℃	$r/(g/mL)$	温度/℃	$r/(g/mL)$
10	0.99839	26	0.99593
11	0.99832	27	0.99569
12	0.99823	28	0.99544
13	0.99814	29	0.99518
14	0.99804	30	0.99491
15	0.99793	31	0.99468
16	0.99780	32	0.99434
17	0.99766	33	0.99405
18	0.99751	34	0.99375
19	0.99735	35	0.99344
20	0.99718	36	0.99312
21	0.99700	37	0.99280
22	0.99680	38	0.99246
23	0.99660	39	0.99212
24	0.99638	40	0.99177
25	0.99617		

七、不同温度下标准溶液的体积补正值

单位：mL/L

温度/℃	水及 0.05mol/L 以下的各种水溶液	0.1mol/L 及 0.2mol/L 各种水溶液	盐酸溶液 $c(HCl)=$ 0.5mol/L	盐酸溶液 $c(HCl)=$ 1mol/L	硫酸溶液 $c(1/2H_2SO_4)=0.5mol/L$ 氢氧化钠溶液 $c(NaOH)=0.5mol/L$	硫酸溶液 $c(1/2H_2SO_4)=1mol/L$ 氢氧化钠溶液 $c(NaOH)=1mol/L$	碳酸钠溶液 $c(1/2Na_2CO_3)=$ 1mol/L	氢氧化钾乙醇溶液 $c(KOH)=0.1mol/L$
5	+1.38	+1.7	+1.9	+2.3	+2.4	+3.6		
6	+1.38	+1.7	+1.9	+2.2	+2.3	+3.4		
7	+1.36	+1.8	+1.8	+2.2	+2.2	+3.2		
8	+1.33	+1.6	+1.8	+2.1	+2.2	+3.0		
9	+1.29	+1.5	+1.7	+2.0	+2.1	+2.7		
10	+1.23	+1.5	+1.6	+1.9	+2.0	+2.5	+3.3	+10.6
11	+1.17	+1.4	+1.5	+1.8	+1.8	+2.3	+3.2	+9.6
12	+1.10	+1.3	+1.4	+1.6	+1.7	+2.0	+3.0	+8.5
13	+0.99	+1.1	+1.2	+1.4	+1.5	+1.8	+2.8	+7.4
14	+0.88	+1.0	+1.1	+1.2	+1.3	+1.6	+2.6	+6.5
15	+0.77	+0.9	+0.9	+1.0	+1.1	+1.3	+2.4	+5.2
16	+0.64	+0.7	+0.8	+0.8	+0.9	+1.1	+2.2	+4.2
17	+0.50	+0.6	+0.6	+0.6	+0.7	+0.8	+2.0	+3.1
18	+0.34	+0.4	+0.4	+0.4	+0.5	+0.6	+1.8	+2.1
19	+0.18	+0.2	+0.2	+0.2	+0.2	+0.3	+1.5	+1.0
20	0.00	0.00	0.00	0.00	0.00	0.00	+1.3	0.00
21	−0.18	−0.2	−0.2	−0.2	−0.2	−0.3	+1.1	−1.1
22	−0.38	−0.4	−0.4	−0.4	−0.5	−0.6	+0.8	−2.2
23	−0.58	−0.6	−0.7	−0.7	−0.8	−0.9	+0.6	−3.3
24	−0.80	−0.9	−0.9	−0.9	−1.0	−1.2	+0.3	−4.2
25	−1.03	−1.1	−1.1	−1.2	−1.3	−1.5	0.00	−5.3
26	−1.26	−1.4	−1.4	−1.4	−1.5	−1.8	−0.3	−6.4
27	−1.51	−1.7	−1.7	−1.7	−1.8	−2.1	−0.6	−7.5
28	−1.76	−2.0	−2.0	−2.0	−2.1	−2.4	−0.9	−8.5
29	−2.01	−2.3	−2.3	−2.3	−2.4	−2.8	−1.2	−9.6
30	−2.30	−2.5	−2.5	−2.6	−2.8	−3.2	−1.5	−10.6
31	−2.58	−2.7	−2.7	−2.9	−3.1	−3.5	−1.8	−11.6
32	−2.86	−3.0	−3.0	−3.2	−3.4	−3.9	−2.1	−12.6
33	−3.04	−3.2	−3.3	−3.5	−3.7	−4.2	−2.4	−13.7
34	−3.47	−3.7	−3.6	−3.8	−4.1	−4.6	−2.8	−14.8
35	−3.78	−4.0	−4.0	−4.1	−4.4	−5.0	−3.1	−16.0
36	−4.10	−4.3	−4.3	−4.4	−4.7	−5.3		−17.0

注：1. 本表数值是以20℃为标准温度以实测法测出。

2. 表中带有"+"、"−"号的数值是以20℃为分界，室温低于20℃的补正值为"+"，高于20℃的补正值为"−"。

3. 本表的用法：如1L 硫酸溶液 $[c(1/2H_2SO_4)=1mol/L]$ 由25℃换算为20℃时，体积补正值为−1.5mL，故 40.00mL 换算为20℃时的体积为：$V_{20}=40.00-\dfrac{1.5}{1000}\times 40.00=39.94$ (mL)。

八、常见金属离子与 EDTA 配合物的稳定常数值

（18~25℃，$I=0.1$）

金属离子	$\lg K_{MY}$	金属离子	$\lg K_{MY}$
Ag^+	7.32	Hg^{2+}	21.7
Al^{3+}	16.3	In^{3+}	25.0
Ba^{2+}	7.86	Li^+	2.79
Bi^{3+}	27.94	Mg^{2+}	8.7
Ca^{2+}	10.69	Mn^{2+}	13.87
Cd^{2+}	16.46	Ni^{2+}	18.62
Co^{2+}	16.31	Pb^{2+}	18.04
Co^{3+}	36.0	Sn^{2+}	22.11
Cr^{3+}	23.4	Sr^{2+}	8.73
Cu^{2+}	18.8	Th^{4+}	23.2
Fe^{2+}	14.32	Ti^{3+}	21.3
Fe^{3+}	25.1	TiO^{2+}	17.3
Ga^{3+}	20.3	Zn^{2+}	16.50

九、EDTA 的酸效应系数

pH	$\lg \alpha_{Y(H)}$	pH	$\lg \alpha_{Y(H)}$	pH	$\lg \alpha_{Y(H)}$
0.0	21.18	3.4	9.71	6.8	3.55
0.4	19.59	3.8	8.86	7.0	3.32
0.8	18.0	4.0	8.04	7.5	2.78
1.0	17.20	4.4	7.64	8.0	2.26
1.4	15.68	4.8	6.86	8.5	1.77
1.8	14.21	5.0	6.45	9.0	1.29
2.0	13.52	5.4	5.69	9.5	0.83
2.4	12.24	5.8	4.98	10.0	0.45
2.8	11.13	6.0	4.65	11.0	0.07
3.0	10.63	6.4	4.06	12.0	0.00

十、标准电极电位与条件电极电位

半反应	$\varphi^{\ominus}/V$	$\varphi^{\ominus\prime}/V$
$Na^+ + e \rightleftharpoons Na$	-2.714	
$Mg^{2+} + 2e \rightleftharpoons Mg$	-2.37	
$Al^{3+} + 3e \rightleftharpoons Al$	-1.66	
$ZnO_2^{2-} + 2H_2O + 2e \rightleftharpoons Zn + 4OH^-$	-1.216	
$Mn^{2+} + 2e \rightleftharpoons Mn$	-1.182	
$Sn(OH)_6^{2-} + 2e \rightleftharpoons HSnO_2^- + H_2O + 3OH^-$	-0.93	
$2H_2O + 2e \rightleftharpoons H_2 + 2OH^-$	-0.828	
$Zn^{2+} + 2e \rightleftharpoons Zn$	-0.763	
$AsO_4^{3-} + 3H_2O + e \rightleftharpoons H_2AsO_3 + 4OH^-$	-0.67	$-0.21(1mol/L\ HClO_4)$
$SO_3^{2-} + 3H_2O + 4e \rightleftharpoons S + 6OH^-$	-0.66	
$2SO_3^{2-} + 3H_2O + 4e \rightleftharpoons S_2O_3^{2-} + 6OH^-$	-0.58	

续表

半 反 应	$\varphi^{\ominus}/V$	$\varphi^{\ominus'}/V$
$Fe^{2+}+2e \rightleftharpoons Fe$	-0.440	$-0.40(5mol/L\ HCl)$
$Cr^{3+}+e \rightleftharpoons Cr^{2+}$	-0.41	$-0.40(5mol/L\ HCl)$
$As+3H^{+}+3e \rightleftharpoons AsH_3$	-0.38	
$Sn^{2+}+2e \rightleftharpoons Sn$	-0.136	$-0.16(1mol/L\ HClO_4)$
		$-0.20(1mol/L\ HCl)$
$Pb^{2+}+2e \rightleftharpoons Pb$	-0.126	$-0.14(1mol/L\ HClO_4)$
		$-0.29(1mol/L\ H_2SO_4)$
$2H^{+}+2e \rightleftharpoons H_2$	0.000	$-0.005(1mol/L\ HCl,HClO_4)$
$S_4O_6^{2-}+2e \rightleftharpoons 2S_2O_3^{2-}$	0.08	
$TiO^{2+}+2H^{+}+e \rightleftharpoons Ti^{3+}+H_2O$	0.1	$0.04(1mol/L\ H_2SO_4)$
$S+2H^{+}+2e \rightleftharpoons H_2S(气)$	0.141	
$Sn^{4+}+2e \rightleftharpoons Sn^{2+}$	0.154	$0.14(1mol/L\ HCl)$
$Cu^{2+}+e \rightleftharpoons Cu^{+}$	0.159	
$SO_4^{2-}+4H^{+}+2e \rightleftharpoons H_2SO_3+H_2O$	0.17	
$AgCl+e \rightleftharpoons Ag+Cl^{-}$	0.2223	$0.228(1mol/L\ KCl)$
$Hg_2Cl_2+2e \rightleftharpoons 2Hg+2Cl^{-}$	0.2676	$0.242(饱和\ KCl)$
		$0.282(1mol/L\ KCl)$
		$0.334(0.1mol/L\ KCl)$
$BiO^{+}+2H^{+}+3e \rightleftharpoons Bi+H_2O$	0.32	
$VO^{2+}+2H^{+}+e \rightleftharpoons V^{3+}+H_2O$	0.337	
$Cu^{2+}+2e \rightleftharpoons Cu$	0.337	
$O_2+2H_2O+4e \rightleftharpoons 4OH^{-}$	0.401	$0.42(0.5mol/L\ H_2SO_4)$
$H_2SO_3+4H^{+}+4e \rightleftharpoons S+3H_2O$	0.45	
$HgCl_4^{2-}+2e \rightleftharpoons Hg+4Cl^{-}$	0.48	
$Cu^{+}+e \rightleftharpoons Cu$	0.52	
$I_3^{-}+2e \rightleftharpoons 3I^{-}$	0.545	
$H_3AsO_4+2H^{+}+2e \rightleftharpoons H_3AsO_3+H_2O$	0.559	$0.557(1mol/L\ HCl,HClO_4)$
$MnO_4^{-}+e \rightleftharpoons MnO_4^{2-}$	0.564	
$MnO_4^{-}+2H_2O+3e \rightleftharpoons MnO_2+4OH^{-}$	0.588	
$2HgCl_2+2e \rightleftharpoons Hg_2Cl_2+2Cl^{-}$	0.63	
$O_2+2H^{+}+2e \rightleftharpoons H_2O_2$	0.682	
$BrO^{-}+H_2O+2e \rightleftharpoons Br^{-}+2OH^{-}$	0.76	
$Fe^{3+}+e \rightleftharpoons Fe^{2+}$	0.771	$0.68(1mol/L\ H_2SO_4)$
		$0.700(1mol/L\ HCl)$
		$0.732(1mol/L\ HClO_4)$
$Hg_2^{2+}+2e \rightleftharpoons 2Hg$	0.793	$0.274(1mol/L\ HCl)$
		$0.674(1mol/L\ H_2SO_4)$
		$0.776(1mol/L\ HClO_4)$
$Ag^{+}+e \rightleftharpoons Ag$	0.7995	$0.228(1mol/L\ HCl)$
		$0.77(1mol/L\ H_2SO_4)$
		$0.792(1mol/L\ HClO_4)$
$Hg^{2+}+2e \rightleftharpoons Hg$	0.854	
$Cu^{2+}+I^{-}+e \rightleftharpoons CuI$	0.86	
$ClO^{-}+H_2O+2e \rightleftharpoons Cl^{-}+2OH^{-}$	0.89	
$2Hg^{2+}+2e \rightleftharpoons Hg_2^{2+}$	0.920	$0.907(1mol/L\ HClO_4)$
$NO_3^{-}+3H^{+}+2e \rightleftharpoons HNO_2+H_2O$	0.94	$0.92(1mol/L\ HNO_3)$
$VO_2^{+}+2H^{+}+e \rightleftharpoons VO^{2+}+H_2O$	1.00	$1.02(1mol/L\ HCl、HClO_4)$

续表

半反应	$\varphi^{\ominus}/V$	$\varphi^{\ominus\prime}/V$
$HNO_2 + H^+ + e \rightleftharpoons NO + H_2O$	1.00	
$NO_2 + H^+ + e \rightleftharpoons HNO_2$	1.07	
$Br_2 + 2e \rightleftharpoons 2Br^-$	1.087	1.05(4mol/L HCl)
$2IO_3^- + 12H^+ + 10e \rightleftharpoons I_2 + 6H_2O$	1.195	
$MnO_2 + 4H^+ + 2e \rightleftharpoons Mn^{2+} + 2H_2O$	1.23	1.24(1mol/L $HClO_4$)
$O_2 + 4H^+ + 4e \rightleftharpoons 2H_2O$	1.229	
$Cr_2O_7^{2-} + 14H^+ + 6e \rightleftharpoons 2Cr^{3+} + 7H_2O$	1.33	1.00(1mol/L HCl)
		1.025(1mol/L $HClO_4$)
		1.15(4mol/L H_2SO_4)
$Cl_2 + 2e \rightleftharpoons 2Cl^-$	1.3595	
$BrO_3^- + 6H^+ + 6e \rightleftharpoons Br^- + 3H_2O$	1.44	
$ClO_3^- + 6H^+ + 6e \rightleftharpoons Cl^- + 3H_2O$	1.45	
$PbO_2 + 4H^+ + 2e \rightleftharpoons Pb^{2+} + 2H_2O$	1.455	
$HClO_4 + 7H^+ + 8e \rightleftharpoons Cl^- + 4H_2O$	1.49	
$MnO_4^- + 8H^+ + 5e \rightleftharpoons Mn^{2+} + 4H_2O$	1.51	1.45(1mol/L $HClO_4$)
		1.27(8mol/L H_3PO_4)
$2BrO_3^- + 12H^+ + 10e \rightleftharpoons Br_2 + 6H_2O$	1.5	
$2HBrO + 2H^+ + 2e \rightleftharpoons Br_2 + 2H_2O$	1.59	
$Ce^{4+} + e \rightleftharpoons Ce^{3+}$	1.61	1.70(1mol/L $HClO_4$)
		1.44(1mol/L H_2SO_4)
		1.28(1mol/L HCl)
$2HClO_4 + 14H^+ + 14e \rightleftharpoons Cl_2 + 8H_2O$	1.63	
$MnO_4^- + 4H^+ + 3e \rightleftharpoons MnO_2 + 2H_2O$	1.679	
$H_2O_2 + 2H^+ + 2e \rightleftharpoons 2H_2O$	1.77	
$S_2O_8^{2-} + 2e \rightleftharpoons 2SO_4^{2-}$	2.01	
$O_3 + 2H^+ + 2e \rightleftharpoons O_2 + H_2O$	2.07	

十一、离子的活度系数 γ 值

I \ 离子	H_3O^+	OH^-	离子价数 一	二	三	四
1×10^{-4}	—	—	0.99	0.95	0.90	0.83
2×10^{-4}	—	—	0.98	0.94	0.87	0.77
5×10^{-4}	—	—	0.97	0.90	0.80	0.67
1×10^{-3}	0.98	0.98	0.96	0.87	0.73	0.56
2×10^{-3}	0.97	0.97	0.95	0.82	0.64	0.45
5×10^{-3}	0.95	0.95	0.93	0.74	0.51	0.30
1×10^{-2}	0.92	0.92	0.90	0.66	0.39	0.19
2×10^{-2}	0.90	0.89	0.87	0.57	0.28	0.12
5×10^{-2}	0.88	0.85	0.81	0.44	0.15	0.04
0.1	0.84	0.81	0.76	0.33	0.084	0.01
0.2	0.83	0.80	0.70	0.24	0.041	0.003
0.3	—	—	0.66	0.21	0.032	—
0.5	—	—	0.62	0.15	—	—

十二、原子量

元素	符号	原子量	元素	符号	原子量	元素	符号	原子量
银	Ag	107.868 2(2)	铪	Hf	178.49(2)	铷	Rb	85.467 8(3)
铝	Al	26.981 538(2)	汞	Hg	200.59(2)	铼	Re	186.207(1)
氩	Ar	39.948(1)	钬	Ho	164.930 32(2)	铑	Rh	102.905 50(2)
砷	As	74.921 60(2)	碘	I	126.904 47(3)	钌	Ru	101.07(2)
金	Au	196.966 55(2)	铟	In	114.818(3)	硫	S	32.065(5)
硼	B	10.81(7)	铱	Ir	192.217(3)	锑	Sb	121.760(1)
钡	Ba	137.327(7)	钾	K	39.098 3(1)	钪	Sc	44.955 910(8)
铍	Be	9.012 182(3)	氪	Kr	83.879 8(2)	硒	Se	78.96(3)
铋	Bi	208.980 38(2)	镧	La	138.905 5(2)	硅	Si	28.085 5(3)
溴	Br	79.904(1)	锂	Li	6.941(2)	钐	Sm	150.36(3)
碳	C	12.0107(8)	镥	Lu	174.967(1)	锡	Sn	118.710(7)
钙	Ca	40.078(4)	镁	Mg	24.3050(6)	锶	Sr	87.62(1)
镉	Cd	112.411(8)	锰	Mn	54.938 049(9)	钽	Ta	180.947 9(1)
铈	Ce	140.116(1)	钼	Mo	95.94(1)	铽	Tb	158.925 34(2)
氯	Cl	35.453(2)	氮	N	14.006 7(2)	碲	Te	127.60(3)
钴	Co	58.933 200(9)	钠	Na	22.989 770(2)	钍	Th	232.038 1(3)
铬	Cr	51.9961(6)	铌	Nb	92.906 38(2)	铥	Tm	168.934 21(2)
铯	Cs	132.905 45(2)	钕	Nd	144.24(3)	钛	Ti	47.867(1)
铜	Cu	63.546(3)	氖	Ne	20.179 7(6)	铊	Tl	204.383 3(2)
镝	Dy	162.500(1)	镍	Ni	58.693 4(2)	铀	U	238.028 91(3)
铒	Er	167.259(3)	镎	Np	237.05	钒	V	50.941 5(1)
铕	Eu	151.964(1)	氧	O	15.999 4(3)	钨	W	183.84(1)
氟	F	18.998 4032(5)	锇	Os	190.23(3)	氙	Xe	131.293(6)
铁	Fe	55.845(2)	磷	P	30.973 761(2)	钇	Y	88.905 85(2)
镓	Ga	69.723(1)	铅	Pb	207.2(1)	镱	Yb	173.04(3)
钆	Gd	157.25(3)	钯	Pd	106.42(1)	锌	Zn	65.409(4)
锗	Ge	72.64(1)	镨	Pr	140.907 65(2)	锆	Zr	91.224(2)
氢	H	1.007 94(7)	铂	Pt	195.078(2)			
氦	He	4.002 602(2)	镭	Ra	226.03			

注：本表录自 2003 年 IUPAC 公布的原子量表，量值后圆括号内的数字为不确定数。

十三、分子量

化 合 物	分子量	化 合 物	分子量
Ag_3AsO_4	462.52	$Al(NO_3)_3$	213.00
AgBr	187.77	$Al(NO_3)_3 \cdot 9H_2O$	375.13
AgCl	143.32	Al_2O_3	101.96
AgCN	133.89	$Al(OH)_3$	78.00
AgSCN	165.95	$Al_2(SO_4)_3$	342.14
Ag_2CrO_4	331.73	$Al_2(SO_4)_3 \cdot 18H_2O$	666.41
AgI	234.77	As_2O_3	197.84
$AgNO_3$	169.87	As_2O_5	229.84
$AlCl_3$	133.34	As_2S_3	246.02
$AlCl_3 \cdot 6H_2O$	241.43	$BaCO_3$	197.34

续表

化 合 物	分子量	化 合 物	分子量
BaC_2O_4	225.35	$CuCl$	99.00
$BaCl_2$	208.42	$CuCl_2$	134.45
$BaCl_2 \cdot 2H_2O$	244.27	$CuCl_2 \cdot 2H_2O$	170.48
$BaCrO_4$	253.32	$CuSCN$	121.62
BaO	153.33	CuI	190.45
$Ba(OH)_2$	171.34	$Cu(NO_3)_2$	187.56
$BaSO_4$	233.39	$Cu(NO_3)_2 \cdot 3H_2O$	241.60
$BiCl_3$	315.34	CuO	79.55
$BiOCl$	260.43	Cu_2O	143.09
CO_2	44.01	CuS	95.61
CaO	56.08	$CuSO_4$	159.06
$CaCO_3$	100.09	$CuSO_4 \cdot 5H_2O$	249.68
CaC_2O_4	128.10	$FeCl_2$	126.75
$CaCl_2$	110.99	$FeCl_2 \cdot 4H_2O$	198.81
$CaCl_2 \cdot 6H_2O$	219.08	$FeCl_3$	162.21
$Ca(NO_3)_2 \cdot 4H_2O$	236.15	$FeCl_3 \cdot 6H_2O$	270.30
$Ca(OH)_2$	74.10	$FeNH_4(SO_4)_2 \cdot 12H_2O$	482.18
$Ca_3(PO_3)_2$	310.18	$Fe(NO_3)_3$	241.86
$CaSO_4$	138.14	$Fe(NO_3)_3 \cdot 9H_2O$	404.00
$CdCO_3$	172.42	FeO	71.85
$CdCl_2$	183.32	Fe_2O_3	159.69
CdS	144.47	Fe_3O_4	231.54
$Ce(SO_4)_2$	332.24	$Fe(OH)_3$	106.87
$Ce(SO_4)_2 \cdot 4H_2O$	404.30	FeS	87.91
$CoCl_2$	129.84	Fe_2S_3	207.87
$CoCl_2 \cdot 6H_2O$	237.93	$FeSO_4$	151.91
$Co(NO_3)_2$	182.94	$FeSO_4 \cdot 7H_2O$	278.01
$Co(NO_3)_3 \cdot 6H_2O$	291.03	$Fe(NH_4)_2(SO_4)_2 \cdot 6H_2O$	392.13
CoS	90.99	H_3AsO_3	125.94
$CoSO_4$	154.99	H_3AsO_4	141.94
$CoSO_4 \cdot 7H_2O$	281.10	H_3BO_3	61.83
$CO(NH_2)_2$	60.06	HBr	80.91
$CrCl_3$	158.36	HCN	27.03
$CrCl_3 \cdot 6H_2O$	266.45	$HCOOH$	46.03
$Cr(NO_3)_3$	238.01	CH_3COOH	60.05
Cr_2O_3	151.99	H_2CO_3	62.03

续表

化 合 物	分子量	化 合 物	分子量
$H_2C_2O_4$	90.04	$K_3Fe(CN)_6$	329.25
$H_2C_2O_4 \cdot 2H_2O$	126.07	$K_4Fe(CN)_6$	368.35
HCl	36.46	$KFe(SO_4)_2 \cdot 12H_2O$	503.24
HF	20.01	$KHC_2O_4 \cdot H_2O$	146.14
HI	127.91	$KHC_2O_4 \cdot H_2C_2O_4 \cdot 2H_2O$	254.19
HIO_3	175.91	$KHC_4H_4O_6$	188.18
HNO_3	63.01	$KHSO_4$	136.16
HNO_2	47.01	KI	166.00
H_2O	18.015	KIO_3	214.00
H_2O_2	34.02	$KIO_3 \cdot HIO_3$	389.91
H_3PO_4	98.00	$KMnO_4$	158.03
H_2S	34.08	$KNaC_4H_4O_6 \cdot 4H_2O$	282.22
H_2SO_3	82.07	KNO_3	101.10
H_2SO_4	98.07	KNO_2	85.10
$Hg(CN)_2$	252.63	K_2O	94.20
$HgCl_2$	271.50	KOH	56.11
Hg_2Cl_2	472.09	K_2SO_4	174.25
HgI_2	454.40	$MgCO_3$	84.31
$Hg_2(NO_3)_2$	525.19	$MgCl_2$	95.21
$Hg_2(NO_3)_2 \cdot 2H_2O$	561.22	$MgCl_2 \cdot 6H_2O$	203.30
$Hg(NO_3)_2$	324.60	MgC_2O_4	112.33
HgO	216.59	$Mg(NO_3)_2 \cdot 6H_2O$	256.41
HgS	232.65	$MgNH_4PO_4$	137.32
$HgSO_4$	296.65	MgO	40.30
Hg_2SO_4	497.24	$Mg(OH)_2$	58.32
$KAl(SO_4)_2 \cdot 12H_2O$	474.38	$Mg_2P_2O_7$	222.55
KBr	119.00	$MgSO_4 \cdot 7H_2O$	246.47
KBO_3	167.00	$MnCO_3$	114.95
KCl	74.55	$MnCl_2 \cdot 4H_2O$	197.91
$KClO_3$	122.55	$Mn(NO_3)_2 \cdot 6H_2O$	287.04
$KClO_4$	138.55	MnO	70.94
KCN	65.12	MnO_2	86.94
$KSCN$	97.18	MnS	87.00
K_2CO_3	138.21	$MnSO_4$	151.00
K_2CrO_4	194.19	$MnSO_4 \cdot 4H_2O$	223.06
$K_2Cr_2O_7$	294.18	NO	30.01

续表

化 合 物	分子量	化 合 物	分子量
NO_2	46.01	Na_3PO_4	163.94
NH_3	17.03	Na_2S	78.04
CH_3COONH_4	77.08	$Na_2S \cdot 9H_2O$	240.18
NH_4Cl	53.49	Na_2SO_3	126.04
$(NH_4)_2CO_3$	96.09	Na_2SO_4	142.04
$(NH_4)_2C_2O_4$	124.10	$Na_2S_2O_3$	158.10
$(NH_4)_2C_2O_4 \cdot H_2O$	142.11	$Na_2S_2O_3 \cdot 5H_2O$	248.17
NH_4SCN	76.12	$NiCl_2 \cdot 6H_2O$	237.70
NH_4HCO_3	79.06	NiO	74.70
$(NH_4)_2McO_4$	196.01	$Ni(NO_3)_2 \cdot 6H_2O$	290.80
NH_4NO_3	80.04	NiO_2	90.76
$(NH_4)_2HPO_4$	132.06	$NiSO_4 \cdot 7H_2O$	280.86
$(NH_4)_2S$	68.14	P_2O_5	141.95
$(NH_4)_2SO_4$	132.13	$PbCO_3$	267.21
NH_4VO_3	116.98	PbC_2O_4	295.22
Na_3AsO_3	191.89	$PbCl_2$	278.11
$Na_2B_4O_7$	201.22	$PbCrO_4$	323.19
$Na_2B_4O_7 \cdot 10H_2O$	381.37	$Pb(CH_3COO)_2$	325.29
$NaBiO_3$	279.97	$Pb(CH_3COO)_2 \cdot 3H_2O$	379.34
$NaCN$	49.01	PbI_2	461.01
$NaSCN$	81.07	$Pb(NO_3)_2$	331.21
Na_2CO_3	105.99	PbO	223.20
$Na_2CO_3 \cdot 10H_2O$	286.14	PbO_2	239.20
$Na_2C_2O_4$	134.00	$Pb_3(PO_4)_2$	811.54
CH_3COONa	82.03	PbS	239.26
$CH_3COONa \cdot 3H_2O$	136.08	$PbSO_4$	303.26
$NaCl$	58.44	SO_3	80.06
$NaClO$	74.44	SO_2	64.06
$NaHCO_3$	84.01	$SbCl_3$	228.11
$Na_2HPO_4 \cdot 12H_2O$	358.14	$SbCl_5$	299.02
$Na_2H_2Y \cdot 2H_2O$	372.24	Sb_2O_3	291.50
$NaNO_2$	69.00	Sb_2S_3	339.68
$NaNO_3$	85.00	SiF_4	104.08
Na_2O	61.98	SiO_2	60.08
Na_2O_2	77.98	$SnCl_2$	189.60
$NaOH$	40.00	$SnCl_2 \cdot 2H_2O$	225.63

续表

化 合 物	分子量	化 合 物	分子量
$SnCl_4$	260.50	$Zn(CH_3COO)_2 \cdot 2H_2O$	219.50
$SnCl_4 \cdot 5H_2O$	350.58	$Zn(NO_3)_2$	189.39
SnO_2	150.69	$Zn(NO_3)_2 \cdot 6H_2O$	297.48
SnS_2	150.75	ZnO	81.38
$SrCO_3$	147.63	ZnS	97.44
SrC_2O_4	175.64	$ZnSO_4$	161.44
$SrCrO_4$	203.61	$ZnSO_4 \cdot 7H_2O$	287.55
$Sr(NO_3)_2$	211.63	$ZnCO_3$	125.39
$Sr(NO_3)_2 \cdot 4H_2O$	283.69	ZnC_2O_4	153.40
$SrSO_4$	183.69	$ZnCl_2$	136.29
$UO_2(CH_3COO)_2 \cdot 2H_2O$	424.15	$Zn(CH_3COO)_2$	183.47

参 考 文 献

[1] 姜洪文.分析化学.第4版.北京：化学工业出版社，2017.
[2] 李楚芝，王桂芝.分析化学实验.第3版.北京：化学工业出版社，2012.
[3] GB/T 601—2016 化学试剂标准滴定溶液的制备.北京：中国标准出版社，2016.
[4] 张铁垣.分析化学中的量和单位.第2版.北京：中国标准出版社，2002.
[5] GB/T 8170—2008 数值修约规则与极限数值的表示和判定.北京：中国标准出版社，2008.
[6] 武汉大学.分析化学.第4版.北京：高等教育出版社，2000.
[7] 黄一石，乔子荣.定量化学分析.第3版.北京：化学工业出版社，2014.
[8] 胡伟光，张文英.定量化学分析实验.第3版.北京：化学工业出版社，2015.
[9] 刘珍主编.化验员读本（上、下册）.第4版.北京：化学工业出版社，2015.
[10] 姜洪文，陈淑刚主编.化验室组织与管理.第3版.北京：化学工业出版社，2014.
[11] 黄一石，吴朝华等.仪器分析.第3版.北京：化学工业出版社，2013.
[12] 王炳强.仪器分析-光谱与电化学分析技术.北京：化学工业出版社，2010.
[13] 王炳强.仪器分析-色谱分析技术.北京：化学工业出版社，2010.
[14] 周长江，王同义主编.危险化学品安全技术管理.北京：中国石化出版社，2004.
[15] 邓勃主编.分析化学辞典.北京：化学工业出版社，2003.
[16] 谢庆娟，潘国石.分析化学实验.北京：人民卫生出版社，2003.
[17] 辛述元.无机及分析化学实验.北京：化学工业出版社，2005.